高 等 学 校 精 品 规 划 教 材

水利水电工程概预算

主　编　徐学东　姬宝霖

副主编　李玉清　贾生海　张学科

参　编　王忠波　李春生　张玉明

　　　　张　琮　魏光村　任轶雷

中国水利水电出版社

www.waterpub.com.cn

内 容 提 要

本书是《高等学校精品规划教材》之一。本书以社会主义市场经济理论为导向,系统地介绍了水利水电工程概预算编制的基本原理与方法,在编写中力求体现行业的最新发展和编制要求。全书共分十二章,主要内容包括:基本建设市场与工程造价的形成;工程概预算概述;工程定额及其制定;水利水电工程费用;基础预算价格的确定;建筑及设备安装工程概预算编制;临时工程概预算与设计总概算编制;竞争性投标报价的编制;工程概预算计算机辅助系统等。

本书可作为高等学校水利水电工程、工程管理等相关专业的教材,也可供水利水电工程概预算与投标报价编制人员参考。

图书在版编目 (CIP) 数据

水利水电工程概预算/徐学东,姬宝霖主编.—北京:
中国水利水电出版社,2005 (2020.1重印)
高等学校精品规划教材
ISBN 978-7-5084-2969-4

Ⅰ.水…　Ⅱ.①徐…②姬…　Ⅲ.①水利工程-概算编制-高等学校-教材②水利工程-预算编制-高等学校-教材③水力发电工程-概算编制-高等学校-教材④水力发电工程-预算编制-高等学校-教材　Ⅳ.TV512

中国版本图书馆 CIP 数据核字 (2005) 第 088029 号

书　　名	高等学校精品规划教材 **水利水电工程概预算**
作　　者	徐学东　姬宝霖　主编
出版发行	中国水利水电出版社 (北京市海淀区玉渊潭南路 1 号 D 座　100038) 网址:www.waterpub.com.cn E-mail:sales@waterpub.com.cn 电话:(010) 68367658 (营销中心)
经　　售	北京科水图书销售中心 (零售) 电话:(010) 88383994、63202643、68545874 全国各地新华书店和相关出版物销售网点
排　　版	中国水利水电出版社微机排版中心
印　　刷	北京印匠彩色印刷有限公司
规　　格	184mm×260mm　16 开本　18 印张　427 千字
版　　次	2005 年 8 月第 1 版　2020 年 1 月第 11 次印刷
印　　数	32001—34000 册
定　　价	**35.00 元**

凡购买我社图书,如有缺页、倒页、脱页的,本社营销中心负责调换

前　　言

随着我国社会主义市场经济体制改革的不断深入与发展，按照市场经济理论、结合国际惯例编制水利水电工程概预算与投标报价，是水利水电工程造价管理改革的方向。本书系统地介绍了水利水电工程概预算编制基本原理与方法，在内容编排上力求体现最新的工程造价管理理论及最新的编制规定，如在第一章写入了水利水电工程市场与市场定价理论的相关内容；在第三章工程定额及其制定中编写了企业定额的编制与管理一节；第十章则重点介绍了竞争性投标报价的编制与分析方法。通过本书的学习可使学生即能按照现行规定编制水利水电工程的概预算，又能了解行业的发展趋势及今后努力的方向。本书是《高等学校精品规划教材》之一。全书内容由浅入深，重要章节均列举了工程实例。

本书由徐学东、姬宝霖主编，具体章节编写分工为：第一章由徐学东编写、第二章、第七章由李玉清、李春生编写；第三章第一～五节由姬宝霖、张琮编写；第三章第六节由徐学东编写；第四章由张学科编写；第九章由张学科、任轶雷编写；第五章、第八章由贾生海编写；第六章由姬宝霖、张琮编写；第十章由徐学东、张玉明编写；第十二章由徐学东、魏光村编写；第十一章由王忠波、颜宏亮编写。全书由徐学东统稿。

本书在编写过程中参考和引用了大量的教材、专著和其他文献资料，在此谨向这些文献的作者表示衷心的感谢。

由于本书从策划、组织编写到编辑出版的整个过程时间仓促，书中难免存在不足之处，敬请广大读者批评指正。

编　者

2013 年 4 月

目 录

第一章 基本建设与水利水电建筑市场

第一节 水利水电基本建设概述

一、基本建设

（一）基本建设概念

基本建设就是指固定资产的建设，即是建筑、安装和购置固定资产的活动及其与之相关的工作。是通过对建筑产品的施工、拆迁或整修等活动形成固定资产的经济过程，它是以建筑产品为过程的产出物。基本建设需要消耗大量的劳动力、建筑材料、施工机械设备及资金，而且还需要多个具有独立责任的单位共同参与，需要对时间和资源进行合理有效的安排，是一个复杂的系统工程，如图1-1所示。

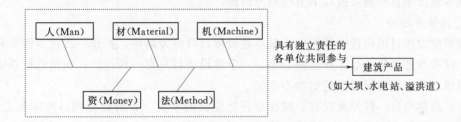

图1-1 基本建设生产过程

固定资产是指在社会再生产过程中，可供生产或生活较长时间使用，且在使用过程中基本保持原有实物形态的劳动资料和其他物质资料。如建筑物、构筑物、水轮机、电气设备、机械设备、运输设备等。固定资产按其经济用途可以分为生产性固定资产和非生产性固定资产。

基本建设是为发展社会生产力建立物质技术基础，为改善生活创造物质条件的工作。它通过建设管理部门有计划地进行建设投资和工程建筑的勘察、设计、施工等物质生产活动及其与之有关联的其他有关部门（如征地、拆迁等）的经济活动来实现。

（二）基本建设内容

基本建设包括以下几方面的工作。

1. 建筑安装工程

它是基本建设的重要组成部分，是通过勘测、设计、施工等生产活动创造建筑产品的过程。本部分工作包括建筑工程和设备安装工程两个部分。建筑工程包括各种建筑物和房屋的修建、金属结构的安装、安装设备的基础建造等工作。设备安装工程包括生产、动力、起重、运输、输配电等需要安装的各种机电设备的装配、安装试车等工作。

2. 设备及工器具的购置

它是由建设单位为建设项目需要向制造行业采购或自制达到固定资产标准（使用年限

一年以上和单件价值在规定限额以上）的机电设备、工具、器具等的购置工作。

3. 其他基本建设工作

其他基本建设工作指不属于上述两项的基本建设工作，如勘测、设计、科学试验、淹没及迁移赔偿、水库清理、施工队伍转移、生产准备等工作。

（三）基本建设项目种类

基本建设项目是指按照一个总体设计进行施工，由一个或几个单项工程组成，经济上实行统一核算、行政上实行统一管理的建设实体。一般以一个企业或联合企业单位、事业单位或独立工程作为一个建设项目。如：独立的工厂、矿山、水库、水电站、港口、引水工程、医院、学校等。

企事业单位按照规定用基本建设投资单纯购置设备、工具、器具，如车、船、飞机、勘探设备、施工机械等，虽然属基本建设范围，但不作为基本建设项目。全部投资在 10 万元以下的工程，国家不单独作为一个建设项目。

凡属于一个总体设计中的主体工程和相应的附属配套工程、综合利用工程、环境保护工程、供水供电工程以及水库的干渠配套工程等，只作为一个建设项目。

基本建设项目种类可按以下方法划分阶段。

1. 按性质划分

按照建设项目的建设性质不同，基本建设项目可分为新建、扩建、改建、恢复和迁建项目。技术改造项目一般不作这种分类。一个建设项目只有一种性质，在项目按总体设计全部建成之前，其建设性质是始终不变的。

（1）新建项目。即原来没有，现在新开始建设的项目。有的建设项目并非从无到有，但其原有基础薄弱，经过扩大建设规模，新增加的固定资产价值超过原有固定资产价值的三倍以上，也可称为新建项目。

（2）扩建项目。即在原有的基础上为扩大原有产品生产能力或增加新的产品生产能力而新建的主要车间或工程项目。

（3）改建项目。指原有企业以提高劳动生产率，改进产品质量，或改变产品方向为目的，对原有设备或工程进行改造的项目。有的为了提高综合生产能力，增加一些附属或辅助车间和非生产性工程，也属于改建项目。在现行管理上，将固定资产投资分为基本建设项目和技术改造项目，从建设性质看，后者属于基本建设中的改建项目。

（4）恢复项目。指原有企业、事业和行政单位，因自然灾害或战争，使原有固定资产遭受全部或部分报废，需要进行投资重建来恢复生产能力和业务工作条件、生活福利设施等的建设项目。

（5）迁建项目。指企事业单位，由于改变生产布局或环境保护和安全生产以及其他特别需要，迁往外地建设的项目。

2. 按用途划分

基本建设项目还可按用途划分为生产性建设项目和非生产性建设项目。其中：

（1）生产性建设项目。指直接用于物质生产或满足物质生产需要的建设项目，如工业建筑业、农业、水利、气象、运输、邮电、商业、物资供应、地质资源勘探等建设项目。

（2）非生产性建设项目。指用于满足人民物质生活和文化生活需要的建设项目，如住宅、文教、卫生、科研、公用事业、机关和社会团体等建设项目。

3. 按规模或投资大小划分

基本建设项目按建设规模或投资大小分为大型项目、中型项目和小型项目。国家对工业建设项目和非工业建设项目均规定有划分大、中、小型的标准，各部委对所属专业建设项目也有相应的划分标准，如水利水电建设项目就有对水库、水电站、堤防等划分为大、中、小型的标准。

4. 按隶属关系划分

建设项目按隶属关系可分为国务院各部门直属项目、地方投资国家补助项目、地方项目、企事业单位自筹建设项目。1997 年 10 月国务院印发的《水利产业政策》把水利工程建设项目划分为中央项目和地方项目两大类。

5. 按建设阶段划分

建设项目按建设阶段分为预备项目、筹建项目、施工项目、建成投产项目、收尾项目和竣工项目等。

（1）预备项目（或探讨项目）。按照中长期投资计划拟建而又未立项的建设项目，只作初步可行性研究或提出设想方案供参考，不进行建设的实际准备工作。

（2）筹建项目（或前期工作项目）。经批准立项，正在建设前期准备工作而尚未开始施工的项目。

（3）施工项目。指本年度计划内进行建筑或安装施工活动的项目。包括新开工项目和续建项目。

（4）建成投产项目。指年内按设计文件规定建成主体工程和相应配套辅助设施，形成生产能力或发挥工程效益，经验收合格并正式投入生产或交付使用的建设项目。包括全部投产项目、部分投产项目和建成投产单项工程。

（5）收尾项目。以前年度已经全部建成投产，但尚有少量不影响正常生产使用的辅助工程或非生产性工程，在本年度继续施工的项目。

国家根据不同时期国民经济发展的目标、结构调整任务和其他一些需要，对以上各类建设项目指定不同的调控和管理政策、法规、办法。因此，系统地了解上述建设项目各种分类对建设项目的管理具有重要意义。

二、基本建设项目的划分

建筑安装工程是由相当数量的分项工程组成的庞大复杂的综合体，直接计算它的全部人工、材料和机械台班的消耗量及价值，是一项极为困难的工作。为了准确无误地计算和确定建筑安装工程的造价，必须对基本建设工程项目进行科学地分析与分解，使之有利于工程概预算的编审，以及基本建设的计划、统计、会计和基建拨款贷款等各方面的工作，同时，也是为了便于同类工程之间进行比较和对不同分项工程进行技术经济分析，使编制概、预算项目时不重不漏，保证质量。

1. 建设项目的划分

建设项目划分依据是工作结构分解原理，它是把项目按照其内在结构或实施过程的顺序进行逐层分解，得到不同层次的项目单元，最后形成项目的工作结构分解图（WBS，Work breakdown structure）。通常按项目本身的内部组成，将其划分为建设项目、单项工程、单位工程、分部工程和分项工程，如图1-2所示。

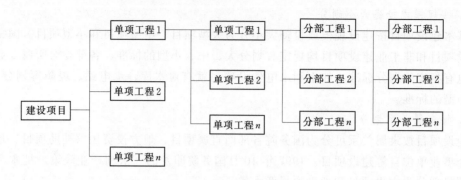

图1-2 建设项目的结构分解

建设项目也称为基本建设项目，是指在一个场地或几个场地上按一个总体设计进行施工的各个工程项目的总和。如一个独立的工厂、水库、水电站、引水工程等。

单项工程是建设项目的组成部分。单项工程具有独立的设计文件，建成后可以独立发挥生产能力或效益。例如一个水利枢纽的拦河坝、电站厂房、引水渠等都是单项工程。一个建设项目可以是一个单项工程也可以包含几个单项工程。

单位工程一般是指具有独立的设计文件，可以独立地组织施工，但完成后不能独立发挥生产能力的工程。它是单项工程的组成部分。如灌区工程中进水闸、分水闸、渡槽；水电站引水工程中的进水口、调压井等都是单位工程。

分部工程是单位工程的组成部分，一般以建筑物的主要部位或工种来划分。如进水阀工程可以分为土石方开挖工程、混凝土工程、砌石工程等，房屋建筑工程可划分为基础工程、墙体工程、屋面工程等。

分项工程是分部工程的细分，是建设项目最基本的组成单元，也是最简单的施工过程。是由专业工种完成的中间产品。它可通过较为简单的施工过程就能生产出来，可以有适当的计量单位。它是计算工料消耗、进行计划安排、统计工作、实施质量检验的基本构造因素，例如进水闸混凝土工程按工程部位，划分为闸墩、闸底板、铺盖护坦等分项工程。

2．水利水电工程项目的划分

由于水利水电工程是个复杂的建筑群体，同其他工程相比，包含的建筑群体种类多、涉及面广、影响因素复杂，例如大中型水电工程除拦河坝（闸）、主副厂房外，还有变电站、开关站、引水系统、输水系统、泄洪设施、过坝建筑、输变电线路、公路、铁路、桥涵、码头、通信系统、给排水系统、供风系统、制冷设施、附属辅助企业、文化福利建筑等，难以严格按单项工程、单位工程、分部工程和分项工程来确切划分。因此，现行的水利工程项目划分按照水利部2002年颁发的水总［2002］116号文有关项目划分的规定执行。该规定对水利水电基本建设项目进行了专门的项目划分。

将水利水电建设项目可划分为两种类型：水利枢纽、水电站、水库属于第一种类型；其他水利基建工程（如泵站、灌区、堤防、疏浚等）属于第二种类型。将水利水电枢纽工程（或引水工程、灌溉工程）划分为建筑工程、机电设备及安装工程、金属结构设备及安装工程、临时工程、其他费用等五个部分，每部分从大到小又划分为一级项目、二级项目、三级项目等。一级项目相当于具有独立功能的单项工程，二级项目相当于单位工程，三级项目相当于分部、分项工程，如图1-3所示。把环境工程费用（含移民征地补偿费、水土保持工程费、环境影响补偿费）作为枢纽工程以外的第二部分内容）单独列出。

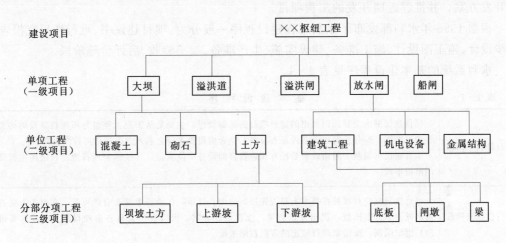

图1-3　水利水电工程项目划分示意图

三、基本建设程序

基本建设程序是指建设项目从决策、设计、施工到竣工验收全过程中，各项工作必须遵循的先后次序。

基本建设活动具有其内在的规律性。基本建设全过程的特点，决定了搞基本建设必须遵照一定的工作程序，按照科学规律进行。这是因为，基本建设是一个大系统，涉及的范围很广，内外协作配合的环节多，完成一项建设项目，要进行多方面的工作，其中有些是需要前后衔接的，有些是横向配合的，还有些是交叉进行的，对这些工作必须按照一定的程序，有步骤、有秩序地进行。搞基本建设，只有按照符合客观规律的建设程序办事，才能加快建设速度，提高工程质量，缩短工期，降低工程造价，提高投资效益，达到预期效果。

结合水利水电工程的特点和建设实践，水利水电工程基本建设程序的内容为：根据资源条件和国民经济长远发展规划进行流域或河段规划，提出建设项目建议书，进行可行性研究和项目评估决策，然后进行勘测设计，初步设计经过审批后，项目列入国家基本建设年度计划，并进行施工准备和设备、材料定货、采购，当开工报告批准后便可正式施工，建成后进行验收投产。

大家知道，水利水电工程建设的特点是，工程建设规模大、施工工期相对较长、施工技术复杂、横向交叉面广、内外协作关系和工序多，因此，水利水电工程建设必须严格按照建设程序办事，否则将会造成严重后果和巨大经济损失。

国民经济长远规划和流域规划，是水利水电工程建设的根本依据。在水利水电工程建设时应首先做好流域（或区域）规划。

流域（或区域）规划就是根据该流域（或区域）的水资源条件和国家长远计划对该地

区水利水电建设发展的要求,提出该流域(或区域)水资源的梯级开发和综合利用的最优方案。因此进行流域(或区域)规划,必须对流域(或区域)的自然地理、经济状况等进行全面的、系统的调查研究,初步确定流域(或区域)内的大坝位置,分析各坝址的建设条件,拟定梯级布置方案工程规划、工程效益等,进行多方案的分析比较,选定合理的梯级开发方案,并推荐近期开发的工程项目。

根据1998年水利部发布了水利工程建设程序一般分为:项目建议书、可行性研究报告、初步设计、施工图设计、施工准备、建设实施、生产准备、竣工验收、后评价等阶段。

水利系统的基本建设程序见表1-1。

表 1-1	基 本 建 设 程 序
项目建议书阶段	项目建议书由主管部门提出的建设项目的轮廓设想,主要是从宏观上衡量分析项目建设的必要性和可能性,即分析其建设条件是否具备,是否值得投入资金和人力,进行可行性研究。 项目建议书编制一般由政府委托有相应资格的设备单位承担,并按国家现行规定权限向主管部门申报审批
可行性研究阶段	可行性研究应对项目在技术上是否先进、适用、可靠,在经济上是否合理可行,在财务上是否盈利做出多方案比较,提出评价意见,推荐最佳方案。可行性研究报告由项目法人(或筹备机构)组织编制,按国家现行规定的审批权限报批
初步设计阶段	初步设计是根据批准的可行性研究报告和必要而准确的设计资料,对设计对象进行通盘研究,阐明拟建工程在技术上的可行性和经济上的合理性,规定项目的各项基本技术参数,编制项目的总概算。初步设计任务应择优选择有项目相应资格的设计单位承担,依照有关初步设计编制规定进行编制
施工图设计阶段	施工图设计阶段是在初步设计和技术设计的基础上,根据建筑安装工作的需要,针对各项工程的具体施工,绘制施工详图。 施工图设计文件系已定方案的具体化,由设计单位负责完成。在交付施工单位时,须经建设单位技术负责人审查签字。根据现场需要,设计人员应至现场进行技术交底。并可以根据项目法人、施工单位及监理单位提出的合理化建议进行局部设计修改
施工准备阶段	项目在主体工程开工之前,必须完成各项施工准备工作。 施工准备工作开始前,项目法人或其代理机构,须依照有关规定,向水利行政主管部门办理报建手续,项目报建须交验工程建设项目的有关批准文件。水利工程项目进行施工准备必须满足下列条件:初步设计已经批准;项目法人已经建立;项目已列入国家或地方水利建设投资计划,筹资方案已经确定;有关土地使用权已经批准;已办理报建手续
组织施工阶段	组织施工阶段是指主体工程的建设实施,项目法人按照批准的建设文件,组织工程建设、保证项目建设目标的实现。项目法人或其代理机构必须按审批权限,向主管部门提出主体工程开工申请报告,经批准后,主体工程方能正式开工。主体工程开工须具备以下条件:建设管理模式已经确定,投资主体与项目主体的管理关系已经理顺;项目建设所需全部投资来源已经明确,且投资结构合理;项目产品的销售,已有用户承诺,并确定了定价原则
生产准备阶段	生产准备是项目投产前所要进行的一项重要工作,是建设阶段转入生产经营的必要条件。项目法人应按照建管结合和项目法人责任制的要求,适时做好有关生产准备工作。生产准备应根据不同类型的工程要求确定,一般应包括如下主要内容:生产组织准备;招收和培训人员;生产技术准备;物资准备;正常的生活福利设施准备;及时具体落实产品销售合同协议的签订,提高生产经营效益,为偿还债务和资产的保值、增值创造条件

竣工验收阶段	竣工验收阶段是工程完成建设目标的标志，是全面考核基本建设成果、检验设计和工程质量的重要步骤。竣工验收合格的项目即从基本建设转入生产或使用。 水利水电工程按照设计文件所规定的内容建成以后，在办理竣工验收以前，必须进行试运行。例如，对灌溉渠道来说，要进行放水试验；对水电站、抽水站来说，要进行试运转和试生产，检查考核是否达到设计标准和施工验收中的质量要求。水利水电工程的验收程序分为阶段验收和竣工验收
后评价	后评价是工程交付生产运行后一段时间内，一般经过 1～2 年生产运行后，对项目的立项决策、设计、施工、竣工验收、生产运行等全过程进行系统评价的一种技术经济活动，是基本建设程序的最后一环。通过后评价达到肯定成绩、总结经验、研究问题、提高项目决策水平和投资效果的目的。评价的内容主要包括：①影响评价；②经济效益评价；③过程评价。前述两种评价是从项目投产后运行结果来分析评价的。过程评价则是从项目的立项决策，设计、施工、竣工投产等全过程进行系统分析

表 1-1 所述的九项内容反映了水利水电工程基本建设工作的全过程。电力系统中的水力发电工程与此基本相同，不同的是，将初步设计阶段与可行性研究阶段合并，称为可行性研究阶段，其设计深度与水利系统初步设计接近，增加"预可行性研究阶段"，其设计深度与水利系统的可行性研究接近。其他基本建设工程除没有流域（或区域）规划外，其他工作也大体相同。

基本建设过程大致上可以分为三个时期，即前期工作时期、工程实施时期、竣工投产时期。从国内外的基本建设经验来看，前期工作最重要，一般占整个过程 50%～60% 的时间。前期工作搞好了，其后各阶段的工作就容易顺利完成。

同我国基本建设程序相比，国外通常也把工程建设的全过程分为三个时期，即投资前时期、投资时期、投资回收时期。内容主要包括：投资机会研究、初步可行性研究、可行性研究、项目评估、基础设计、原则设计、详细设计、招标发包、施工、竣工投产、生产阶段、工程后评估、项目终止等步骤。国外非常重视前期工作，建设程序与我国现行程序大同小异。

四、建筑产品的特点

建筑产品也是一种商品，具有与其他商品一样的商品属性。建筑企业进行的施工活动也是商品生产活动。但与一般工业生产相比，建筑产品又具有以下特点：

1. 产品的单件性

每件建筑产品都有专门的用途，都需采用不同的造型、不同的结构、不同的施工方法，使用不同的材料，设备和建筑艺术形式。尤其是水利水电工程一般都随所在河流的特点而变化，每项工程都要根据工程具体情况进行单独设计，在设计内容、规模、造型、结构和材料等各方面都互不相同。同时，因为工程的性质（新建、改建、扩建或恢复等）不同，其设计要求不一样。即使工程的性质或设计标准相同，也会因建设地点的地质，水文条件不同，其设计也不尽相同。

2. 价格的可比性

虽然建筑产品的单件性使各个建筑产品之间不具有直接可比性，但是，各种建筑产品的生产都只能按一定的施工顺序、施工过程和施工工艺进行。不论它们的结构如何复杂，体型如何庞大，归根到底都是由若干种结构元素组合而成。因此，我们借助分解的方法，可以将巨大的建筑产品分解成能用适当的计量单位计算的简单的基本结构要素——假定的建筑安装产品。

3. 生产周期长

建筑产品的生产周期是指建设项目或单位工程在建设过程中所耗用的时间，即从开始施工起，到全部建成投产或交付使用、发挥效益时止所经历的时间。

建筑产品的生产周期一般较长。有的建筑项目，少则1~2年，多则3~4年，5~6年，甚至上10年。它长期大量占有和消耗人力、物力和财力，要到整个生产周期结束，才能出产品。另外，所有建筑产品都有其合理工期，如图1-4所示，施工企业只有在合理工期内完成项目才能最大限度地降低成本，从而获得最大的利润。

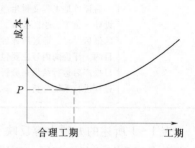

图1-4 工期与建筑产品成本关系

4. 价格具有不同形式的差异

建筑产品的价格差异主要是指地区差价、质量差价和工期差价。地区差价是指由于地区不同而客观存在的生产条件、生产要素的差异所导致的价格差异。质量差价是指由于施工质量等级的不同而造成的价格差异。工期差价是指由于建造工期的提前或推迟而形成的价格差异。（工期的提前或推迟是相对于正常生产条件下的工期而言。正常工期是指投入适当的机械、劳力的情况下，通过科学的施工组织，使工效最高、成本最低的工期。）

5. 定价在先

对于一般工业产品来说，总要先生产、后定价。但是，对于期货生产和建筑产品，则要求在未生产出来之前就投标报价，确定价格，即定价在先，生产在后。由于建筑产品所具有的多样性等特点，在生产开始之前难以充分预测各种成本要素以及拟建建筑产品所具有的特点对其价格所产生的影响，因此造价的确定具有一定的风险性。一般情况下，在生产之前所确定的建筑产品价格实际上只是一种暂定价格。建筑产品生产周期都比较长，这期间生产要素的价格会发生变化，而实际价格要等建筑产品建成交付使用之后才能最终确定。

此外，由于建筑产品规模大，决定了建筑产品的程序多，涉及面广，社会协作关系复杂等特点，这些特点也决定了建筑产品价值构成不可能一样。

第二节 水利水电建筑市场

一、水利水电建筑市场的概念

水利水电建筑市场是以水利水电工程承发包交易活动为主要内容的市场。广义的水利水电建筑市场还包括与工程建设有关的技术租赁、劳务等要素市场，为水利水电工程建设提供专业服务的中介组织，以及建筑产品生产及流动过程中的其他各种经济联系和经济关系。

一般地，任何水利水电基础建设项目都源自社会对水利水电建筑产品的需求。有了这种需求，政府、企事业单位及社会其他机构开始筹措资金，组织有关项目人员进行项目开发，其中需要有设计单位、咨询中介机构、施工承包商等的共同参与。项目完工，就可以投入使用，发挥社会、经济效益。因此，任何基本建设项目都要涉及到许多具有不同责任的组织和人员，即市场主体，如图1-5所示。

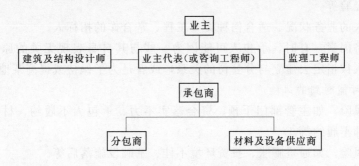

图1-5 市场主体——建设过程中的各方

二、招标人

（一）建设单位与招标人

建设单位指建筑产品的所有者，也是承包人的客户，在国际上一般称为业主。招标人是提出招标项目、进行工程招标的法人或其他组织，通常为建筑产品的所有者。承包商应明确招标人对工程项目的需求，不断地调整自己的对策，适应市场的变化。按项目投资来源不同，招标人可分为政府部门或私营部门。

（二）项目法人责任制

项目法人责任制，又称业主责任制，是在社会主义市场经济体制条件下，根据我国公有制部门占主体的实际情况，为了建立投资约束机制、规范项目法人行为提出的。由项目法人对项目建设全过程负责管理。项目业主的产生，主要有三种方式：（1）业主即原企业或单位；（2）业主是联合投资董事会；（3）业主是各类开发公司。

业主在项目建设过程的主要职能是：立项决策、资金筹措与管理、招标与合同管理、施工与质量管理、竣工验收和文档管理。

（三）招标人对拟建工程项目的建设要求

1. 招标人的经济考虑

在项目的计划、组织实施过程中，招标人必须考虑以下几个方面：

（1）选择合适的建设方法（采购方法）。

（2）满足要求的好的设计。

（3）一个便于施工，能使承包人有效地利用资源的设计。

（4）在设计与施工中，便于投资控制，保证不突破预算。

（5）及时地获得建设信息，避免施工中断，保证按期完成。

（6）尽量减少设计变更。

（7）施工安排要适应气候的变化。

2. 招标人对承包人的要求

选择良好的承包人对顺利完成工程项目是至关重要的。因此，咨询工程师要为招标人寻找具有以下特色的施工承包人。

（1）施工承包人的商业信誉。承包人的历史工程记录，比如成功完成的工程项目的数量、公司的资金水平等。

（2）施工承包人的人力资源、固定资产状况，公司人员的业务素质、掌握的技术情况、现场施工经验等。

（3）承包人的业务状况、适合何种类型工程、常合作的招标人。

（4）非经济因素。有时，承包人可能因为一些与其自身表现无关的原因被选中。例如，某一承包人被指定去建立与分公司的关系，或者是为了保持或提高某地的就业率。

3. 招标人可能遇到的风险

（1）人为风险。如主管部门干预、资金落实不力、承包人不履约、材料供应商不履约、监理工程师不履约等。

（2）经营风险。如通货膨胀、投资环境不佳、基础设施落后等。

（3）自然风险。如地震、台风等。

三、承包人的管理

（一）承包人的管理活动

这里所指的承包人是指拥有一定数量的建筑设备、流动资金、工程技术与经济管理人员、取得建设资质证书和营业执照的，能够按照业主的要求提供不同形态的建筑产品的施工企业。

承包人的管理就是对承包合同工程项目的决策、计划、组织、控制、协调及其中的教育与激励，其范畴包括生产管理和经营管理，其内容见图1-6。

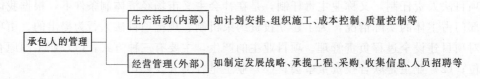

图1-6 承包人的管理活动

（二）获得工程项目

在施工企业内部，承包人在决定参加投标前，一般要经过预选过程。预选过程包括：①是否需要增加工程的评估；②鉴别市场机会；③预选评估。

承包人应当不断地评估是否还需要增加工程项目。这并不表示只是等待投标邀请，而是要调动市场调研人员在公司决定寻求工程的地区中查找业务机会。应该要求市场人员和未来的招标人进行接触，并做到一旦招标人决定为新工程进行招标时，本公司的名字能被列入邀请投标的名单。

未来的招标人往往要求对承包人进行预选。市场人员应提供一切必要的资料来帮助他们，以确保本公司能被认为是适合承担未来工程项目的公司。一切工程取决于招标人能否有足够的资金进行设计和施工。如果承包人发觉招标人正在积极为新项目筹措资金，则承包人可以通过自己的业务关系和银行关系协助招标人为该项工程获取资金。

除了与未来的招标人进行商谈之外，还应要求市场人员协助估价部门搜集该部门正在编制和将要编制的估价所需的有关数据。经常同招标人和当地代表保持接触，市场人员就会处在能为估价部门搜集有用资料信息的理想地位。

承包人取得招标信息的主要途径有：①通过招标广告或公告来发现投标目标，这是获得公开招标信息的方式；②搞好公共关系，经常派业务人员深入到有关单位和部门，广泛联系，收集信息；③通过政府有关部门，如计委、水利厅、行业协会等单位获得信息；④通过咨询公司、监理公司、科研设计单位等代理机构获得信息；⑤取得老客户的信任，从而承接后续工程或接受邀请而获得信息；⑥与总承包人建立广泛的联系；⑦利用有形的建筑交易市场及各种报刊、网站的信息；⑧通过社会知名人士的介绍得到信息。

（三）赢得招标人的信赖

在承包人所有的经营活动中，赢得招标人的信赖是非常重要的，因为这将带来源源不断的工程。要做到这一点必须为招标人提供好的建筑产品，在施工过程中，承包人要按期、高质量完成任务以达到招标人的满意。因此，在施工与管理过程中承包人必须不断地进行施工工艺的研究与革新，在公众面前树立良好的形象，尽量避免合同纠纷。

（四）获取利润

承包人在承包工程中必须要保证一定的利润，只有这样才能有足够的资金进一步发展业务、进行科学研究，使企业向更高层次发展。只有这样，企业才能为招标人提供高质量、多样化的服务。另外，为防止意外风险，承包人还需要预备一笔合理数目的资金来应对经济萧条时的不良状况。

（五）承包人的市场对策

要在市场竞争中立于不败之地，承包人必须源源不断地获得利润。因此，承包人的投标报价必须控制在市场可接受的范围之内。为取得工程，承包人需要有一套明确的对策和市场战略，具体来说，要考虑以下几点：

（1）中短期内要有一定的营业额。

（2）企业经营资金的出处及需要量。

（3）达到期望营业额所需工程的类型及数量。

（4）施工时所需的工人的数量、基本素质、专业情况及组织结构。

（5）市场营销部门要考虑工程的来源及如何获得。

（6）施工现场的施工组织计划。

（7）进行投标报价分析，确定合理报高量。

（8）能合理地化解和转移风险。

（9）不断进行科学研究以提高施工工艺水平，取得良好的社会声誉。

四、公共事业项目的特性

公共事业项目通常是政府（或社会团体）出资兴建的，它不以商业利润为基本追求，而是以社会公众利益为主要目标。这类项目不以盈利为目的，而以社会利益为基本追求，它的产品或服务或者被免费享用，或者为了维持项目的正常运行而实行低价收费，享用者从免费中获得了公共品，从低价收费中获得了项目产出的外部收益——消费者剩余。公用事业项目的上述特点是由项目产出的基本特性和政府目标的基本指向两个方面的因素决定的。

（一）公用事业项目产出的基本特性

公共品不具有享用权上的排他性，而具有明显的公共性，即某人的享用不排除他人对同一物品或服务的享用权，公用事业项目所提供的产品或服务往往具有较强的公共品性，这是此类项目的显著特点之一。

从项目的成本与受益的角度来看，一个项目还会或多或少地存在外部性。所谓外部性，是外部收益和外部成本的统称。外部收益系指落在项目投资经营主体之外的收益，此收益由投资经营主体之外的人免费获取。例如某投资主体兴建了一座水电站，它可以通过电能出售获得收益，而水电站下游居民也从电站大坝的修建中获得了减少洪水灾害的收益，这种收益尽管可能很大，但下游居民却是免费获得的。外部成本指落在项目投资经营主体之外的社会成本，但此成本却不由该经营主体给予等价补偿，而由外部团体和个人无偿地或不等价地承担。公用事业项目往往具有较强的外部性，这是此类项目的又一显著特点。

（二）政府的基本目标与项目属性

政府之所以应该成为公用事业项目的投资主体，一方面是由政府的性质或职责所决定；另一方面是由其效率所决定。政府是公共权力机构，其权力是人民赋予的，其职责是为人民服务、为社会谋利。政府的基本目标有两个：一是效率目标，即促进社会资源的有效配置，促进国家或地区的经济增长；二是公平目标，即促进社会福利的公平分配，普遍改善人民的福利水平。

就效率而言，在市场机制能够充分有效运作的范围内，政府不一定非要在那些以盈利为目的的竞争性产业领域进行大量的项目投资，以弥补市场机制的不足，促进全社会的资源配置效率的提高。有些项目，例如一条高速公路，是可实行谁受益谁付费的制度，办法之一就是设置路卡，对通行者在进口处收费，在出口处验票放行。但这样一来，或者因为进出口处的排队等候而延误时间，或者因为一部分人嫌路费高昂而不肯使用，致使公路使用者较少而不能发挥全部效益潜能。所以在同样投资和维护成本条件下，这条公路由政府出资兴建提供免费服务也就更有效率。公共品的生产方式包括公共生产和私人生产两种。公共生产是指公共产品由公共部门来生产。私人生产是指公共产品由私人部门来生产。政府再通过采购的方式将它们买回，使其变成公共产品，向社会提供。私人生产由于具有较高的效率，因而在市场经济条件下的政府广泛采用。从效率的观点看，只要私人部门能生产的公共产品，都应当采取私人生产政府采购的方式。

就公平而言，调节公民之间的福利分配是政府的基本职责。在市场机制的分配范畴内，公民之间的收入分配和福利分配肯定是有相当差异的。为此，政府一方面可以通过财政税收等政策工具调节人们之间的收入分配；另一方面，政府可利用税收等财政收入投资兴办有助于改善社会福利分配的公用事业项目。

第三节　市场定价理论与建筑产品价格的形成

一、对微观经济学的鸟瞰

在学习市场定价理论之前，先从微观经济学的角度对建筑产品市场加以分析。

图1-7为建筑产品市场和生产要素市场的循环流程图。左、右两个方框分别表明用户（建筑产品的消费者）和施工企业。这里的每一个用户和每一个施工企业都具有双重身份：单个用户和单个施工企业分别以产品的需求者和产品的供给者的身份出现在产品市场

上，又分别以生产要素的供给者和生产要素的需求者的身份出现在生产要素市场上。图的上方和下方分别表示产品市场和生产要素市场。用户和施工企业的经济活动通过产品市场和生产要素市场的供求关系的相互作用而联系起来。图中一切需求关系都用实线表示，一切供给关系都用虚线表示。

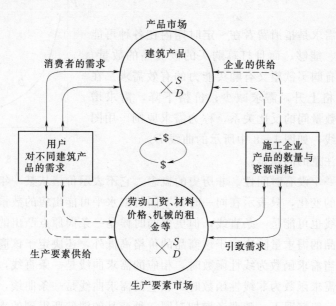

图 1-7　建筑产品市场和生产要素市场的循环流程图

从图中用户的方面看，出于对自身经济利益的追求，用户的经济行为表现为在生产要素市场上提供生产要素，如提供一定数量的劳动、材料等，以取得收入，然后在产品市场上购买所需的商品即建筑产品，进而在消费中得到最大的效用满足。从图中的施工企业方面看，同样也是出于对于自身经济利益的要求，施工企业的经济行为表现为在生产要素市场上购买所需的要素，如雇佣一定数量的工人，租用一定数量的材料和机械设备等，然后进入生产过程进行生产，进而通过商品的出售获得最大利润。

在图的上半部分，用户对产品的需求和施工企业对产品的供给相遇于产品市场，由此决定了建筑产品的市场均衡价格和均衡数量。在图的下半部，用户对生产要素的供给和施工企业对生产要素引致的需求相遇于生产要素市场，由此又决定了每一种生产要素的市场均衡价格。

二、市场定价理论

（一）价格机制

价格机制是指竞争市场上需求和供给的相互关系对产品价格和生产要素价格的决定作用。价格机制又叫市场机制。微观经济学认为，价格机制就像一个复杂的工作系统，它解决了经济社会生产什么、如何生产和为谁生产三个基本问题。根据经济学原理，生产什么取决于消费者的需求，即消费者在一定价格条件下，愿意而且能够购买的商品的数量。如何生产取决于企业之间的竞争，为了对付竞争对手并获取最大利润，企业必须采用成本最低、效率最高的生产方法。为谁生产取决于生产要素市场的需求和供给均衡时的要素价格。微观经济学中的生产要素包括劳动、土地、资本和企业家报酬等。要素价格就是要素所有者的收入。要素所有者掌握的要素在生产过程中的贡献不同，因而收入也不同，他们用各自的收入购买产品，为谁生产的问题便由此得到解决。

（二）需求与供给

1. 需求

一种商品的需求是指消费者在一定时期内在各种可能的价格水平愿意、能够、而且打算购买的该商品的数量。需求必须是指既有购买欲望又有购买能力的有效需求。在通常情况下，价格上升，需求减少；价格下降，需求增加。这种价格与数量间的反比关系，称为需求原则。用图表示即为需求曲线，如图1-8中所示的曲线 D。

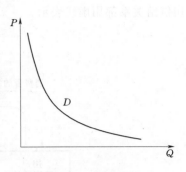

图1-8　需求曲线

需求曲线应注意的问题是：

（1）曲线是一个没有时间性、非历史的概念。它不表示价格从某一年到另一年的变化而引起出售数量的变化，只表示在同一时刻不同价格水平可能出售的数量。

（2）需求曲线也可能是一条直线，但更多的时候是一条向原点凸出的曲线。这是因为消费者对一定商品的需求量除决定于该商品的价格高低外，还决定于该商品对消费者所提供的满意程度。当需求函数为线性函数时，相应的需求曲线是一条直线，直线上各点的斜率是相等的。当需求函数为非线性函数时，相应的需求曲线是一条曲线，曲线上各点的斜率是不相等的。一般情况下，消费者增加对同一种商品的消费所得到的满意程度会逐渐减少，即边际效用是递减的。

（3）一些特殊商品，需求曲线并不是向右下方倾斜的曲线，即需求与价格不成反比。例如，某些奢侈品，价格越高，需求反而越大。

（4）某些商品需求曲线作不规则的变化，证券市场常有这种情况。

2. 供给

供给指卖者在不同的价格水平愿意并能够提供到市场上出售的一种商品或劳务的数量。通常情况下，价格越高卖主愿意提供的商品量越大，因此，供给随价格的升降而增减。根据商品价格与其供给量之间的相对关系，绘制的曲线为供给曲线，如图1-9中的曲线 S。供给曲线是一条从左向右上方倾斜的曲线，具有正的斜率。它表明价格和供给量这两个变量同方向变动，价格上升，供给量增加；价格降低，供给量下降，原因在于卖者的惟一目的是获得利润。

供给曲线应注意的问题是：

（1）供给曲线是表示在某一时刻的不同价格水平上可能出售的数量。不是联结不同价格和不同时期出售数量的曲线。

（2）供给曲线在更多的时候是一条向右上方凸出的曲线，有时还是一条直线。这是因为出售者对一定商品的供给量除决定于该商品的价格高低外，还决定于产品的成本。如果供给函数是一元一次的线性函数，则相应

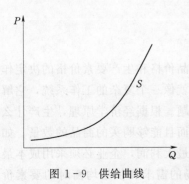

图1-9　供给曲线

的供给曲线为直线型。如果供给函数是非线性函数，则相应的供给曲线是曲线型的。一般情况下，随着产量的不断增加，必然最终导致成本上升，供给减少，所以，供给曲线表示的生产成本是递增的。

劳动力的供给是一个例外，如图 1-10 所示，在开始阶段，随着工资率的提高，工人愿意增加工作时间；但工资水平上升到一定高度后，劳动者的一般生活需要得到了满足，他就希望多一点休息和娱乐的时间，这时，随着工资的提高，他用于劳动的时间反而逐渐减少。因此，劳动力供给曲线首先是随着工资率的上升而向右上方延伸然后向左弯曲成为向后倾斜的曲线。

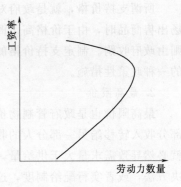

图 1-10 劳动力的供给曲线

3. 需求与供给的均衡——市场价格的决定

将需求曲线 D 与供给曲线 S 画在同一图上，如图 1-11 所示，D 与 S 相交于 E 点，这表明消费者愿意以价格 P_e 购买数量为 Q_e 的商品，生产者也愿意以价格 P_e 出售数量为 Q_e 的商品，市场在 E 点达到均衡。E 点所对应的价格 P_e 称为均衡价格，其对应的数量则 Q_e 为均衡数量。因此均衡价格是指一种商品的需求量与供给量相等时的价格。

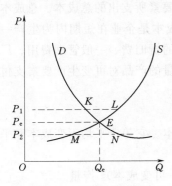

图 1-11 市场均衡图

市场均衡是通过市场供求之间的相互作用，自发调节而成的，一旦市场价格背离均衡价格，则有自动恢复均衡的趋势。我们可以用图 1-11 来说明。当市场价格高于均衡价格时，如 $P_1 > P_e$，P_1 价格线与供给曲线 S 和需求曲线 D 分别交于 L 和 K 点。在此价格水平上供给大于需求，市场出现商品过剩（KL）。于是生产者被迫降低价格刺激需求，并同时减少供给，直至市场价格等于均衡价格 P_e 时，供求达到均衡。当市场价格低于均衡价格时，如 $P_2 < P_e$，此时市场上的需求大于供给，出现商品短缺（MN），市场价格将自动上升，直至市场价格等于均衡价格 P_e 时，供求达到均衡。

这就是在短期中，其他条件不变，即供给和需求曲线不变的情况下均衡价格的形成过程。它是一个自动调节过程，被称为有"一只看不见的手"在指挥着整个市场活动。这种市场自动调节功能就叫做价格机制。

在长期经济活动中，由于收入的变化或消费者偏好的变化，会引起整个需求曲线向左或向右移动，我们称之为需求变动；同样，由于生产中技术的进步或成本的变化，会引起整个供给曲线的移动，称为供给变动。当需求和供给变动时，市场均衡就会变化，形成新的均衡点，达到新的均衡价格和均衡数量。

（三）均衡价格理论的应用

在国民经济中经常发生商品的过剩与短缺现象，此时，通过价格的变动，调节供求而达到均衡状态。下面介绍政府利用均衡理论调节商品供求的两种政策。

1. 支持价格（或称最低价格）

所谓支持价格，就是政府对商品生产者保证其得到的最低价格，生产者按此价格向市场出售商品时，由于价格高于商品正常的均衡价格，因此需求量必然小于供给量超出部分则由政府收购。制定支持价格的目的是为了保护某商品生产者的利益，提高该商品供给量的一种政策性措施。

2．最高限价

最高限价也是政府管制物价的措施之一，是非常时期平拟物价的手段，或者作为把一部分收入转移给另一部分人的收入再分配的手段。最高限价必须低于商品的均衡价格，这就必然导致需求量大于供给量，引起商品短缺。从微观经济学的角度分析，商品短缺的解决方法，或者实行配给制度，这就意味着价格的管制将导致对数量的控制。事实上，最高限价正是政府为了抑制某种商品的过度需求而采取的一种政策性措施。

三、成本与收益

（一）成本（Cost）

在微观经济学中，成本是指生产活动中所消耗的生产要素的费用，也称生产费用。是衡量企业管理水平的一个综合性指标。是确定产品价格的重要依据。成本分为总成本、平均成本与边际成本。

1．总成本（Total Cost）

总成本是企业在短期内为生产一定量的产品对全部生产要素所支出的总成本。总成本又分为总不变成本（TFC）和总可变成本（TVC）。总不变成本是企业在短期内为生产一定量的产品对不变生产要素所支付的总成本。如厂房和机器的折旧费、一般管理费用、厂部管理人员的工资等。总可变成本是企业在短期内生产一定量的产品对可变生产要素支付的总成本。如原材料、燃料和动力支出，生产工人的工资等。

2．平均成本（Average Cost）

平均成本是企业平均生产每一单位产品所消耗的全部成本。它等于平均不变成本和平均可变成本之和，即

$$平均成本 AC＝总成本 TC/ 产量 ＝（固定成本＋可变成本）/ 产量$$
$$＝平均固定成本＋平均可变成本 \qquad (1-1)$$

在总不变成本固定的前提下，随着产量的增加，平均不变成本是越来越小的。平均可变成本的变动趋势要根据生产的具体情况而定。通常产量增加后，平均可变成本一开始可能下降，但产量增加到某一限度后，平均可变成本将会逐渐上升。

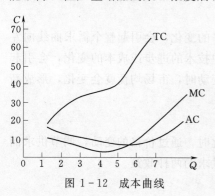

图 1－12　成本曲线

3．边际成本（Marginal Cost）

边际成本是厂商在短期内增加一单位产量时所增加的总成本。

$$边际成本 MC ＝ 总成本的增量 \Delta TC/ 产量的增量 \Delta Q$$
$$(1-2)$$

总成本 TC，边际成本 MC，平均成本 AC 三者之间的关系通常表示为图 1－12 的曲线形状。从图上可以看出，边际成本曲线与平均成本曲线在平均成本曲线的最低点相交。

如果边际成本小于平均成本，那么每增加一个单位产品，单位平均成本就比以前小一些，所以平均成本曲线在相交点的左边是下降的。反之，如果边际成本大于平均成本，那么，每增加一单位产品，单位平均成本就比以前大一些，所以平均成本在相交点的右边是上升的。这样，边际成本曲线只能在平均成本曲线的最低点与之相交。

（二）收益（Revenue）

在微观经济学中，收益是指生产者出卖商品的收入。收益中包括了成本与利润。

1. 总收益（Total Revenue）

总收益指生产者按一定价格出售一定量产品时所获得的全部收入，即

$$总收益 = 每单位产品的售价 \times 产量 = 平均收益 \times 产量 \qquad (1-3)$$

2. 平均收益（Average Revenue）

平均收益指生产者出售一定的商品时，从出售每单位商品所得到的平均收入，即平均每个商品的售价。平均收益为

$$平均收益 = 商品总售价 / 产量 = 每个商品的售价 \qquad (1-4)$$

3. 边际收益（Marginal Revenue）

边际收益指生产者增加销售一单位产品销售所增加的收入。

$$边际收益 = 总收益增量(\Delta TR) / 产量增量(\Delta Q) \qquad (1-5)$$

在价格不变的条件下，不论产量如何增加，单位产品的卖价都一样。这时，平均收益等于边际收益等于单位产品卖价。在价格不变条件下，平均收益曲线、边际收益曲线与需求曲线是重叠的，见图1-13。dd 表示需求曲线，它反映了在商品价格既定条件下的需求状况，无论需求量怎么变化，价格恒定，因此需求曲线为一平行横轴的直线。这时，无论消费者生产者都是既定价格的接受者，他们按既定价购买和出售商品，都不能影响市场价格。对生产者而言，多卖一个单位的商品，既不会是卖价上升，也不会是卖价下跌，因此，其边际收益等于平均收益等于商品价格，故边际收益曲线 MR 与平均收益曲线 AR 重叠，而且就是需求曲线 d。

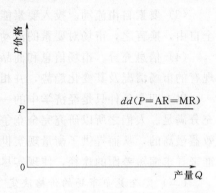

图 1-13　价格不变条件下的需求曲线

（三）最大利润原则

生产者在经营中所遵循的原则是使边际收益等于边际成本，既 MR＝MC，这在经济学中称为最大利润原则。为什么 MR＝MC，生产者就能达到最大利润呢？请看下面的分析。如果边际收益大于边际成本，这说明每多生产一个单位的商品所得的收益大于成本，则企业每多生产一个单位商品的收入超过支出，企业就会增加产量。反之，如果边际收益小于边际成本，则企业每多生产一个单位商品的收入不抵支出，企业就减少产量。当边际收入等于边际成本时，企业把过去直至现在可能赚到的利润都得到了，再增加生产就会开始出现支出大于收入，使已得到的利润减少。所以边际收入等于边际成本时，企业得到最大的利润。企业正是根据这一原则和市场的需求状况来决定其生产的数量和产品的价格。

四、完全竞争市场

众所周知，价格是由供给和需求决定的，并在市场中得到体现，此时我们称市场达到均衡状态。然而，一个竞争市场若要达到均衡，必须具备下列条件：

（1）每个企业都必须在它认为最适合的生产条件、成本条件的产量水平上运行；

（2）所有企业愿意以市场价格出售的总量必须等于所有买主愿意购买的总量。

当这两个条件得到满足时，市场价格便成为均衡价格，即只有市场供求状况发生变化时，价格才会有改变的趋势。

经济学中讨论的完全竞争市场的价格与产量的决定，很清楚地阐明市场定价的过程。

（一）完全竞争市场的特征

完全竞争市场是指不受外来阻碍和干扰，没有外力控制的自由市场状况。

（1）价格既定。由于市场上存在大量的买主和卖主，每一个买者的需求量和卖者的供给量仅占交易总量的一小部分，因此任何一个消费者和生产者都不会对市场价格产生能见的影响，而且无论消费者或生产者都不会采取联合行动。这样，市场价格就由供求双方的总量所决定。对于单个消费者或生产者而言，价格是一个既定的常数。

（2）产品同质。"产品同质"意味着所有的生产者所提供的产品都是同质的、无差别的标准化产品。这样，不同的生产者就能够进行公平的竞争。

（3）要素自由流动。投入要素能够在各行业、各企业之间自由流动，企业进出市场完全自由，换言之，市场对要素的流动不存在任何障碍。

（4）信息充分。市场信息和商品充分交流，所有的生产者和消费者都有条件完全掌握现有的市场情况及其变化趋势，并相应地作出合理的生产决策和消费决策。

以上四个条件只是经济学中的一种理论抽象，在现实生活中，没有任何一个条件能够充分满足。人们之所以研究完全竞争市场，是因为从理论上讲它是资源配置最优的，经济效益最高的，从而提供了衡量现实世界中各种市场结构的一把尺子、一面镜子。用这个标准来寻求缩短差距的途径，使现实尽可能向标准靠拢。

（二）完全竞争市场的价格决定

虽然市场对某种商品的需求曲线在一般情况下是向右下方倾斜的，但是，在完全竞争市场上，任何企业所面临的需求曲线是一条水平线（如图 1-14 中的 d 曲线所示）。此时，企业可以按照市场价格出售任何数量的商品，而无法控制自己产品的价格。只有依靠产量的调整来达到利润最大化的目标。根据利润最大化原则，企业的产量由边际收益等于边际成本的特点来决定。有了在完全竞争条件下的需求曲线、成本曲线和收益曲线，企业的均衡价格和均衡产量就可以得到了。

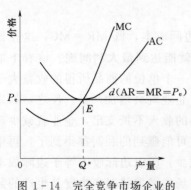

图 1-14　完全竞争市场企业的
均衡价格和均衡产量

图 1-14 所示，E 是完全竞争条件下的均衡点，P_e 为均衡价格，Q^* 为均衡产量。在这一点上边际收益 MR 等于边际成本 MC；平均成本等于平均收益，而且是平均成本的最低点。按照经济学原则，均衡点 E 是完全竞争条件下的最优点。因为对生产者来说，

这表明在当前的技术条件下，生产者能用最低的平均成本，生产出均衡产量 Q^*。同时，由于边际收益与边际成本相等，企业能实现最大利润。对消费者来说，这时的平均成本最低，则市场价格也最低。所以，无论对生产者和消费者，E 点都是最佳点。

对整个市场来说，完全竞争市场的均衡状态被视为可以实现资源的最优配置，这是因为当市场价格大于均衡价格 P_e 时，企业可以获得超额的利润。但这样一来，超额利润吸引了大批新的生产者加入这一行业，使该项产品的供给量不断增加，从而迫使价格下降，利润减少，产品的供给量随之减少。这一过程一直持续到市场价格又恢复到均衡价格，厂家的供给量又恢复到均衡量，超额利润完全消失时为止。

反之，如果市场价格低于均衡状态，企业将有损失，他们或者减少供给量，或者退出该行业。结果，供给量的减少促使价格回升，使产品的供给量又增多起来。这一过程一直到市场价格恢复到均衡价格，供给量恢复到均衡产品，企业不再蒙受损失为止。

在上述过程中，社会中人力、物力、财力都必然发生流动，各自朝着被认为比目前更有利的行业转移。而在均衡点上，所有企业既得不到超额利润也不会亏损。新的企业因为没有超额利润吸引，并不想加入该行业。现有的企业因为可以得到平均利润并不蒙受损失，也不打算退出该行业，这样，行业就处于均衡状态。

完全竞争可以促使每个企业把生产规模调整到平均成本的最低点，这不仅使价格降低，而且使人力、物力、财力可以最合理地分配到每一部门，使生产资源得到最有效的利用。所以说完全竞争市场实现了资源的最优配置，是生产的最优境界。

五、完全垄断市场

（一）完全垄断的条件

完全垄断又称独家垄断，是指市场处于由一家企业完全控制的局面。在完全垄断市场上，存在着产品差别，产品都是不同质的。垄断企业没有任何直接竞争者，也没有同自己的产品相近的代替品的竞争，因而可以通过控制产量和价格获得最大利润。

完全垄断市场在现实社会中并不太多，但由于垄断的生产者在市场上占有非常有利的地位，有决定市场价格的能力。它和完全竞争市场结构存在着对比关系，对研究经济资源的配置，生产效率的提高和社会进步有重要意义，因此必须对这种市场有所了解。垄断市场的形成是由以下因素引起的：

（1）规模经济。有些行业有着明显的规模经济效益，如重型机械、钢铁、电力、通讯事业、水利工程和基础设施等。只有通过集中资金，从事大规模生产，才有可能大幅度降低成本，达到最佳经济规模。因此企业间通过竞争和兼并形成少数企业的垄断市场。这种由规模经济形成的垄断称为自然垄断。

（2）原料控制。通过拥有或控制主要原料，有效地阻止竞争，培育垄断，如对矿产、石油等资源的控制造成金属材料、石油工业的垄断。

（3）政府特许。由政府特许某个部门垄断经营，如铁路、水利、邮政、或由政府授予专营权对某种商品进行独家经营，如盐业、烟酒专卖等。

（4）专利发明。为了鼓励发明创造，给予发明者专利权，在一定时间内有使用、保持和转卖发明的权力，这也是一种垄断。

（二）完全垄断市场的价格决定

和完全竞争企业不同，完全垄断企业界不是"价格的接受者"，而是"价格的决定者"其需求曲线不是一平行横轴的水平线，而是向右下方倾斜的线，见图1-15。

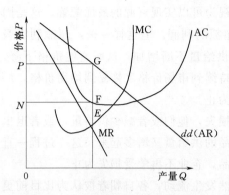

图1-15　完全垄断市场企业的均衡
价格和均衡产量

由于在完全垄断条件下，企业独家规定卖价，购买者对某一数量商品所支付的价格，对企业来说就是出售该商品时每单位商品的价格，因此，从图上看出，需求曲线 dd 与平均收益曲线 AR 是重叠的。这时，企业的平均收益随着商品出售量的增加而递减。但是，在平均收益递减的条件下，边际收益总是小于平均收益，因此，边际收益曲线 MR 位于平均收益曲线 AR 的左下方。边际收益曲线 MR 和边际成本曲线 MC 相交于 E 点，根据最大利润原则；MR＝MC，E 点所对应的产量 Q 就是能给企业带来最大利润的产量。因为当产量少于 QE 时，边际收益大于边际成本，则继续扩大产量仍有利于企业；反之，若产量大于 QE，则边际成本大于边际收益，增产已带来损失，如果继续增产，将会有更大的损失。所以 QE 是完全垄断条件下的均衡产量。

完全垄断企业按均衡产量 QE 生产时，其平均成本高于企业的平均成本最低点，因此，付出的代价大于完全竞争企业，从全社会的角度看，资源不能得到最有效的利用，而且消费者购买商品的价格高，整个产业的产量低，故完全垄断市场的经济效率低于完全竞争市场。

由于垄断存在着一些明显的缺陷，通常政府要对垄断作种种限制，制定反垄断法来保护竞争。反垄断法主要反对的是原材料控制垄断和自然垄断。专利保护形成的垄断本来的目的就是为了保护发明者的权益，提高发明者的积极性，以促进科学技术的更大进步，故不在反垄断法限制之列。至于政府特许垄断往往为了社会公众利益，追求的也往往不是利润最大化，自然不在反垄断法之列。

六、建筑产品价格的形成

（一）商品价格的基础

建筑产品的生产过程也是劳动者（工人）运用劳动工具（施工机械与工具）作用于劳动对象（建筑材料）的商品生产过程。

根据经济学原理，商品的价值 W 由三部分组成，即

$$W = C + V + M \tag{1-6}$$

式中　C——在生产过程中所耗费的劳动对象和劳动工具的价值，即物化劳动的消耗，反映在建筑产品的生产上就是所耗用的建筑材料和机械台班所转移的价值；

V——在生产过程中所消耗的活劳动的价值，即生产工人的工资；

M——劳动者为社会所创造的价值，即商品的新增价值。是通过税金和企业利润形成的积累。

商品的价格是商品价值的货币表现，价格的形成要受供求关系的影响，以生产商品所

消耗的社会必要劳动量为依据。商品的价值决定着商品的价格，价格的变动以价值为中心，这是价值规律作用的必然结果。

商品的价值与价格之间的关系也可用图1-16来表示。

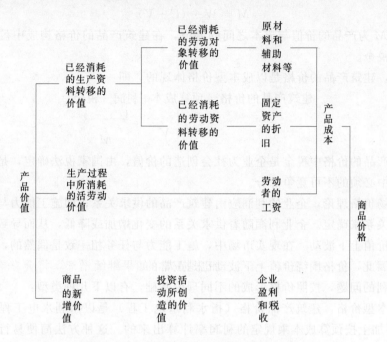

图1-16　商品的价值与价格之间的关系

由图1-16可知：

$$商品的价值＝生产成本＋企业盈利和税收$$

（二）工程价格的形成

在建筑市场中，作为商品的建筑产品在定价时需解决两个主要问题：

（1）如何在产品的价格中正确反映$C+V$即成本。

（2）如何解决价格中的盈利问题。

1. 工程成本的含义

前面已提到成本的概念。对于建筑产品而言，其成本就是指建筑产品价值中物化劳动及活劳动消耗（即$C+V$）的货币形式。所以，工程成本按其经济实质来说，就是用货币形式反映的消耗在建筑产品生产中的生产资料和活劳动的价值。即企业对所购买的生产要素的货币支出。

以上是从理论上说明了工程成本的构成，但在实际工作中建设成本除了包括上述的C和V外，还包括以下一些非生产性耗费：

（1）损失性支出。指由于企业经营管理不善增加的费用。

（2）纯收入分配性支出。如企业支付的流动资金贷款利息和职工福利基金等。

由此可见，实际工作中的工程成本，就是承包人在建筑生产过程中，为完成一定数量的建筑工程和设备安装工程所发生的全部费用。

需要指出的是，作为价格构成部分的成本，在确定产品的社会平均价格时，成本是行业的社会平均成本，而在确定工程报价时成本体现的是企业的个别成本。

2. 盈利问题

由商品的价值组成得知盈利为

$$M = W - (C + V) \qquad (1-7)$$

即盈利 M 为产品的价值与成本之间的差值，在建筑产品的价格构成中盈利体现为企业的利润和税金。

一般地，建筑产品的价格是以成本型价格体现的，即

$$建筑产品的价格 = 预算成本 + 利润 + 税金 \qquad (1-8)$$

$$\underset{C+V}{\underline{\qquad}} \quad \underset{M}{\underline{\qquad\qquad}}$$

在建筑产品的价格中税金是企业为社会创造的价值，由国家税法确定，是盈利（产品新增价格）中必须的不可竞争部分。

根据市场价格理论，企业的利润应由建筑产品的供求关系；即施工能力与社会对建筑产品的需求关系来确定。企业利润随着供求关系的变化增加或降低，从而导致建筑产品的价格围绕其价值上下波动。在现实市场中，施工能力与任务相一致是偶然的，不一致是经常发生的，因此，价格围绕价值上下波动也是正常的。

关于盈利的问题，按照价格形成的不同理论基础，有以下几种类型：

（1）成本型价格。建筑产品价格（指水利水电工程）是以水利水电工程的预算成本（$C+V$），再加上按预算成本乘规定的利润率计算出来的。这种方法简便易行，与预算成本的计算紧密结合。同时，它与工作量指标关系明确，可直接测算出来，有利于计划财务管理。但在实际运用中，亦应注意到，此方法存在以下缺点：

1）利润率与预算成本挂钩，容易造成为提高预算而不利于新材料、新技术的应用，以及成本的降低。

2）企业经济核算只包括有折旧的一部分固定资产，不能反映企业合理资金的占用，掩盖企业在资金利用方面的积压和浪费现象。

3）容易使企业"挑肥拣瘦"，造成工程不能配套同步完成。

（2）生产型价格。也称生产价格原则，是利润和全部资金的比例关系，其优点是：

1）按生产价格定价，资金有机构成高、占用量大的部门能比资金有机构成低、占用量小的部门得到较多的盈利，有利于促进技术进步。

2）能够全面地反映企业资金的运用效果，促使企业减少资金实际占用额，节约资金，有利于克服对资金的宽打窄用和争投资、争设备的现象。

但是，也必须看到生产型价格的缺点：

1）忽视劳动的作用，不利于劳动密集部门的发展。

2）计算上比较困难。

（3）价值型价格。以建筑产品施工的活劳动消费为计算基数，是利润与劳动者工资之间的比例关系，其优点是：

1）能直接反映价值。

2）计算资料有正确的根据和来源。

3）有利于建筑业容纳更多的劳动力，节约物化劳动。

缺点是：不利于提高建筑行业的技术装备水平和技术改造。

（4）混合型价格。利润一部分以生产基金为基础，另一部分以工资为基础，按比例计算，也称双渠型价格。

3. 工程价格应符合价值规律

为交换而生产的建筑产品同工业品一样，是具有使用价值和价值的，有它特有的价值实现过程，在交换过程中同样受供求关系的影响。因此，价格管理应允许价格围绕价值上下波动。

建筑产品的交换过程，与一般工业品不同，是用户（即业主）去选择施工单位订购，这种特有的表现形式是由于建筑产品的技术经济特点决定的。在建设单位的比较选定中，在对使用功能、施工条件和不可预见因素处理持认识一致的基础是，共同确定建设内容、施工期限、质量标准、工程造价、拨款结算等交换关系，及其合同实施过程，就是建筑产品特有的交换过程。

建筑产品的供求关系是施工能力与基建任务需求的平衡关系。当建筑产品的施工能力大于施工任务时，也就是施工单位所具有的劳动量超过它在社会劳动量中应占的份额，交换过程的供求平衡关系，会把不被社会承认的施工能力，即找不到活干的施工单位淘汰出去。反之，会吸引扩大新的施工能力。

建筑产品的价格同工业产品价格一样，是价值的货币表现。建筑产品按其价值量进行交换，价格应当与价值相一致。在实际生活中，施工能力与任务相一致是偶然的，不一致是经常发生的，因此，价格围绕价值上下波动也是正常的。这种波动可以从价值的质和量两个角度分析：

（1）从质的角度看，凝结在商品中的抽象劳动具有社会性，这种社会属性只有在交换过程中摒弃了自己的原有性质之后，才被证明是一般社会劳动，也就是说，具有使用价值或创造使用价值的能力，并非同时具有价值，作为价值实体的一般社会劳动并不是一开始就存在于商品之中，而是经过交换过程转化的。施工能力不是现实产品，即使是耗费抽象劳动以后创造了建筑产品，如果不被第三方认证并交付使用，凝结在产品中的抽象劳动也不能转化为价值。因此，质的规定受交换过程的制约。

（2）从量的角度看，价值量是衡量该类商品标准的社会劳动量，是在社会平均熟练程度和劳动强度下制造某种使用价值所需要的劳动时间，它随着生产条件和供求关系的变化而变化，当施工能力大于或小于任务时，决定市场价值的价值量不是加权平均值，而是由两端中的一端极值决定的。因此，量的规定性同样受交换过程的制约。

在社会主义商品经济条件下，建筑产品价格受供求因素影响是价值规律作用的体现。当然，供求关系不具有和价值同等重要的地位，价格围绕价值运动也不能突破全社会该类商品的总价格和总价值在一个较长时间内必然相等的原则。

从形式上看，建筑产品价格是不分段的整体价格，在产品之间没有可比性。实际上，它是由许多共性的分项价格组成的个性价格。建筑产品的价格竞争也正是以共性的分项价格为基础进行的。为使价格管理方法适应价格竞争形式发展的需要，应满足以下要求：

（1）建筑产品价格标准范围应以分部工程为主，宜大宜小，准许变动因素越小越好。

（2）用国家制定的分部（项）价格标准，作为设计部门掌握建筑标准、建设单位筹措资金和招标使用，不作为最后的定价的依据。

（3）建筑产品的价格标准，作为施工单位参加投标参考，成交定价准许浮动。

（4）施工设计完成后，由投资单位出面招标，择优选定施工单位。

（5）建筑产品施工过程中所需要的建设资金，由建设单位筹集，按合同规定支付价款。

（6）施工单位除对建筑产品施工质量负责外，有权平衡和挖掘设计中存在的潜在功能，所节约的全部费用归施工单位。

（7）定价后设计变更所增加的费用，由施工单位按需计算，建设单位按数支付。

总之，应在建筑产品定价和造价管理方面承认供求因素的影响，承认价值规律的作用，并自觉应用。这样，有利于促进建筑业的发展和技术进步，有利于调动建设单位追求经济效益的积极性。

第四节　水利水电工程造价管理

一、工程造价

（一）工程造价的含义

工程造价是建设工程造价的简称，它有两层含义：

（1）第一层含义。工程造价指建设项目的建设成本，工程造价是指建设一项工程预期支付或实际支付的全部固定资产投资费用，即工程投资或建设成本。这一含义是从投资者——业主的角度来定义的。投资者在投资活动中所支付的全部费用形成了固定资产和无形资产。所有这些费用构成了工程造价。从这个意义上说，工程造价就是工程投资费用，建设项目工程造价与建设项目投资中的固定资产投资相等。包括建筑工程费，安装工程费，设备费，以及其他相关的必需费用。对上述几类费用可以分别称其为建筑工程造价、安装工程造价、设备造价等。

（2）第二层含义。工程造价是指建筑产品价格，即工程价格。也就是为建成一项工程，预计或实际在土地、设备技术劳务市场以及承发包等交易活动中所形成的建筑安装工程价格和建设工程总价格。显然，工程价格是以商品形式作为交易对象，在多次预估的基础上，通过招标投标、承发包或其他交易方式，最终由市场形成。在这里，工程的范围及内涵可以是一个涵盖范围很大的建设项目，也可以是一个单项工程，甚至可以是整个建设工程中的某个分段。

通常把工程价格作一个狭义的理解，即认为工程价格指的是工程承发包价格。工程承发包价格是工程价格中的一种最重要、最典型的价格形式。它是在建筑市场通过招标投标，由需求主体（投资者）和供给主体（建筑商）共同认可的价格。工程承发包交易活动形成的建筑安装工程价格在水利水电工程项目所形成的固定资产中占有 50%～60% 的份额，也是工程建设中最活跃的部分；同时，施工企业是建设工程的实施者并占有重要的市场主体地位。

工程造价的两层含义，即建设成本和工程承发包价格，其间既存在区别，又相互联系。

1. 二者之间的区别

（1）建设成本的边界涵盖建设项目的全部费用，工程价格的范围却只包括建设项目的局部费用，如承发包工程部分的费用。在总体数额及内容组成上，建设成本总是大于工程承发包价格的。这种区别即使对"交钥匙"工程也是存在的，比如业主本身对项目的管理费、咨询费、建设项目的贷款利息等不可能纳入工程承发包范围的。

（2）建设成本是对应于业主而言的。在确保建设要求、质量的基础上，为谋求以较低的投入获得较高的产出，建设成本总是越低越好。工程价格如工程承发包价格是对应于发包方、承包方双方而言的。工程承发包价格形成于发包方与承包方的承发包关系中，亦即合同下的买卖关系中。双方的利益是矛盾的。在具体工程上，双方都在通过市场谋求有利于自身的承发包价格，并保证价格的兑现和风险的补偿，因此双方都需要对具体工程项目进行管理。这种管理显然属于价格管理范畴。

（3）建设成本中不含业主的利润和税金，它形成了投资者的固定资产，工程价格中含有承包方的利润与税金。

2. 二者之间的联系

（1）工程价格以"价格"形式进入建设成本，是建设成本的重要组成部分。

（2）实际的建设成本（决算）反映实际的工程承发包价格（结算），预测的建设成本则要反映市场正常行情下的工程价格。也就是说，在预测建设成本时，要反映建筑市场的正常情况，反映社会必要劳动时间，亦即通常所说的标准价、指导价。

（3）建设项目中承发包工程的建设成本等于承发包价格。目前承发包一般限于建筑安装工程，在这种情况下，建筑或安装工程的建设成本也就等于建筑或安装工程承发包价格。

（4）建设成本的管理要服从工程价格的市场管理，工程价格的市场管理要适当顾及建设成本的承受能力。

无论工程造价的哪种含义，它强调的都只是工程建设所消耗资金的数量标准。

（二）工程造价的职能

工程造价除具有一般商品的价格职能外，还具有特殊的职能。

1. 预测职能

由于工程造价的大额性和动态性，无论是投资者或者是承包商，都要对拟建工程进行预先测算。投资者预先测算工程造价，不仅作为项目决策依据，同时也是筹集资金、控制造价的需要。承包商对工程造价的测算，既为投标决策提供依据，也为投标报价和成本管理提供依据。

2. 控制职能

工程造价的控制职能表现在两个方面：一方面是它对投资的控制，即在投资的各个阶段，根据对造价的多次性预估，对造价进行全过程多层次的控制；另一方面，是对以承包商为代表的商品和劳务供应企业的成本控制。在价格一定的条件下，企业实际成本开支决定企业的盈利水平。成本越高盈利越低，成本高于价格就危及企业的生存。所以企业要以工程造价来控制成本。

3. 评价职能

工程造价是评价总投资和分项投资合理性和投资效益的主要依据之一。在评价土地价格、建筑安装工程产品和设备价格的合理性时，就必须利用工程造价资料；在评价建设项目偿贷能力、获利能力和宏观效益时，也要依据工程造价。工程造价也是评价建筑安装企业管理水平和经营成果的重要依据。

4. 调控职能

工程建设直接关系到经济增长，也直接关系到资源分配和资金流向，对国计民生都产生重大影响。所以国家对建设规模、结构进行宏观调控是在任何条件下都不可缺的，对政府投资项目进行直接调控和管理也是非常必需的。这些都是要用工程造价作为经济杠杆，对工程建设中的物质消耗水平、建设规模、投资方向等进行调控和管理。

值得注意的是工程造价职能实现的条件，最主要的是市场竞争机制的形成。

二、宏观与微观的工程造价管理

工程造价管理是指在工程建设的全过程中，全方位、多层次地运用技术、经济与法律等管理手段，解决工程建设项目的造价预测、控制、监督、分析等实际问题，其目的是以尽可能少的人力、物力和财力获取最大的投资效益。1997年，国际全面造价管理促进协会在其官方网站上，对工程造价管理的最新定义是：造价工程或造价管理，其领域包括应用从事造价工程实践所获得的工程经验与判断和通过学习掌握的科学原理与技术，去解决有关工程造价预算、造价控制、运营计划与管理、盈利分析、项目管理以及项目计划与进度安排等方面的问题。

工程造价管理可分为宏观造价管理和微观造价管理。

（一）宏观的工程造价管理

宏观造价管理是指国家利用法律、经济、行政等手段对建设项目的建设成本和工程承发包价格进行的管理，利用市场机制引导企业做出适应经济发展和满足市场需求的正确决策，如图1-17所示。

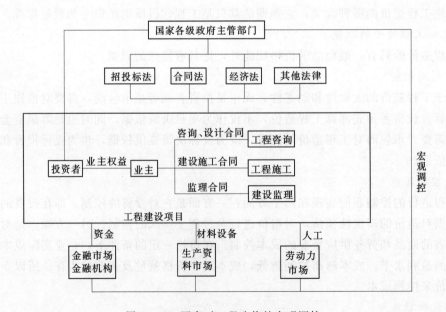

图1-17　国家对工程造价的宏观调控

国家从国民经济的整体利益和需要出发，通过利率、税收、汇率、价格等政策和强制性的标准、法规等左右着、影响着建设成本的高低走向，通过这些政策引导和监督，达到对建设项目建设成本的宏观造价管理。

国家对承发包价格的宏观管理，主要是规范市场行为和对市场定价的管理。国家通过行政、法律等手段对市场经济进行引导和监控，以保证市场有序竞争，避免各种类型（包括不合理涨价、压价在内）的不正当竞争行为的发生、发展。加强对市场定价的管理，维护承包各方的正当权益。

国家的指导和宏观调控作用主要表现为：①对于国家投资的工程，政府要监督国有资产的运行效益，保证国有资产保值、增值；②政府的主管部门根据国家经济发展战略和规划，制定出相关的行业政策、法规，指导建设项目向社会和市场需要的方向发展。政府主管部门通过信息网络向业主和中介机构提供市场信息和政府的指导方针，指出国家重点方针的行业和地区以及国家限制方针的项目；③政府通过制定财政、税收和金融货币政策，调节资金市场和生产资料市场，从而由市场的价格机制来引导企业参与市场竞争，这就是间接调控。

（二）微观的工程造价管理

微观的工程造价管理是指业主对某一建设项目的建设成本的管理和承发包双方对工程承发包价格的管理。

谋求以较低的投入，获取较高的产出，降低建设成本是业主追求的目标。建设成本的微观造价管理是指业主对建设成本实行从前期开始的全过程控制和管理，即工程造价预控、预测和工程实施阶段的工程造价控制、管理以及工程实际造价的计算。

工程承发包价格是发包方与承包方通过承发包合同确定的价格，它是承发包合同的重要组成部分。发、承包方为了维护各自的利益，保证价格的兑现和风险的补偿，双方都要对工程承发包价格（对发包方而言为发包价；对承包方而言为承包价），如工程价款的支付、结算、变更、索赔、奖惩等，做出明确的规定。这就是工程承发包价格的微观管理。

对承包商来说，其根本目标在于最大限度地实现利润。这就使得承包商在施工过程中努力降低成本，扩大利润。降低成本既要控制人工费、材料费、机械费、周转材料费等以减少开支，又要认真会审图纸、加强合同预算管理、制定先进的施工组织计划以增加工程收入，必要时进行索赔。这就是承包商对工程造价的微观管理。

三、不同建设阶段的工程造价管理

工程造价管理不仅是指概预算编制，也不仅是指投资管理，而是指建设项目从可行性研究阶段工程造价的预测开始，工程造价预控、经济性论证、承发包价格确定、建设期间资金运用管理到工程实际造价的确定和经济后评价为止的整个建设过程的工程造价管理。

由于分阶段进行而且生产周期长，应根据不同建设阶段造价控制的要求编制不同深度的造价文件，包括投资估算、设计概算、施工图预算、招投标合同价格、竣工结算、竣工决算等。

（1）在项目建议书阶段，按照有关规定，应编制投资估算。经有关部门批准，作为拟建项目列入国家中长期计划和开展前期工作的控制造价。

（2）可行性研究阶段编制投资估算书，对工程造价进行预测。工程造价的全过程管理要从估算这个"龙头"抓起，充分考虑各种可能的意外和风险及价格上涨等动态因素，打足投资，不留缺口，适当留有余地。

（3）初步设计阶段编制概算，对工程造价作进一步的测算。初步设计阶段对建筑物的布置、结构形式、主要尺寸及设备选型等重大问题都已明确，可行性研究阶段遗留的不确定因素已基本不存在，所以概算对工程造价不是一般的预测，而是具有定位性质的测算。

（4）技术设计阶段和施工图设计阶段，设计单位应分别编制修正概算和施工图预算，要对工程造价作更进一步的计算。

（5）标底必须控制在业主预算范围以内。对于投标单位则要对投标项目按招标文件给定的条件，在对工程风险及竞争形势分析的基础上作出报价。

（6）工程实施阶段的工程造价管理，包括两个层次的内容：①业主与其代理机构（建设管理单位）之间的投资管理；②建设单位与施工承包单位之间的合同管理。第一个层次的主要内容有编制业主预算，资金的统筹与运作，投资的调整与结算。第二个层次的主要内容有工程价款的支付、调整、结算以及变更和索赔的处理等。

（7）建设项目全部工程完工后，建设单位应编制竣工决算，以反映从工程筹建到竣工验收实际发生的全部建设费用的投资额度和投资效果。

不同建设阶段的造价确定与程度控制如图1-18所示。

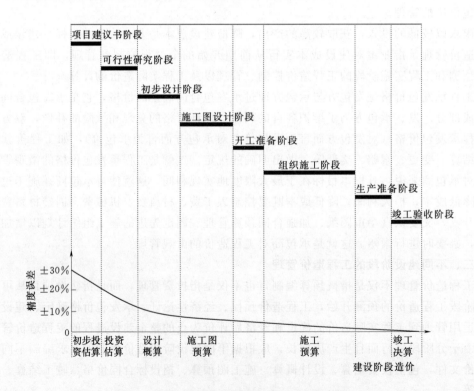

图1-18 不同建设阶段的造价确定与精度控制

第二章 水利水电工程概预算概述

第一节 水利水电工程概预算的概念及分类

一、水利水电工程概预算的概念

水利水电工程概预算是指通过编制各类价格文件对拟建工程造价进行的预先测算和确定的过程。水利水电工程概预算所确定的投资额，实质上是相应工程的计划价格。这种计划价格在实际工作中通常称为概算造价和预算造价，它是国家对基本建设实行宏观控制、科学管理和有效监督的重要手段之一，对于提高企业的经营管理水平和经济效益，节约国家建设资金具有重要的意义。

基本建设工程概预算，是根据不同设计阶段的具体内容和有关定额、指标分阶段进行编制的。

二、水利水电工程概预算的分类

水利水电工程概预算根据其编制阶段、编制依据和编制目的不同，可分为工程建设项目投资估算、设计概算、业主预算、招投标价格、施工图预算、施工预算、工程结算、竣工决算等。

（一）投资估算

投资估算是指在项目建议书和可行性研究阶段，由建设单位或其委托的咨询机构根据项目建议书、估算指标和类似工程的有关资料，对拟建工程所需投资预先测算和确定的过程。它应考虑多种可能的需要、风险、价格上涨等因素，适当留有余地。投资估算是建设单位向国家或主管部门申请基本建设投资时，为确定建设项目投资总额而编制的技术经济文件，它是国家或主管部门确定基本建设投资计划的重要文件。主要根据估算指标、概算指标或类似工程的预（决）算资料进行编制。投资估算控制初设概算，它是工程投资的最高限额。

投资估算是工程造价全过程管理的"龙头"，抓好这个"龙头"具有十分重要的意义。

（二）设计概算

设计概算是指在初步设计阶段，设计单位为确定拟建基本建设项目所需的投资额或费用而编制的工程造价文件。它是设计文件的重要组成部分。由于初步设计阶段对建筑物的布置、结构型式、主要尺寸以及机电设备型号、规格等均已确定，所以概算是对建设工程造价有定位性质的造价测算，设计概算不得突破投资估算。设计概算也是编制基本建设计划，实行基本建设投资大包干，进行建设资金筹措的依据；同时也是考核设计方案和建设成本是否合理的依据。设计单位在报批设计文件的同时，要报批设计概算；设计概算经过审批后，就成为国家控制该建设项目总投资的主要依据，不得任意突破。水利水电工程采用设计概算作为编制施工招标标底、利用外资概算和执行概算的依据。利用外资建设的水利水电工程项目，设计单位应编制包括内资和外资全部工程投资的总概算（简称外资概算）。

当工程开工时间与设计概算所采用的价格水平不在同一年份时，按规定由设计单位根据开工年的价格水平和有关政策重新编制设计概算，这时编制的概算一般称为调整概算。调整概算仅仅是在价格水平和有关政策方面的调整，而工程规模及工程量与初步设计均保持不变。

水利水电工程的建设特点决定了在水利水电工程概预算工作中，概算比施工图预算重要；而对一般建筑工程，施工图预算更重要。水利水电工程到了施工阶段其总预算还未做，只做到局部的施工图预算，而一般建筑工程则常用施工图预算代替概算。

概算按编制先后顺序和范围大小可分为单位工程概算、单项工程综合概算和建设项目总概算三级。

1. 单位工程概算

单位工程概算是确定各单位工程建设费用的文件，是编制单项工程综合概算的依据，是单项工程综合概算的组成部分。单位工程概算按其工程性质分为建筑工程概算、设备及安装工程概算两大类。

2. 单项工程综合概算

单项工程综合概算是确定一个单项工程所需建设费用的文件，是由单项工程中各单位工程概算汇总编制而成的，是建设项目总概算的组成部分。

3. 建设项目总概算

建设项目总概算是确定整个建设项目从筹建到竣工验收所需全部费用的文件，是由各单项工程综合概算、工程建设其他费概算、预备费及建设时期贷款利息等汇总而成的。

（三）业主预算

业主预算是在已经批准的初步设计概算基础上，对已经确定实行投资包干或招标承包制的大中型水利水电工程建设项目，根据工程管理与投资的支配权限，按照管理单位及划分的分标项目，进行投资的切块分配，以便于对工程投资进行管理与控制，并作为项目投资主管部门与建设单位签订工程总承包（或投资包干）合同的主要依据。它是为了满足业主控制和管理的需要，按照总量控制、合理调整的原则编制的内部预算，业主预算也称为执行概算。

业主预算项目，原则上划分为四个部分和四个层次。即第一层次划分为业主管理项目、建设单位管理项目、招标项目和其他项目四部分。第二、第三、第四层次的项目划分，原则上按行业主管部门颁布的工程项目划分，结合业主预算的特点、工程的具体情况和工程投资管理的要求设定。一般情况下，业主预算的价格水平与设计概算的人工、材料、机械使用台班等基础价格水平应保持一致，以便与设计概算进行对比。

（四）招投标价格

招投标价格是指在工程招投标阶段，根据工程预算价格和市场竞争情况等，由建设单位或委托相应的造价咨询机构预先测算和确定招标标底，投标单位编制投标报价，再通过评标、定标确定的合同价。

标底是招标工程的预期价格，它主要是以招标文件、图纸，按有关规定，结合工程的具体情况，计算出的合理工程价格。它是由业主委托具有相应资质的设计单位或社会咨询单位编制完成的，它由发包造价、与造价相适应的质量保证措施及主要施工方案、为了缩短工期所需的措施等部分组成。其中主要是合理的发包造价，应在编制完成后报送招标投标管理部门审定。标底的主要作用是招标单位在一定浮动范围内合理控制工程造价、明确自己在发包工程上应承担的财务义务。标底也是投资单位考核发包工程造价的主要尺度。

投标报价是施工企业（或厂家）对建筑工程施工产品（或机电、金属结构设备）的自主定价。它反映的是市场价格，体现了企业的经营管理、技术和装备水平。

（五）施工图预算

施工图预算是指在施工图设计阶段，根据施工图纸、施工组织设计、国家颁布的预算定额和工程量计算规则、地区材料预算价格、施工管理费用标准、企业利润率、税金等，计算每项工程所需人力、物力和投资额的文件。它应在已批准的设计概算控制下进行编制。它是施工前组织物资、机具、劳动力，编制施工计划，统计完成工作量，办理工程价款结算，实行经济核算，考核工程成本，实行建筑工程包干和建设银行拨（贷）工程款的依据。它是施工图设计的组成部分，由设计单位（或中介机构、施工单位）在施工图完成后编制的。它的主要作用是确定单位工程项目造价，是考核施工图设计经济合理性的依据。一般建筑工程以施工图预算作为编制施工招标标底的依据。

（六）施工预算

施工预算是指在施工阶段，施工单位为了加强企业内部经济核算、节约人工和材料、合理使用机械，在施工图预算的控制下，通过工料分析，计算拟建工程工、料和机具等需要量，并直接用于生产的技术经济文件。它是根据施工图的工程量、施工组织设计或施工方案和施工定额等资料进行编制的。

（七）竣工结算

竣工结算是施工单位与建设单位对承建工程项目的最终结算。在施工过程中也进行结算，这种结算属于中间结算，是指承包商在工程实施过程中，依据承包合同中关于付款条件的规定和已经完成的工程量，并按照规定的程序向建设单位（业主）收取工程价款的一项经济活动。竣工结算是工程通过竣工验收后进行的结算，它所确定工程费用是该工程的实际价格，是支付工程价款的依据。

（八）竣工决算

工程竣工决算是指在工程竣工验收交付使用阶段，由建设单位编制的建设项目从筹建到竣工验收、交付使用全过程中实际支付的全部建设费用。竣工决算是整个建设工程的最终价格，是工程竣工验收、交付使用的重要依据，也是进行建设项目财务部门汇总固定资产，银行对其实行监督的必要手段。

竣工结算与竣工决算是完全不同的两个概念，其主要区别在于：一是范围不同，竣工结算的范围只是承建工程项目，是基本建设的局部，而竣工决算的范围是基本建设的整体；二是成本不同，竣工结算只是承包合同范围内的预算成本，而竣工决算是完整的预算成本，它还要计入工程建设的独立费用、建设期融资利息等工程成本和费用。由此可见，竣工结算是竣工决算的基础，只有先办竣工结算才有条件编制竣工决算。

三、工程概预算造价与基本建设程序的关系

工程项目从筹建到竣工验收整个过程，工程造价不是固定的、惟一的和静止的，它是一个随着工程的进展而逐渐深化、逐渐细化和逐渐接近工程实际造价的动态过程。基本建设程序与工程概预算造价的关系如图2-1所示。

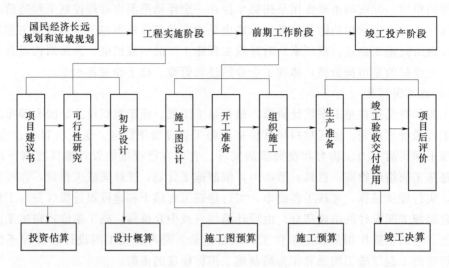

图2-1 基本建设程序与建筑工程概预算造价的关系

四、建筑工程概预算之间的关系

建设项目估算、概算、预算到决算，从确定建设项目，确定和控制基本建设投资，进行基本建设经济管理和施工企业经济核算，到最后核定项目的固定资产，它们以价值形态贯穿于整个基本建设过程之中。其中设计概算、施工图预算和竣工决算，通常简称为基本建设的"三算"，是建设项目概预算的重要内容，三者有机联系，缺一不可。

（一）不同建筑工程概预算的区别

1. 编制阶段不同

投资估算是在项目建议书和可行性研究阶段编制的；设计概算是在初步设计（或技术设计）阶段编制的；施工图预算是在施工图设计阶段中编制的；招投标价格是在工程招投标阶段编制的；施工预算是施工企业在工程实施阶段编制的；竣工结算是承包商在工程竣工验收阶段编制的；工程竣工决算是在工程项目竣工验收交付使用阶段编制的。

2. 编制依据不同

投资估算是依据估算指标和类似工程的有关资料编制的。设计概算是依据国家发布的有关法律、法规、批准的可行性研究报告及投资估算，现行概算定额或概算指标，费用定额，设计图，有关部门发布的人工、设备、材料价格指数等资料编制的。施工图预算是依据施工图及说明和标准图集，现行预算定额及单位估价表，费用定额，施工组织设计和有关调价文件等资料进行编制的。施工预算是根据施工定额、单位工程施工组织设计或分部分项工程施工方案和降低工程成本技术组织措施等资料编制的。

3. 编制范围不同

投资估算是建设工程造价的预测，它考虑工程建设期间多种可能需要、风险、价格上涨等因素，是工程投资的最高限额。设计概算包括建设项目从筹建开始至全部项目竣工和交付使用前的全部建设费用。施工图预算一般包括建筑工程、设备及安装工程、施工临时工程等。建设项目的设计概算除包括施工图预算的内容外，还应包括独立费用以及移民和环境部分的费用。

4. 编制方法不同

投资估算和设计概算是根据设计图的设计深度、具体的编制资料以及编制的对象不同分别采取不同的编制方法。建筑工程概算的编制方法有概算定额法、概算指标法和类似工程预算法；设备安装工程概算的编制方法有预算单价法、扩大单价法、设备价值百分比法和综合吨位指标法。施工图预算编制方法有预算单价法、实物单价法、综合单价法。确定招投标价格采用工程量清单相适应的综合单价法，施工预算采用实物单价法。

5. 编制的主要作用和审批过程不同

投资估算是决策、筹资和控制造价的主要依据，它由国家或主管部门审批。设计概算是初步设计文件的组成部分，由有关主管部门审批，作为建设项目立项和正式列入年度基本建设计划的依据。只有在初步设计图纸和设计概算经审批同意后，施工图设计才能开始，因此它是控制施工图设计和预算总额的依据。施工图预算是先报建设单位初审，然后再送交建设银行经办行审查认定，就可作为拨付工程价款和竣工结算的依据。竣工结算是该工程实际支付工程价款的依据。竣工决算是作为建设单位财务部门汇总固定资产的主要依据。

（二）基本建设不同阶段工程概预算的联系

工程概预算管理的基本内容包括工程造价的确定与控制两个方面。我们不但要合理地确定造价，更要有效地控制造价，确保工程造价管理最终目标得以实现。这就要求造价管理人员在工程建设的各个阶段，采取一定的措施，把实际工程造价控制在计划的造价限额以内，随时纠正发生的偏差，以保证工程的顺利进行，从而取得较好的投资或生产效益。

建设工程概预算造价的确定与控制在实际工程造价管理过程中是不可分割的，两者是建设工程概预算管理的两个方面，没有造价的确定就谈不上进行造价的控制，没有造价的控制就失去了造价确定的意义。根据基本建设程序，可以把工程造价的确定和控制划分为建设前期、设计阶段、施工阶段、竣工验收四个阶段，在不同阶段要相应地编制投资估算、设计概算、施工图预算和竣工决算。它们之间的关系是：概算不能超过投资估算；施工图预算不能超过概算；结算不能超过施工图预算。

五、我国工程概预算的发展

我国工程概预算，是随着国民经济的恢复和发展而逐步建立起来的。新中国成立后，在引进了前苏联一套建筑工程概预算定额管理制度的基础上，建立了我国建筑工程概预算工作制度，确立了建筑工程概预算在基本建设工作中的地位；同时对建筑工程概预算的编制原则、内容、方法和审批、修正办法、程序等作了规定，确立了其编制依据，并实行集中管理为主的分级管理。在整个计划经济体制下，当时的管理体制确实起到了积极作用。进入20世纪80年代，随着改革开放方针的确立，国民经济的发展形势发生了巨大的变化。首先，是投资体制的改革使投资主体多元化，投资渠道多样化的格局逐步形成，政府在固定资产中投资比重逐年减少。其次，随着社会主义市场经济体制的形成与发展，改变了单一的计划经济体制模式，构成工程造价的各种生产要素价格不再是长期稳定的，而是随行就市不断变化的，概预算确定工程造价已不再是按图套定额就能完成的简单计算，不仅要考虑多方面因素对造价的影响，而且要有效控制造价。加之外资引进和我国工程承包商面向国际市场，要求工程造价的确定与控制要和国际惯例接轨。随着我国加入 WTO，在全球经济一体化发展趋势和国际竞争日益激烈的形势下，建筑市场将进一步扩大对外开放，在我国建立和推行与世界上大多数国家惯用的工程量清单计价办法，为建设市场主体适时创造一个与国际惯例接轨的市场竞争环境，使之尽快适应国际竞争的需要。

2000 年我国开始施行招投标法，特别是国有投资和国有资金占主体的建设工程，必须实行招标投标，从而要求实行与之相适应的全新的工程造价管理的运行机制。因此，为适应新形势的需要，对水利工程概预算的编制、招投标中的编标、评标、定标、合同价签订、调整等一系列的工程计价活动，都应进行相应的改革。目前国家在招标投标中推行工程量清单计价这一新的计价办法，《水利工程工程量清单计价规范》正在编制审查中，这是为使我国的计价方法逐步与国际惯例接轨所采取的措施，它将促进我国基本建设工程向健康、稳步、有序的方向发展。

第二节 水利水电工程概预算编制的程序与方法

一、工程分类和工程概算组成

（1）水利工程按工程性质划分为两大类，具体划分如下：

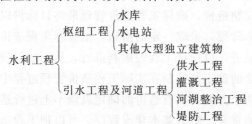

（2）水利工程概算由工程部分、移民和环境两部分构成。具体划分如下：

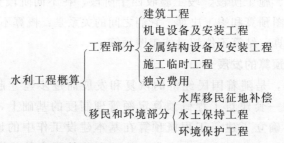

二、编制水利水电工程概预算的程序

（一）了解工程概况、确定编制依据

（1）向各有关专业了解工程概况。了解有关工程规划、地质勘测、枢纽布置、主要建筑物结构形式及技术数据、施工导流、施工总布置、施工方法、总进度、主要机电设备技术数据和报价等。

（2）确定编制依据。

（3）明确主要工作内容。

（二）广泛调查研究、收集有关资料

（1）现场查勘，掌握工程实地现场情况，尤其是编制概算所需的各种现场条件。

（2）调查收集工程所在地社会经济、交通运输等有关条件与规定。

（3）收集工程主要材料及设备价格等基础资料。

（4）熟悉工程设计及施工组织设计，特别要熟悉工程中采用的新技术、新工艺、新材料。

（三）编写概（估）算编制大纲

（1）确定编制依据、定额和计费标准。

（2）列出人工、主材等基础单价或计算条件。

（3）明确主要设备的价格依据。

（4）确定有关费用的取费标准和费率。

（5）列出本工程概算编制的难点、重点及其对策以及其他应说明的问题。

（四）分析计算单价、确定指标费用

（1）基础价格计算。是计算建安工程单价的依据，包括人工预算单价、材料预算价格、风水电价格、砂石料单价和施工机械台时（班）费等。

（2）建筑、安装工程单价分析计算。在基础价格计算的基础上，根据设计提供的工程项目和施工方法，按照现行定额和费用标准编制。

（3）确定有关指标或费用。对次要的、投资小的、计算繁杂的非主体工程项目，可根据类似工程实例采用经验指标，也可直接估算费用。

（五）编制各部分概算

1. 编制建筑安装工程部分概算

编制国内水利工程概算仍以单价法为主，根据设计提出的工程量、设备清单、建安工程单价汇总表及指标，按现行规定的项目划分，依次计算建筑工程、机电设备及安装工程、金属结构设备及安装工程和施工临时工程的投资。

2. 编制移民和环境部分概算

根据移民安置规划及水库调查实物量编制水库移民征地补偿概算，根据水土保持实施方案编制水土保持工程概算，根据环境评价及影响报告编制环境保护工程概算，将这两部分汇总为移民和环境部分概算。

3. 汇编总概算

将建筑安装工程部分及移民和环境部分概算合成汇总为总概算。

4. 各级校审、装订成册

概算编制完成后按规定进行分级校审。一般情况概算分正文和概算附件两册，分别装订成册，随设计文件送交主管部门审查。

三、编制水利水电工程概预算的方法

（一）建筑工程概算的编制方法

建筑工程概算是指枢纽工程和其他永久建筑物以货币形式表现的投资额，构成水利水电基本建设工程项目划分的第一部分建筑工程，是工程总投资的主要组成部分。编制建筑工程概算前，首先应按水利水电工程项目划分的规定（见附录）对工程项目进行划分，分清主体建筑工程和一般建筑工程。

建筑工程概算编制的方法一般有单价法、指标法及百分率法三种形式，其中以单价法为主。

所谓单价法就是以工程量乘以工程单价来计算工程投资的方法，它是建筑工程概算编制的主要方法。具体编制步骤参见第六章。

指标法是指用综合工程量乘以综合指标的方法计算工程投资。在初步设计阶段，由于设计深度不足，工程中的细部结构难以提出具体的工程数量，常用指标法来计算该部分投资。再如交通工程、房屋建筑工程常用综合指标来计算（万元/km，元/m²）。

百分率法是指按某部分工程投资占主体建筑工程的百分率来计算的方法。如在初步设计阶段编制工程概算时，厂坝区动力线路工程、厂坝区照明线路及设施工程、通信线路工程、供水、供热、排水及绿化、环保、水情测报系统、建筑内部观测工程等很难提出具体的工程数量，则按主体建筑工程投资的百分率来粗略计算。

（二）设备及安装工程概算的编制方法

1. 设备购置概算

设备购置概算等于设备原价加设备运杂费。通用设备原价根据设备型号、规格、材质和数量按设计当年制造厂的销售价逐项计算，非标准设备原价根据设备类别、材质、结构的复杂程度和设备重量，以设计当年制造厂的销售现价进行计算。

设备运杂费一般按设备原价的百分率计算，即：设备运杂费＝设备原价×运杂费率

2. 设备安装工程费用概算

（1）按占设备原价的百分比计算。即

$$设备安装工程概算 ＝ 设备原价 × 设备安装费率(\%)$$

设备安装费费率一般为 3%～7%。

（2）按每 1t 设备安装概算价格计算。即

$$设备安装工程概算 ＝ 设备吨位 × 每 1 吨设备安装费$$

（3）按台、座、m、m³ 为单位计算安装概算。

（三）施工图预算的编制方法

施工图预算是依据施工图设计文件、施工组织设计、现行的工程预算定额及费用标准等文件编制的。由于水利工程施工图的设计工作量大，历时长，故施工图设计大多以满足阶段施工为前提，陆续出图。因此，施工图预算通常以单项工程为单位，陆续编制，各单项工程单独成册，最后汇总成总预算。

施工图预算编制的方法有预算单价法、实物单价法和综合单价法（详见第九章第二节）。

（四）施工预算编制方法

编制施工预算有两种方法：一是实物法；二是实物金额法，与施工图预算的编制方法基本相同。

第三节　水利水电工程概预算文件的组成与格式

如前所述，水利水电工程概预算是确定工程项目实施过程中各阶段的工程费用、造价的技术经济文件，为更好地控制和管理工程投资，工程概预算作为专门的技术文件有相对

固定的组成格式，而且概算正件及附件均应单独成册随初步设计文件报审。

一、概算正件组成内容

（一）编制说明

1. 工程概况

流域，河系，兴建地点，对外交通条件，工程规模，工程效益，工程布置形式，主体建筑工程量，主要材料用量，施工总工期，施工总工时，施工平均人数和高峰人数，资金筹措情况和投资比例等。

2. 投资主要指标

工程总投资和静态总投资，年度价格指数，基本预备费率，建设期融资额度、利率和利息等。

3. 编制原则和依据

（1）概算编制原则和依据。

（2）人工预算单价，主要材料，施工用电、水、风、砂石料等基础单价的计算依据。

（3）主要设备价格的编制依据。

（4）费用计算标准及依据。

（5）工程资金筹措方案。

4. 概算编制中其他应说明的问题

5. 主要技术经济指标表

6. 工程概算总表

（二）工程部分概算表

1. 概算表

（1）总概算表。

（2）建筑工程概算表。

（3）机电设备及安装工程概算表。

（4）金属结构设备及安装工程概算表。

（5）施工临时工程概算表。

（6）独立费用概算表。

（7）分年度投资表。

（8）资金流量表。

2. 概算附表

（1）建筑工程单价汇总表。

（2）安装工程单价汇总表。

（3）主要材料预算价格汇总表。

（4）次要材料预算价格汇总表。

（5）施工机械台时费汇总表。

（6）主要工程量汇总表。

（7）主要材料用量汇总表。

（8）工时数量汇总表。

（9）建设及施工场地征用数量汇总表。

二、概算附件的组成内容

（1）人工预算单价计算表。

（2）主要材料运输费用计算表。

（3）主要材料预算价格计算表。

（4）施工用电价格计算书。

（5）施工用水价格计算书。

（6）施工用风价格计算书。

（7）补充定额计算书。

（8）补充施工机械台时费计算书。

（9）砂石料单价计算书。

（10）混凝土材料单价计算表。

（11）建筑工程单价表。

（12）安装工程单价表。

（13）主要设备运杂费率计算书。

（14）临时房屋建筑工程投资计算书。

（15）独立费用计算书（按独立项目分项计算）。

（16）分年度投资表。

（17）资金流量计算表。

（18）价差预备费计算表。

（19）建设期融资利息计算书。

（20）计算人工、材料、设备预算价格和费用依据的有关文件、询价报价资料及其他。

概算正件及附件均应单独成册并随初步设计文件报审。

三、概算表格

（一）工程概算总表

工程概算总表是由工程部分的总概算表与移民和环境部分的总概算表汇总而成的，见表 2-1。

表中序号 I 是工程部分总概算表。

表中序号 II 是移民环境总概算表。

表中序号 III 为前两部分合计静态总投资和总投资。

（二）概算表

概算表包括总概算表、建筑工程概算表、设备及安装工程概算表、分年度投资表、资金流量表。

1. 总概算表

按项目划分的五部分填表并列至一级项目。五部分之后的内容为：一至五部分投资合计、基本预备费、静态总投资、价差预备费、建设期融资利息、总投资，见表 2-2。

2. 建筑工程概算表

按项目划分列至三级项目。

表 2-1　　　　　　　　　　　　　工 程 概 算 总 表　　　　　　　　　　　　单位：万元

序号	工程或费用名称	建安工程费	设备购置费	独立费用	合　计
Ⅰ	工程部分投资 …… 静态总投资 …… 总投资				
Ⅱ	移民环境投资 …… 静态总投资 …… 总投资				
Ⅲ	工程投资总计 静态总投资 总投资				

表 2-2　　　　　　　　　　　　　　总 概 算 表　　　　　　　　　　　　　单位：万元

序号	工程或费用名称	建安工程费	设备购置费	独立费用	合　计	占一至五部分投资（%）
	各部分投资					
	一至五部分投资合计					
	基本预备费					
	静态总投资					
	价差预备费					
	建设期融资利息					
	总投资					

本表适用于编制建筑工程概算、施工临时工程概算和独立费用概算，见表 2-3。

表 2-3　　　　　　　　　　建 筑 工 程 概 算 表

序号	工程或费用名称	单位	数量	单价（元）	合计（元）

3. 设备及安装工程概算表

按项目划分列至三级项目。

本表适用于编制机电和金属结构及安装工程概算，见表 2-4。

表 2-4　　　　　　　　　　　设备及安装工程概算表

序号	名称及规格	单　位	数　量	单价（元）		合计（元）	
				设备费	安装费	设备费	安装费

4. 分年度投资表

可视不同情况按项目划分列至一级项目。枢纽工程原则上按表 2-5 编制分年度投资，为编制资金流量表做准备。某些工程施工期短，可不编制资金流量表，因此其分年度投资表的项目可按工程部分总概算表的项目列入。

表 2-5 分 年 度 投 资 表 单位：万元

项　　目	合计	建设工期（年）							
		1	2	3	4	5	6	7	8
一、建筑工程									
1. 建筑工程									
×××工程（一级项目）									
2. 施工临时工程									
×××工程（一级项目）									
二、安装工程									
1. 发电设备安装工程									
2. 变电设备安装工程									
3. 公用设备安装工程									
4. 金属结构设备安装工程									
三、设备工程									
1. 发电设备									
2. 变电设备									
3. 公用设备									
4. 金属结构设备									
四、独立费用									
1. 建设管理费									
2. 生产准备费									
3. 科研勘测设计费									
4. 建设及施工场地征用费									
5. 其他									
一至四部分合计									

5. 资金流量表

可视不同情况按项目划分列至一级或二级项目，见表 2-6。

（三）概算附表

概算附表包括建筑工程单价汇总表（见表 2-7）、安装工程单价汇总表（见表 2-8）、主要材料预算价格汇总表（见表 2-9）、次要材料预算价格汇总表（见表 2-10）、施工机械台时费汇总表（见表 2-11）、主要工程量汇总表（见表 2-12）、主要材料用量汇总表

（见表 2-13）、工时数量汇总表（见表 2-14）、建设及施工场地征用数量汇总表（见表 2-15）。

表 2-6 　　　　　　　　　　　　　资 金 流 量 表 　　　　　　　　　　单位：万元

项　　目	合计	建设工期（年）							
		1	2	3	4	5	6	7	8
一、建筑工程									
分年度资金流量									
×××工程									
……									
二、安装工程									
分年度资金流量									
三、设备工程									
分年度资金流量									
四、独立费用									
分年度资金流量									
一至四部分合计									
分年度资金流量									
基本预备费									
静态总投资									
价差预备费									
建设期融资利息									
总投资									

表 2-7 　　　　　　　　　　　　建筑工程单价汇总表 　　　　　　　　　　单位：元

序号	名　称	单位	单价	其　中						
				人工费	材料费	机械使用费	其他直接费	现场经费	间接费	企业利润	税金

表 2-8 　　　　　　　　　　　　安装工程单价汇总表 　　　　　　　　　　单位：元

序号	名　称	单位	单价	其　中							
				人工费	材料费	机械使用费	计价装置性材料费	其他直接费	现场经费	间接费	企业利润	未计价装置性材料费	税金

41

表 2-9 主要材料预算价格汇总表 单位：元

序号	名称及规格	单位	预算价格	其 中			
				原价	运杂费	运输保险费	采购及保管费

表 2-10 次要材料预算价格汇总表 单位：元

序号	名称及规格	单 位	原 价	运杂费	合 计

表 2-11 施工机械台时费汇总表 单位：元

序号	名称及规格	台时费	其 中				
			折旧费	修理及替换设备费	安拆费	人工费	动力燃料费

表 2-12 主要工程量汇总表 单位：元

序号	项 目	土石方明挖（m³）	石方洞挖（m³）	土石方填筑（m³）	混凝土（m³）	模板（m²）	钢筋（t）	帷幕灌浆（m）	固结灌浆（m）

表 2-13 主要材料用量汇总表 单位：元

序号	项 目	水泥（t）	钢筋（t）	钢材（t）	木材（m³）	炸药（t）	沥青（t）	粉煤灰（t）	汽油（t）	柴油（t）

表 2-14 工时数量汇总表 单位：元

序号	项 目	工时数量	备 注

表 2-15 建设及施工场地征用数量汇总表

序号	项 目	占地面积（亩）	备 注

（四）概算附件附表

概算附件附表包括人工预算单价计算表（见表 2-16）、主要材料运输费用计算表（见表 2-17）、主要材料预算价格计算表（见表 2-18）、混凝土材料单价计算表（见表 2-19）、建筑工程单价表（见表 2-20）、安装工程单价表（见表 2-21）、资金流量计算表（见表 2-22）、主要技术经济指标表（本表可根据工程的具体情况进行编制，反映出主要技术经济指标即可）。

表 2 - 16　　　　　　　　　人工预算单价计算表

地区类别：		定额人工等级	
序号	项目	计算式	单价（元）
1	基本工资		
2	辅助工资		
（1）	地区津贴		
（2）	施工津贴		
（3）	夜餐津贴		
（4）	节日加班津贴		
3	工资附加费		
（1）	职工福利基金		
（2）	工会经费		
（3）	养老保险费		
（4）	医疗保险费		
（5）	工伤保险费		
（6）	职工失业保险费		
（7）	住房公积金		
4	人工工日预算单价		
5	人工工时预算单价		

表 2 - 17　　　　　　　　　主要材料运输费用计算表

编　号	1	2	3	材料名称		材料编号	
交货条件				运输方式	火车	汽车	船运	火　车
交货地点				货物等级				整车	零担
交货比例（%）				装载系数				

编　　号	运输费用项目	运输起讫地点	运输距离（km）	计算公式	合计（元）
1	铁路运杂费				
	公路运杂费				
	水路运杂费				
	场内运杂费				
	综合运杂费				
2	铁路运杂费				
	公路运杂费				
	水路运杂费				
	场内运杂费				
	综合运杂费				
3	铁路运杂费				
	公路运杂费				
	水路运杂费				
	场内运杂费				
	综合运杂费				
每吨运杂费					

43

表 2－18　　　　　　　　　　　　　　　主要材料预算价格计算表

编号	名称及规格	单位	原价依据	单位毛重（t）	每吨运费（元）	价　格　（元）					
						原价	运杂费	采购及保管费	运到工地分仓库价格	保险费	预算价格

表 2－19　　　　　　　　　　　　　　　混凝土材料单价计算表

编号	混凝土标号	水泥强度等级	级配	预　算　量						单价（元）
				水泥（kg）	掺和料（kg）	砂（m³）	石子（m³）	外加剂（kg）	水（kg）	

表 2－20　　　　　　　　　　　　　建 筑 工 程 单 价 表

定额编号：＿＿＿＿＿＿＿＿＿　　　　项目：＿＿＿＿＿＿＿　　　　定额单位：＿＿＿＿＿＿＿＿＿

施工方法：

编　号	名　称	单　位	数　量	单价（元）	合计（元）

表 2－21　　　　　　　　　　　　　安 装 工 程 单 价 表

定额编号：＿＿＿＿＿＿＿＿＿　　　　项目：＿＿＿＿＿＿＿　　　　定额单位：＿＿＿＿＿＿＿＿＿

型号规格：

编　号	名　称	单　位	数　量	单价（元）	合计（元）

表 2－22　　　　　　　　　　　　　资 金 流 量 计 算 表　　　　　　　　　　　　单位：万元

项　　目	合计	建　设　工　期　（年）								
		1	2	3	4	5	6	7	8	9
一、建筑工程										
（一）×××工程										
1. 分年度完成工作量										
2. 预付款										
3. 扣回预付款										
4. 保留金										
5. 偿还保留金										
（二）×××工程										
……										

项 目	合计	建 设 工 期 （年）								
		1	2	3	4	5	6	7	8	9
二、安装工程										
1. 分年度完成安装费										
2. 预付款										
3. 扣回预付款										
4. 保留金										
5. 偿还保留金										
三、设备工程										
1. 分年度完成设备费										
2. 预付款										
3. 扣回预付款										
4. 保留金										
5. 偿还保留金										
四、独立费用										
1. 分年度费用										
2. 保留金										
3. 偿还保留金										
一至四部分合计										
1. 分年度工作量										
2. 预付款										
3. 扣回预付款										
4. 保留金										
5. 偿还保留金										
基本预备费										
静态总投资										
价差预备费										
建设期融资利息										
总投资										

四、施工图预算组成内容

水利工程施工图预算又可称项目管理预算，由编制说明、总预算、项目预算、其他计算书及附件组成。主要内容如下：

（一）编制说明

1. 工程概况

工程河系和兴建地点，对外交通条件，工程规模，工程效益，枢纽布置形式，资金比例，资金来源比例，主体工程主要工程量，主要材料量，主体工程施工总工时，施工高峰人数，建设总工期，开工建设至发挥效益工期，工程静态总投资，工程总投资，价差预备费，价格指数，建设期融资利息，融资利率，其他主要技术经济指标。

2. 施工图预算与设计概算的主要变动说明

工程量变动，单位、分部工程投资变动，工效变动，费率、标准变动，预留风险费用情况，其他应说明的内容。

3. 编制依据

具体说明编制施工图预算所依据的主要文件和规定。

（二）总预算表和项目预算表

（1）总预算表。

（2）建安工程采购项目预算表。

（3）设备采购项目预算表。

（4）专项工程采购项目预算表。

（5）技术服务采购项目预算表。

（6）地方政府包干项目预算表。

（7）项目法人管理费用项目预算表。

（8）预留风险费预算表。

（三）其他计算书表

（1）分年度投资表。

（2）分年度资金流量表。

（3）建筑工程单价汇总表。

（4）安装工程单价汇总表。

（5）主要材料预算价格汇总表。

（6）施工机械台时费用汇总表。

（7）主要费率、费用标准汇总表。

（8）主体工程主要工程量汇总表。

（9）主要材料、工时量汇总表。

（10）分类工程权数汇总表。

（11）施工图预算与设计概算投资对照表。

（12）施工图预算与设计概算工程量对照表。

（四）预算文件附件

（1）单价计算表。

（2）分类工程权数计算表。

（3）有关协议、文件。

施工图预算表格可参见概算表格。

随着社会、经济和科学技术的发展，各种定额也是在发展的，在编制概预算时应注意选用现行定额。目前，水利系统大中型水利水电工程执行水利部 2002 年颁发的《水利建筑工程概算定额》（上、下册）、《水利水电设备安装工程概算定额》、《水利建筑工程预算定额》（上、下册）、《水利水电设备安装工程预算定额》、《水利工程施工机械台时费定额》，以及《水利工程设计概（估）算编制规定》；对于大中型水力发电工程，采用水电水利规划设计总院和中国电力企业联合会水电建筑定额站 2004 年颁发的概预算定额和编制规定；中小型水利水电工程采用本地区的有关定额。在使用定额编制概预算的过程中，要密切注意现行定额的变化和有关费用标准、编制办法、规定的变化，做到始终采用现行定额和规定。

第三章　水利水电工程定额

第一节　定额的基本概念

一、定额的概念

定额是指在一定的外部条件下，预先规定完成某项合格产品所需的要素（人力、物力、财力、时间等）的标准额度。它反映了一定时期的社会生产力水平的高低。

在社会生产中，为了生产出合格的产品，就必需一定数量的人力、材料、机具、资金等。由于受各种因素的影响，生产一定数量的同类产品，这种消耗量并不相同，消耗量越大，产品的成本就越高，在产品价格一定的情况下，企业的盈利就会降低，对社会的贡献也就较低，对国家和企业本身都是不利的。因此降低产品生产过程中的消耗具有十分重要的意义。但是，产品生产过程中的消耗不可能无限降低，在一定的技术组织条件下，必然有一个合理的数额。根据一定时期的生产力水平和对产品的质量要求，规定在产品生产中人力、物力或资金消耗的数量标准，这种标准就是定额。

定额水平是一定时期社会生产力水平的反映，它与操作人员的技术水平、机械化程度及新材料、新工艺、新技术的发展和应用有关，同时，也与企业的管理组织水平和全体技术人员的劳动积极性有关。所以定额不是一成不变的，而是随着生产力水平的变化而变化的。一定时期的定额水平，必须坚持平均先进的原则。所谓平均先进水平，就是在一定的生产条件下，大多数企业、班组和个人，经过努力可以达到或超过的标准。

二、定额的产生与发展

（一）国外工程定额的发展过程

从 19 世纪初期开始，资本主义国家在工程建设中开始推行招标投标制，这就要求工料测量师在工程设计以后和开工以前就进行测量和估价，根据图纸算出实物工程量并汇编成工程量清单，为招标者确定标底或为投标者确定报价。但是，这还远没有形成定额体系。

定额体系的产生和发展与企业管理的产生和发展紧密相连。工业革命以前的工业是家庭手工业，谈不上企业管理。工业革命以后有了工厂，也就有了企业管理。1771 年英国建造了世界上第一个纺织工厂，从此各种类型的工厂如雨后春笋般不断涌现。在工厂里劳动者、劳动手段、劳动对象集中了，为了能生产出更多更好的产品，降低产品的生产成本，获得更多的利润，这就需要合理的管理，企业管理因此也就诞生了。不过当时的企业管理是很落后的，工人凭经验操作，新工人的培养靠老师来传授。由于生产规模小，产品比较单纯，生产中需要多少人力、物力，如何组织生产，往往只凭简单的生产经验就可以了。这个阶段延续了很长时间，这就是企业管理的第一阶段，所谓的传统管理阶段。

19 世纪末至 20 世纪初，资本主义生产日益扩大，生产技术迅速发展，劳动分工和协作也越来越细，对生产进行科学管理的要求也就更加迫切。资本主义社会生产的目的是为了攫取最大限度的利润。为了达到这个目的，资本家就要千方百计降低单位产品中的活劳动和物化劳动的消耗，就必须加强对生产消费的研究和管理。因此定额作为现代化科学管理的一门重要学科也就出现了。当时在美国、法国、英国、俄国、波兰等国家中都有企业科学管理这类活动的开展，而以美国最为突出。

定额作为一门科学，它伴随资本主义企业管理而产生。20世纪美国工程师弗·温·泰罗（F. W. Taylor，1856～1915年）推出的制定工时定额，实行标准操作方法，采用计件工资，以提高劳动生产效率，这套称为"泰罗制"的方法，使资本主义的企业管理发生了根本变革。

弗·温·泰罗22岁时在贝斯勒海姆（Bethlehem）钢铁公司当学徒，同时进入哈佛大学的函授班学习，后来他取得了工程师的职称，当上了这个公司的总工程师。当时美国资本主义正处于上升时期，工业发展得很快。但由于采用传统的旧的管理方法，工人劳动生产率低，而劳动强度很高，每周劳动时间平均在60h以上。在这种背景下，泰罗开始了企业管理的研究，其目的是要解决如何提高工人的劳动效率。从1880年开始，他进行了各种试验，努力把当时科学技术的最新成就应用于企业管理，他着重从工人的操作方法上研究工时的科学利用，把工作时间分成若干组成部分（工序），并利用秒表来记录工人每一动作及消耗的时间，制定出工时定额，作为衡量工人工作效率的尺度。他还十分重视研究工人的操作方法，对工人劳动中的操作和动作，逐一记录，分析研究，把各种最经济、最有效的动作集中起来，制定出最节约工作时间的所谓标准操作方法，并据以制定更高水平的工时定额。为了减少工时消耗，使工人完成这些较高水平的工时定额，泰罗还对工具和设备进行了研究，使工人使用的工具、设备、材料标准化。

泰罗通过研究，提出了一套系统的、标准的科学管理方法，1911年他发表的《科学管理原理》一书是他的科学管理方法的理论成果，成果的核心是泰罗制。泰罗制可以归纳为，制定科学的工时定额，实行标准的操作方法，强化和协调职能管理，有差别的计件工资，进行科学而合理的分工。泰罗给资本主义企业管理带来了根本性变革，使资本家获得了巨额利润，泰罗被尊称为"科学管理之父"。与泰罗制紧密相关的这一阶段被称为企业管理的第二阶段——科学管理阶段。

继泰罗制以后，伴随着世界经济的发展，企业管理又有许多新的进展和创新，对于定额的制定也有了许多更新的研究。20世纪40～60年代，出现了所谓的资本主义管理科学。20世纪70年代以后，出现了行为科学和系统管理理论，前者从社会心理学的角度研究管理，强调和重视社会环境和人的相互关系对提高工效的影响；后者把管理科学和行为科学结合起来，其特点是利用现代数学和计算机处理各种信息，提供优化决策。这一阶段被称为企业管理的第三阶段——现代企业管理阶段。但在这一阶段中泰罗制仍是企业管理不可缺少的。

（二）我国工程定额的发展过程

我国的工程定额，是随着国民经济的恢复和发展而逐步建立起来的。新中国成立以后，国家对建立和完善定额工作十分重视，工程定额从无到有、从不健全到逐步健全，经历了一个复杂的发展过程。

国民经济恢复时期（1949～1952年），我们在借鉴苏联的管理经验基础上，逐步形成了适合我国当时国情的企业管理方式。我国东北地区开展定额工作较早，从1950年开始，该地区铁路、煤炭、纺织等部门相继实行了劳动定额，1951年制定了东北地区统一劳动定额。1952年前后，华东、华北等地也陆续编制劳动定额或工料消耗定额。这一时期是我国劳动定额工作创立阶段。

第一个五年计划时期（1953～1957年），随着大规模社会主义经济建设的开始，为了加强企业管理，合理安排劳动力，推行了计件工资制，劳动定额得到迅速发展。为了适应经济建设的需要，各地区各部门编制了一些定额或参考手册，如水利电力部组织编印了《水利工程施工技术定额手册》。为了统一定额水平，劳动部和建筑工程部于1955年联合主持编制了全国统一劳动定额，这是建筑业第一次编制的全国统一定额。1956年国家建委对1955年统一劳动定额进行了修订，增加了材料消耗和机械台班定额部分，编制了全国统一施工定额。

从"大跃进"到"文化大革命"前的时期（1958～1966年），由于中央管理权限部分下放，劳动定额管理体制也进行了探讨性的改革。1958年，劳动定额的编制和管理工作下放给省（市）以后，在适应地方特点上起到了一定的作用，但也存在一些问题。主要是定额项目过粗，工作内容口径不一，定额水平不平衡。地区之间、企业之间失去了统一衡量的尺度，不利于贯彻执行。同时，各地编制定额的力量不足，定额中技术错误也不少。为此，1959年，国务院有关部委联合做出决定，定额管理权限回收中央，1962年正式修订颁发了全国建筑安装工程统一劳动定额。这一时期，有关部委也相继颁发了适合行业特点的定额，如1958年水利部颁发了《水利水电建筑安装工程施工定额》，以及《水利水电建筑工程设计预算定额》，这基本上满足了水利水电工程建设的需要。

"文化大革命"时期（1967～1976年），全盘否定了按劳分配原则，将劳动定额工作看做是"管、卡、压"，致使劳动无定额、效率无考核等，阻碍了生产的发展。"文化大革命"的后半段一度对这种情况进行了扭转和整顿，有些单位重新又搞起了定额、计件工资和超额奖。如水利电力部组织修改预算定额，并在此基础上于1975年第一次编辑出版了《水电工程概算指标》，可是不久又被破坏了。

中共十一届三中全会以后，我国进行了一系列的政治、经济改革，国民经济迅速得到了恢复和发展，使我国进入了社会主义现代化建设的新的历史时期。国家对整顿和加强企业管理和定额管理非常重视，明确指出要加强建筑企业劳动定额工作，全国大多数省自治区、直辖市先后恢复、建立了劳动定额机构，充实了定额专职人员，同时对原有定额进行了修订，颁布了新定额，这大大地调动了工人的生产积极性，对提高建筑业劳动生产率起到了明显的作用。1978～1981年国家建委和各主管部门分别组织修编了施工定额、预算定额。水利电力部1980年组织修订了《水利水电工程设计预算定额》，1981～1982年又组织修编了《施工机械保修技术经济定额》和《水利水电建筑安装工程统一劳动定额》。1983年以后着手对1980年修订的预算定额和1975年概算指标进行修编。为了适应新时期水利水电工程建设的需要，水利电力部及能源部、水利部1986年颁发了《水利水电设备安装工程概算定额》、《水利水电建筑工程预算定额》、《水利水电设备安装工程预算定额》，1988年颁发了《水利水电建筑工程概算定额》，1991年颁发了《水利水电工程施工机械台班费定额》；电力工业部1997年颁发了《水力发电建筑工程概算定额》、《水力发电设备安装工程概算定额》、《水力发电工程施工机械台时费定额》；水利部 2002 年颁发了《水利建筑工程预算定额》、《水利建筑工程概算定额》、《水利工程施工机械台时费定额》等。

新中国成立 50 多年来，我国工程定额发展的事实证明，凡是按客观经济规律办事，用合理的劳动定额组织生产，实行按劳分配，劳动生产率就提高，经济效益就好，建筑生产就向前发展；反之，不按客观经济规律办事，否定定额作用，否定按劳分配，劳动生产率就明显下降，经济效益就很差，生产就大幅度下降。因此，实行科学的定额管理，发挥定额在组织生产、分配、经营管理中的作用，是社会主义生产的客观要求。定额工作必须更好地为生产服务，为科学管理服务。

三、定额的特性和作用

（一）定额的特性

1. 定额的法令性

定额是由被授权部门根据当时的实际生产力水平而制定的，并经授权部门颁发供有关单位使用。在执行范围内任何单位必须遵照执行，不得任意调整和修改。如需进行调整、修改和补充，必须经授权编制部门批准。因此，定额具有经济法规的性质。

2. 定额的相对稳定性

定额水平的高低，是根据一定时期社会生产力水平确定的。当生产条件发生了变化，技术有了进步，生产力水平有了提高，原定额也就不适应了，在这种情况下，授权部门应根据新的情况制定出新的定额或补充原有的定额。但是，社会的发展有其自身的规律，有一个量变到质变的过程，而且定额的执行也有一个时间过程，所以每一次制定的定额必须是相对稳定的，决不可朝令夕改，否则定额就难执行，也会伤害群众的积极性。

3. 定额的针对性

一种产品（或工序）一项定额，而且一般不能互相套用。一项定额，它不仅是该产品（或工序）的资源消耗的数量标准，而且还规定了完成该产品（或工序）的工作内容、质量标准和安全要求。

4. 定额的科学性

制定工程定额要进行"时间研究"、"动作研究"，以及工人、材料和机具在现场的配置研究，有时还要考虑机具改革、施工生产工艺等技术方面的问题等。工程定额必须符合建筑施工生产客观规律，这样才能促进生产的发展，从这一方面来说定额是一门科学技术。

（二）定额的作用

工程定额是施工企业实行科学管理的必备条件。无论是设计、计划、生产、分配、估价、结算等各项工作，都必须以它作为衡量工作的尺度。具体地说，定额主要有以下几方面的作用。

1. 定额是编制计划的基础

无论是国家计划还是企业计划，都直接或间接地以各种定额为依据来计算人力、物力、财力等各种资源需要量，所以，定额是编制计划的基础。

2.定额是确定产品成本的依据，是评比设计方案合理性的尺度

建筑产品的价格是由其产品生产过程中所消耗的人力、材料、机械台班数量以及其他资源、资金的数量所决定的，而它们的消耗量又是根据定额计算的，定额是确定产品成本的依据。同时，同一建筑产品的不同设计方案的成本，反映了不同设计方案的技术经济水平的高低。因此，定额也是比较和评价设计方案是否经济合理的尺度。

3.定额是提高企业经济效益的重要工具

定额是一种法定的标准，具有严格的经济监督作用。它要求每一个执行定额的人，都必须严格遵守定额的要求，并在生产过程中尽可能有效地使用人力、物力、资金等资源，使之不超过定额规定的标准，从而提高劳动生产率，降低生产成本。企业在计算和平衡资源需要量、组织材料供应、编制施工进度计划和作业计划、组织劳动力、签发任务书、考核工料消耗、实行承包责任制等一系列管理工作时，都要以定额作为标准。因此，定额是加强企业管理、提高企业经济效益的工具。合理制定并认真执行定额，对改善企业经营管理、提高经济效益具有重要的意义。

4.定额是贯彻按劳分配原则的尺度

由于工时消耗定额反映了生产产品与劳动量的关系，可以根据定额来对每个劳动者的工作进行考核，从而确定他所完成的劳动量的多少，并以此来支付他的劳动报酬。多劳多得、少劳少得，体现了按劳分配的基本原则，这样企业的效益就同个人的物质利益结合起来了。

5.定额是总结推广先进生产方法的手段

定额是在先进合理的条件下，通过对生产和施工过程的观察、实测、分析而综合制定的，它可以准确地反映出生产技术和劳动组织的先进合理程度。因此，我们可以用定额标定的方法，对同一产品在同一操作条件下的不同生产方法进行观察、分析，从而总结比较完善的生产方法，并经过试验、试点，然后在生产过程中予以推广，使生产效率得到提高。

第二节 定 额 的 分 类

工程定额种类繁多，按其性质、内容、管理体制和使用范围、建设阶段和用途可作以下分类：

一、按专业性质划分

（一）一般通用定额

一般通用定额是指工程性质、施工条件与方法相同的建设工程，各部门都应共同执行的定额。如工业与民用建筑工程定额。

（二）专业通用定额

专业通用定额是指某些工程项目具有一定的专业性质，但又是几个专业共同使用的定额。如煤炭、冶金、化工、建材等部门共同编制的矿山、巷井工程定额。

（三）专业专用定额

专业专用定额是指一些专业性工程，只在某一专业内使用的定额。如水利工程定额、

邮电工程定额、化工工程定额等。

二、按费用性质划分

（一）直接费定额

直接费定额是指直接用于施工生产的人工、材料、成品、半成品、机械消耗的定额。

（二）间接费定额

间接费定额是指施工企业经营管理所需费用定额。

（三）其他基本建设费用定额

其他基本建设费用定额是指不属于建筑安装工程量的独立费用定额，如勘测设计费。

（四）施工机械台班费定额

施工机械台班费定额是指各种施工机械在单位台班或台时中，为使机械正常运转所损耗和分摊的费用定额，如《水利工程施工机械台时费定额》。

三、按管理体制和执行范围划分

（一）全国统一定额

全国统一定额是指工程建设中，各行业、部门普遍使用，需要全国统一执行的定额。一般由国家计委或授权某主管部门组织编制颁发。如送电线路工程预算定额、电气工程预算定额、通信设备安装预算定额等。

（二）全国行业定额

全国行业定额是指在工程建设中，部分专业工程在某一个部门或几个部门使用的专业定额。由一个主管部门或几个主管部门组织编制颁发，在有关部属单位执行。如水利建筑工程预算定额、水利建筑工程概算定额、水力发电建筑工程概算定额、公路工程预算定额等。

目前水利水电工程使用的全国行业性定额有：

水利部《水利建筑工程预算定额》（2002）；

水利部《水利建筑工程概算定额》（2002）；

水利部《水利水电设备安装工程预算定额》（2002）；

水利部《水利水电设备安装工程概算定额》（2002）；

水利部《水利工程施工机械台时费定额》（2002）；

水利部《水利工程设计概（估）算编制规定》（2002）；

水电水利规划设计总院《水电设备安装工程预算定额》（2003）；

水电水利规划设计总院《水电建筑工程预算定额》（2004）；

水电水利规划设计总院《水电工程施工机械台时费定额》（2004）。

（三）地方定额

地方定额一般是指省、自治区、直辖市，根据地方工程特点，编制颁发的在本地区执行的地方通用定额和地方专业定额。

（四）企业定额

企业定额是指施工企业在其生产经营过程中，在国家统一定额、行业定额、地方定额的基础上，根据工程特点和自身积累资料，结合本企业具体情况自行编制的定额，供企业内部管理和企业投标报价用。

四、按定额的内容划分

（一）劳动定额

劳动定额又称人工定额，是指具有某种专长和规定的技术水平的工人，在正常施工技术组织条件下，单位时间内应当完成合格产品的数量或完成单位合格产品所需的劳动时间。

劳动定额有时间定额和产量定额两种表达形式。时间定额是指在正常施工组织条件下完成单位合格产品所需消耗的劳动时间，单位以"工日"或"工时"表示。产量定额是指在正常施工组织条件下，单位时间内所生产的合格产品的数量。时间定额与产量定额互为倒数。

（二）材料消耗定额

材料消耗定额是指在节约和合理使用材料的条件下，生产单位合格产品所必须消耗的一定规格的建筑材料、成品、半成品或配件的数量标准。

（三）机械使用定额

机械使用定额指施工机械在正常的生产（施工）和合理的人机组合条件下，由熟悉机械性能、有熟练技术的工人或工人小组操纵机械时，该机械在单位时间内的生产效率或产品数量。也可以表述为该机械完成单位合格产品或某项工作所必需的工作时间。

机械台班定额也有两种表现形式：

1）机械产量定额：是指在合理的劳动组织和一定的技术条件下，工人操作机械在一个工作台班（时）内应完成合格产品的标准数量。

2）机械时间定额：是指在合理的劳动组织和一定的技术条件下，生产某一单位合格产品所必须消耗的机械台班数量。

（四）综合定额

综合定额是指在一定的施工组织条件下，完成单位合格产品所需人工、材料、机械台班或台时的数量。

五、按建设阶段和用途划分

（一）投资估算指标

投资估算指标是在可行性研究阶段作为技术经济比较或建设投资估算的依据。是由概算定额综合扩大和统计资料分析编制而成的。

（二）概算定额

概算定额是编制初步设计概算和修正概算的依据，是由预算定额综合扩大编制而成的。它规定生产一定计量单位的建筑工程扩大结构构件或扩大分项工程所需的人工、材料和施工机械台班或台时消耗量及其金额。主要用于初步设计阶段预测工程造价。

（三）预算定额

预算定额主要用于施工图设计阶段编制施工图预算或招标阶段编制标底，是在施工定额基础上综合扩大编制而成的。

（四）施工定额

施工定额主要用于施工阶段施工企业编制施工预算，是企业内部核算的依据。它是指一种工种完成某一计量单位合格产品（如砌砖、浇筑混凝土、安装水轮机等）所需的人工、材料和施工机械台班或台时消耗量的标准。是施工企业内部编制施工作业计划、进行工料分析、签发工程任务单和考核预算成本完成情况的依据。

第三节　施工过程分解与工时消耗研究

一、施工

（一）施工过程的概念

施工过程就是在建筑工地上进行的各种建筑物兴建过程，包括新建、改建、扩建、修复或拆除建筑物和构筑物的全部或其中一部分。例如，浇筑混凝土、安装机组、敷设管道等都是施工过程。对施工过程的研究是制定劳动定额的基本环节。施工过程按其使用的工具、设备的机械化程度不同，分为手工施工过程、机械施工过程和机械与手工混合施工过程。

每个施工过程的结果都获得一定的产品，该产品的尺寸、形状、表面结构、空间位置、强度等质量因素，必须符合建筑和结构设计及现行技术规范要求。只有合格的产品才能计入施工过程中消耗工作时间的劳动成果。

施工过程包括生产力三要素，即劳动者、劳动对象、劳动工具。这是施工过程必须具备的三个要素。

在许多施工过程中还要使用用具，用具是用来使劳动者、劳动对象、劳动工具和产品处于必要的位置上。如电气安装工程使用的人字梯，木工使用的工作台，砖瓦工使用的灰浆槽等。

在施工过程中，有时还要借助自然或人为的作用，使劳动对象发生物理和化学变化。如混凝土的养护，预应力钢筋的时效，石灰砂浆的砌筑过程等。

（二）施工过程的分解

对施工过程按其不同的劳动分工，不同的操作方法，不同的工艺特点及不同的复杂程度进行分解。通过分解来区分和认识其内容和性质，以便采取技术测定的方法，研究其必需的作业时间消耗，进而取得编制定额和改进施工管理所需要的技术资料。

施工过程可分解为综合工作过程、工作过程、工序、操作、动作。

综合工作过程是指同时进行的、并在组织上彼此有直接关系，而又为一个最终产品结合起来的各个工作过程的总和。如浇筑混凝土的施工过程是由搅拌、运输、浇灌和捣实等工作过程组成。

工作过程是由同一工人或同一小组所完成的、在技术上互相联系的工序的综合。工作过程的特征是劳动者不变，工作地点不变，而仅仅是使用的材料和工具改变。

工序是一个工人（或一个小组）在一个工地上，对同一个（或几个）劳动对象所进行的一切连续活动的总和。工序是最简单的施工过程，它是组织上不可分割、技术上相同的施工过程，它的外观特征是劳动者、劳动工具、劳动对象都不变。例如，钢筋制作的施工过程是由调直、除锈、切断、弯曲等工序组成的。

工序由一个工人来完成时叫做个人工序，由几个工人或者小组共同来完成时，则为小组工序。工序按照完成的方法通常分为手工工序和机械工序两种。机械工序由人工操纵施工机械来完成，如用搅拌机拌搅混凝土或砂浆，用起重机吊装各种预制构件等。

操作是一个个动作的综合，它是工序按劳动过程所划分的组成部分，若干个操作构成一道工序。例如，"弯曲钢筋"工序，是由"把钢筋放在工作台上"、"对准位置"、"弯曲钢筋"、"把弯好的钢筋放置一边"等操作组成。而"把钢筋放在工作台上"这一操作，又由"走向放钢筋处"、"拿起钢筋"、"返回工作台"、"把钢筋放在工作台上"、"把钢筋靠近立柱"等动作组成。

施工过程中的工人、劳动对象、劳动工具、用具及其产品等的活动空间，称为工作地点。施工过程的各个工序，如果以同样的次序不断重复，并且每重复一次都可以生产出同一产品，则称为循环的施工过程。若施工过程的各个工序不是以同样的次序重复，或者生产出的产品各不相同，则称为非循环的施工过程。

二、工时消耗研究

工时消耗研究就是将劳动者在整个生产过程中所消耗的工作时间，根据性质、范围具体情况，予以科学的划分、归纳，明确哪些属于定额时间，哪些属于非定额时间，找出造成非定额时间的原因，以便采取技术和组织措施，消除产生非定额时间的因素，以充分利用工作时间，提高劳动效率。

三、工作时间分类

工作时间，就是工作班的延续时间。工作时间是按现行制度规定的，例如"8h工作制"的工作时间就是8h。研究工作时间消耗量及其性质，是技术测定的基本步骤和内容之一，也是编制劳动定额的基础工作。

（一）定额时间

它是指在正常施工条件下，工人为完成一定数量的产品所必须消耗的工作时间。工人工作时间分类包括有效工作时间、休息时间和不可避免的中断时间。

（1）有效工作时间是指与完成产品有直接关系的工作时间消耗。其中包括准备与结束时间、基本工作时间、辅助工作时间。

准备与结束时间是指工人在执行任务前的准备工作和完成任务后的结束工作所需消耗的时间。一般分为班内的准备与结束时间和任务内的准备与结束时间两种。班内的准备与结束工作具有经常的每天的工作时间消耗的特性，就是在执行任务之前工人本身、工作地点、劳动工具、原材料的准备工作，以及工作结束后的整理工作，交接班工作，准备与结束时间与工人所接受的任务的大小无关。任务内的准备与结束工作，由工人接受任务的内容决定，如布置操作地点、接受任务书、技术交底、熟悉施工图纸等。

基本工作时间是直接与施工过程的技术操作发生关系的时间消耗，是劳动者利用劳动工具使劳动对象发生形态或性质的变化或空间位置的改变所消耗的时间。例如，砌砖工作中，从选砖开始直至将砖铺放到砌体上的全部时间消耗。通过基本工作，可以使劳动对象直接发生变化；可以使材料改变外形，如钢管煨弯；可以改变材料的结构和性质，如混凝土制品的生产；可以改变产品的位置，如构件的安装；可以改变产品的外部及表面的性质，如粉刷、油漆等。基本工作时间的消耗与生产工艺、操作方法、工人的技术熟练程度有关，并与任务的大小成正比。

辅助工作时间是指为了保证基本工作的顺利进行而做的与施工过程的技术操作没有直接关系的辅助性工作所需要消耗的时间。辅助性工作不直接导致产品的形态、性质、结构位置发生变化。如工具磨快、校正、小修、机械上油、转移工作地点等均属辅助性工作。

（2）休息时间是工人在工作中，为了恢复体力以及生理需要（如喝水、大小便等）而暂时中断的时间。休息时间的长短与劳动强度、工作条件、工作性质等有关，例如在高温、高空、重体力、有毒性等条件下工作时，休息时间应多一些。

（3）不可避免的中断时间是指由于施工过程中因技术操作或施工组织引起的不可避免的或难以避免的中断时间。如安装工人等待起吊构件、炮手放炮时的避炮、汽车司机在等待装卸货物和等交通信号所消耗的时间。

（二）非定额时间

它由以下几部分时间组成：

（1）多余或偶然工作的时间是指在正常施工条件下不应该发生的时间消耗，或由于意外情况所引起的工作所消耗的时间。如质量不符合要求，返工造成的多余的时间消耗，翻斗车轮胎坏了换轮胎等。

（2）停工时间包括施工本身造成的和非施工本身造成的停工时间。施工本身造成的停工，是由于施工组织和劳动组织不善而引起的停工，如分工不合理，不能及时领到工具和材料而引起的停工等。非施工本身而引起的停工是指由于气候条件以及风、水、电源中断而引起的停工。

（3）违反劳动纪律的时间是指工人不遵守劳动纪律而造成的时间损失，如迟到早退、出勤不出力、擅自离开工作岗位、工作时间聊天，以及由于个别人违反劳动纪律而使别的工人无法工作的时间损失。

上述非定额时间，在确定定额水平时，均不予考虑。图 3-1 为工人工作时间划分图。

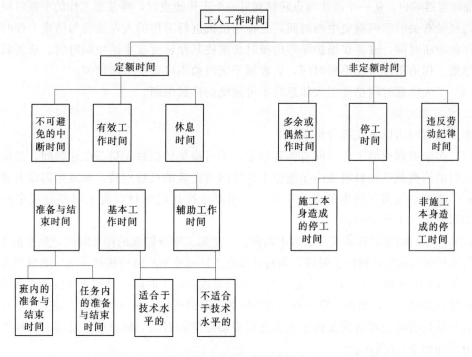

图 3-1　工人工作时间划分

（三）机械工作时间分类

1. 定额时间

定额时间由以下几部分组成：

（1）有效工作时间包括正常负荷下两种工作时间消耗。其中，正常负荷下的工作时间，是指机械在与机械说明书规定的负荷相等的正常负荷下进行工作的时间。在个别情况下，由于技术上的原因，机械又能在低于规定负荷下工作，如汽车载运重量轻而体积大的货物时，不可能充分利用汽车的全部载重能力，因而不得不降低负荷工作，此种情况亦视为正常负荷下工作。降低负荷下的工作时间，是指由于施工管理人员或工人的过失，以及机械陈旧或发生故障等原因，使机械在降低负荷的情况下进行工作的时间，如由于电铲司机技术不熟练，使 $3m^3$ 电铲只挖装 $2m^3$ 的石渣。

（2）不可避免的无负荷工作时间，是指由于施工过程的特性和机械结构的特点所造成的机械无负荷工作时间，一般分为循环的和定时的两类。循环的是指由于施工过程的特性所引起的空转所消耗的时间。它在机械工作的每一个循环中重复一次。如铲运机返回到铲土地点，汽车卸车后空回。定时的主要是指发生在运输汽车或挖土机等的工作中的无负荷工作时间。如工作班开始和结束时来回无负荷的空行、机械由一个工作地点转移到另一个工作地点。

（3）不可避免中断时间，是由于施工过程的技术和组织的特性造成的机械工作中断时间。

与操作有关的不可避免中断时间通常有循环的和定时的两种。循环的是指在机械工作的每一个循环中重复一次，如汽车装载、卸货的停歇时间。定时的是指经过一定时间重复一次。如喷浆器喷白，从一个工作地点转移到另一个工作地点时，喷浆器工作的中断时间。

与机械有关的不可避免中断时间，是指用机械进行工作的人在准备与结束工作时使机械暂停的中断时间，或者在维护保养机械时必须使其停转所发生的中断时间。前者属于准备与结束工作的不可避免中断时间，后者属于定时的不可避免中断时间。

（4）工人休息时间是指工人休息时不可避免的机械中断。

2. 非定额时间

非定额时间由以下几部分组成：

（1）多余或偶然的工作时间有两种情况：①可避免的机械无负荷工作时间，是由于工人不及时的给机械供给材料或由于组织上的原因所造成的机械空转，如皮带因没有进料而空转；②机械在负荷下所做的多余工作，如混凝土搅拌机搅拌混凝土时超过规定搅拌时间，即属于多余工作时间。

（2）停工时间按其性质又分为以下两种：一是施工本身造成的停工时间，是指由于施工组织得不好而引起的机械停工时间，如临时没有工作面或不及时给机械供水、燃料以及机械损坏等所引起的机械停工时间。二是非施工本身造成的停工时间，是由于气候条件和非施工的原因所引起的停工，如由于降雨或动力中断等引起的机械中断（不是由于施工原因）。

（3）违反劳动纪律时间是由于工人违反劳动纪律而引起的机械停工时间。机械工作时间划分图如图 3-2 所示。

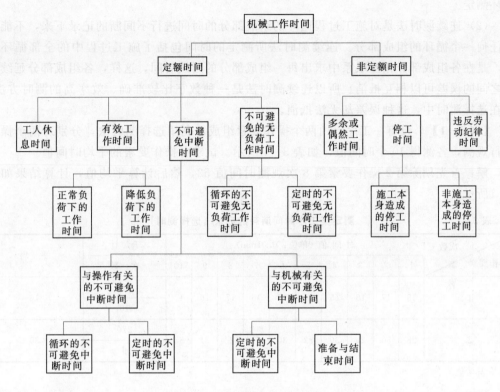

图 3-2 机械工作时间划分

四、工时分析方法

工时分析的方法主要有测时法、工作日写实法、写实记录法和工作抽查法等。

（一）测时法

测时法适用于研究以循环形式不断重复进行的施工过程。它用于观测施工过程循环（定时重复）组成部分的时间消耗，如人工挖装运土方、起重机吊运混凝土、挖土机挖土等；不研究工人休息、准备与结束及其他非循环的工作时间。测时法一般用于研究循环延续时间短的工作过程或工序，而且每一循环的产品是相等的或近似的。如果产品相差悬殊，就应该分开测定。采用测时法，可以为制定劳动定额提供单位产品所必需的基本工作时间的技术数据；可以分析研究工人的操作或动作，总结先进经验，帮助工人班组提高劳动效率。

测时法是利用测时工具，来测定工作时间消耗，常用的测时工具有秒表，其他还有摄像机、录像机、录音机和电子表等。

1. 记录时间的方法

测时法按记录时间的方法的不同，分为选择测时法和连续测时法两种。

（1）选择测时法是不连续地测定施工过程的全部循环组成部分，是有选择地进行测定。

当要测定的组成部分开始时，立即开动秒表，到预定的定时点时，即停止秒表。此刻显示的时间，即为所测组成部分的延续时间。当下一组成部分开始时，再开动秒表，如此循环测定。

（2）连续测时法是对施工过程循环的组成部分的时间进行不间断的记录下来，不能遗漏任何一个循环的组成部分。连续测时法所测定的时间包括了施工过程中的全部循环时间，是在各组成部分相互联系中求出每一组成部分的延续时间，这样，各组成部分延续时间之间的误差可以相互抵消。所以连续测时法是一种数字比较准确、效率高的测时方法。而在选择测时中，这种误差却无法抵消。

【例3-1】 设有一工序，由两个操作要素组成，利用选择测时法，分别对两个操作进行观测，各测得10个时间值，如表3-1所示。试求各操作要素的平均时间值。

解： 首先剔除第2操作要素第8次观测时间值52，然后计算平均值，计算结果如表3-1所示。

表3-1 测定某工序时间消耗的记录（选择测时）

操作要素 \ 次数	时间值（单位：0.01min）										合计 次数	平均
	1	2	3	4	5	6	7	8	9	10		
1	15	17	16	15	14	17	16	17	16	17	160 / 10	16
2	28	30	29	30	32	30	27	52*	31	33	270 / 9	30

* 异常值。

2. 测时法的观察次数

对某一施工活动的观测次数直接影响测时资料的精确度，因此要认真确定测时的次数，以保证测时资料的可靠性和代表性。尽管选择工作条件比较正常的测时对象，即使是同一工人操作，但每次所测得的延续时间，总是不会完全相等的，更何况在不同工人中测定同一施工活动的延续时间。而且测定人员也可能由于记录时间误差或错误，引起个别延续时间的偏差。因此，在测时法中需要解决每份测时资料中各组成部分应观测多少次才能得到比较正确的数值。从误差理论来说，观测的次数越多，资料的准确性越高，但是过多的观察，必然耗费较多的人力、物力，为了避免多余的观察，就要规定一个较经济的测时次数。目前，我国对测时次数的规定，尚无成熟的办法。在水利水电工程中，可采用测时次数和允许数列稳定系数表，用于测时检查所测次数是否满足需要。测时所得数据的算术平均值精确度与观测次数和稳定系数之间有一定的关系。

稳定系数 K_p 为

$$K_p = \frac{x_{max}}{x_{min}} \tag{3-1}$$

式中　x_{max}——最大观测值；

　　　　x_{min}——最小观测值。

算术平均值精确度与观测次数之间的关系可用下式表述为式中：

$$E = \pm \frac{1}{x} \sqrt{\frac{\sum (x_i - \bar{x})^2}{n(n-1)}} \tag{3-2}$$

60

式中　$\overline{x}$——观测值的算术平均值。

3. 测时数据的整理

测时数据的整理方法没有统一规定，一般参考巴辛斯基和彭斯基建议用的测时数据整理方法。下面介绍巴辛斯基方法。

观测所得数据的算术平均值，即为所求延续时间。为使算术平均值更加接近于各组成部分的延续时间正确值，必须删去那些显然是错误的以及误差极大的值，通过清理后所得出的算术平均值，通常称为平均修正值。

在清理测时数据时，应首先删掉完全是由于人的因素影响的偏差，如工作时间聊天、材料供应不及时造成的等候以及测定人员记录时间的疏忽等，造成的误测的数据，都应删掉。其次，应删去由于施工因素的影响而出现的偏差极大的延续时间，如手工刨料遇到节疤极多的木料，挖土机挖土时土斗的边齿刮到大石块上等。此类偏差大的数还不能认为完全无用，可作为该项施工因素影响的资料，进行专门研究。

清理偏差大的数据时，不能单凭主观想象，这样就失去了技术测定的真实性和科学性。同时，也不能预先规定出偏差的百分率。偏差百分率对某些组成部分可能显得太大，而对另一些组成可能会显得不够。为了妥善清理此类误差，可参照下列调整系数表，如表3-2所示和误差极限算式进行。

极限算式

$$\lim_{max} = \overline{x} + K(x_{max} - x_{min}) \tag{3-3}$$

$$\lim_{min} = \overline{x} - K(x_{max} - x_{min}) \tag{3-4}$$

式中　$\lim_{max}$——最大极限；

　　　$\lim_{min}$——最小极限；

　　　K——调整系数。

表 3-2 误 差 调 整 系 数 表

观察次数	4	5	6	7~8	9~10	11~15	16~30	31~53	54 以上
调整系数	1.4	1.3	1.2	1.1	1	0.9	0.8	0.7	0.6

清理的方法是，首先从测得的数据中删去人为因素影响出现的偏差极大的数据，然后从留下来的测时数据中，试删去偏差极大的可疑数据，求出最大极限和最小极限，再删去范围之外偏差极大的可疑数值。

【例 3-2】　根据测时法得出测时数据如下：20、18、23、21、18、22、20、21、28、17、19、21，试找出应删去的数据。

解：先在上述数据中删去 28 这一误差大的可疑数字，然后求最大极限和最小极限。

$$\overline{X} = \frac{1}{11}(20+18+23+21+18+22+20+21+17+19+21) = 20$$

$$\lim_{max} = 20 + 0.9 \times (23 - 17) = 25.4$$

$$\lim_{min} = 20 - 0.9 \times (23 - 17) = 14.6$$

因可疑数据 28 大于最大极限值 25.4，故应将 28 删去。

如一组测时数据中有两个误差大的可疑数据时，应从偏差最大的一个数字开始，连续进行检验（每次只能删去一个数据）。如一组测时数据中有两个以上的可疑数据时，应将这一组测时数据抛弃，重新进行观测。

（二）写实记录法

写实记录法是研究各种性质的工作时间消耗的方法，它把施工过程像照相一样如实地用文字、数字记录下来。写实记录法可用以研究所有种类的工作时间消耗，包括基本工作时间、辅助工作时间、不可避免的中断时间、准备与结束时间以及各种损失时间等。通过写实记录可以获得分析工作时间消耗和制定定额时所必需的全部资料。这种测定方法比较简便，用有秒针的普通表就可以进行，易于掌握，并能保证所需的精确度。因此，写实记录法在实际生产中得到广泛的应用。

1. 写实记录方法的分类

由一个人单独操作或产品数量可单独计算时，采用个人写实记录。如果由小组集体操作，而产品数量又无法单独计算时，可采用集体写实记录。

除分为个人写实和集体写实外，按记录时间的方法不同又可分为数示法、图示法和混合法三种。

数示法是在测定时直接用数字记录时间的方法。这种方法记录技术比较复杂，一般计时精确度要求高的项目可采用，它可同时对两个以内的工人或机器进行测定，适用组成部分较少而且比较稳定的施工过程。记录时间的精确度为 5～10s。观察的时间应记录在数示法写实记录表中，供分析用。

图示法是用图表的形式记录时间。记录时间的精度可达 30s。适用于观察 3 个以内的工人或机器共同完成某项施工过程。此种方法具有时间记录清楚，记录简便，整理快速准确等优点。因此在实际工作中，图示法较数示法的使用更为普遍。

混合法吸取了图示法和数示法的优点，经综合改进的一种写实记录的时间分析方法。用图示法表格记录所测施工过程各组成部分的延续时间，而完成每一组成部分的工人人数则用数字予以表示。这种方法适用于同时观察 3 个以上工人或机器工作时的集体写实记录。它的优点是比较经济，这一点是数示法和图示法都不能做到的。

2. 写实记录法的延续时间

它是指采用写实记录法进行测定时，测定每个施工过程或同时测定几个施工过程所需的总延续时间。延续时间的确定应立足于既不至消耗过多的时间，又能得到比较可靠和完善的结果。同时还必须注意：所测施工过程的广泛性和经济价值；已经达到的工效水平的稳定程度；同时测定不同类型施工过程的数目；被测定的工人人数；以及测定完成产品的可能次数等。这些因素在确定延续时间时均应认真加以考虑，这是一个比较复杂的问题。为便于测定人员确定写实记录法的延续时间，根据实践经验拟定表 3-3 供测定时参考使用。

应用表 3-3 确定延续时间时，须同时满足表中三项要求，如在第 2 项和第 3 项中，其中任一项达不到最低要求时，应酌情增加延续时间。表 3-3 适用于一般施工过程，如遇个别施工过程的单位产品所消耗的时间过长时，可适当减少表中测定完成产品的最低次数，同时还应酌情增加测定的总延续时间；如遇个别施工过程的单位产品所需时间过短时，则应适当增加测定完成产品的最低次数，并酌情减少测定的延续时间。下面举例说明确定延续时间的具体方法。

表 3 - 3　　　　　　　　　　　写实记录法最短测定延续时间表

序号	项　　目	同时测定施工过程的类型数	测定对象		
			单人的	集体的	
				2～3 人	4 人以上
1	被测定的个人或小组的最低数	任一数	3 人	3 个小组	2 个小组
2	测定总延续时间的最小值（h）	1	10	12	8
		2	23	18	12
		3	28	21	24
3	测定完成产品的最低次数	1	4	4	4
		2	6	6	6
		3	7	7	7

【例 3 - 3】　电焊 40mm 的圆钢筋，现同时测定平焊、立焊、仰焊三个类型的施工过程，求写实记录应观察的延续时间。

解：根据调查确定，由一个 4 级电焊工来完成此项工作，产品是按焊接个数计算的，每个接头的焊接长度均为已知数，焊接一个接头均消耗 0.36h。从表 3 - 3 第一项知，至少应观察 3 个人，应观测的总延续时间不少于 28h。

在测定的总延续时间内，可能完成产品的次数＝28÷0.36＝77（次）。

查表 3 - 3 第 3 项可得测定产品的最低次数为 7，而计算值为 77 次，所以，测定的总延续时间保持 28h 完全满足要求。

（三）工作日写实法

工作日写实法也是写实记录法的一种，它是以一个工作班的延续时间为一个测定单元，把工人或机器在整个工作班内按照时间顺序，把各种时间消耗情况详细记录下来，然后按工时分类把各种工时消耗归类，从而研究分析工时使用是否合理，以揭露工时损失的原因，便于采取措施消除工时损失，提高工时利用率和工作效率。它侧重于研究工作日的工时利用情况，总结推广先进生产者或先进班组的工时利用经验，同时还可以为制定劳动定额提供必需的准备和结束时间、休息时间和不可避免的中断时间的资料。采用工作日写实法研究工时利用的情况，是基层管理工作中挖潜力、反浪费，达到增产节约的一项有效措施。

根据写实对象的不同，工作日写实法可分为个人工作日写实、小组工作日写实和机械工作日写实三种。个人工作日写实是测定一个工人在工作日的工时消耗，这种方法最为常用。小组工作日写实是测定一个小组的工人在工作日内的工时消耗，它可以是相同工种的工人，也可以是不同工种的工人。前者是为了取得同工种工人的工时消耗资料，后者则主要是为了取得确定小组成员和改善劳动组织的资料。机械工作日写实是测定某一机械在一个台班内机械效能发挥的程度，以及配合工作的劳动组织是否合理，其目的在于最大限度地发挥机械的效能。

工作日写实用手表计时，记录方法同写实记录法一样有数字法、图表法、混合法，所不同的是工作日写实中属于工人的基本工作，辅助工作或属于机械的直接消耗时间，不要求作详细划分，而损失时间和其他各类时间，则要求详细按造成的原因划分组成部分。写实记录的原始资料应填入有关表格中。

工作日写实法的延续时间以一个工作日为准，如其他完成产品的时间消耗大于 8h，则应酌情延长观测时间。观测次数根据不同的要求确定，一般来说，如为了总结先进工人的工时利用经验，应测定 1～2 次；为了掌握工时利用情况或制定标准工时规范，应测定 3～5 次，为了分析造成损失的原因，改进施工管理，应测定 1～3 次，以取得所需要的有价值的资料。

（四）统计分析法

统计分析法是测定人工、材料和机械等利用效率的一种方法，一般应用统计学中抽样的原理来进行研究。用统计分析方法研究工时最先开始于 1934 年的英国，统计学家梯皮特（L. C. Tippett）第一次用抽样理论研究工作时间，以提高织布机的工作效率，这个过程称为"快读法"；20 世纪 40 年代该法被引入美国，得到了更广泛的应用和发展，发展以后的方法被称为"比例延迟法"，1956 年美国工业工程专家巴恩斯（R. M. Bernes）把这种方法又定名为"工作抽样法"。

这种被抽查的活动（抽样），可以是一个操作工人（或班组、或机械）在生产某一产品中的全部活动过程中每一活动的消耗时间，也可以是其中一项活动的消耗时间。因此，抽样完全可以由我们的调查目的和要求来决定，所以它具有以下优点：①抽查工作单一，观察人员思想集中，有利于提高调查的原始数据的质量；②所需的总时间较短，费用可以降低。工作抽查法的基本原理是概率论。在相同条件下，对于一系列的试验或观察，每次的试验和观察的可能结果不止一个，并在试验或观察之前无法预知它的确切结果，但在大量重复试验或观察下，它的结果却是呈现出某种规律性。这种规律就是观察结果符合统计规律。工作抽查法就是利用这个客观规律，在相同的条件下，重复工作的活动，对它进行若干次瞬时观察，从这些观察的结果便可认定该项活动是否正常；而累计更多次的瞬时观察结果，便可代表其全部情况。

1. 样本的取样和观察次数的确定

所谓样本，在这里就是对被观察对象的观察结果，首先对每一个观察对象的观察，在时间上应该是随机的，这样可以避免观察结果的虚假性，较大程度保持其真实性；其次，所选取的样本其工作条件应尽量一致，才能使将来观察的记录数据具有代表性；再次，观察对象的选择应该根据抽样的目的来确定。

总的来说，观察对象越多，对每一个观察对象的观察次数愈多，所得到的结果的正确程度越高。但观察次数越多，则所需要的时间就会越长，同时观察所需要的费用就会增加。因此，观察的次数应根据观察的目的及所要求的正确程度来确定。例如，要制定的某一项定额，制定以后在多大的范围内能经过努力完成呢？或者说此定额有多大程度上的真实性呢？这个程度就称为置信水平。置信水平以百分比表示，例如在 N 次的观察中，它的置信水平为 95%，即有 95% 的数据是比较接近真实的，也即在 N 次观察中真实数据的发生率达到 95%，于是在 N 个观察记录的数据中有 5% 的数据是偏离真实的，这就是精度。对于一般工程，工作的"纯生产率"取 40%～60%，置信水平取 95%。

观察次数 N 可按下式计算为

$$N = \frac{\lambda^2(1-P)}{S^2 P} \tag{3-5}$$

式中 N——随机观察的总次数；

     S——需求的精度；

     P——观察事件发生的概率；

     λ——参数，一般取 2 或 3。

式（3-5）中，从 S、P、N 三个数中，需求精度 S 可以事先根据观察的目的确定，但 P 和 N 仍是两个未知数，因此只能采用逐次逼近法求解。其方法是：先假定一个基值计算出第一个 N_1。然后经过相当时日的实际观察结果，又可获得一个新的 P_2 值，再代入式（3-5）中，求得第二个 N_2，再以 N_2 的观察次数及实际观察所得的 P 值代入公式反求 S，若求得的 S 较原定的精度小时，即可用最后的 P 值和反求的 S 值代入公式，求得所需的观察次数 N。

2. 观察期限和观察时刻的确定

在确定了观察次数以后，还应该确定观察的期限和观察的时刻。

观察期限是完成一项抽查任务的工作天数。观察期限一般是根据抽查工作的目的和重要性，以及观察任务的大小（即观察的次数 N）和观察人员的多少来确定。

当确定了观察期限（T 为工作日）后，即可按下式计算为

$$n = \frac{N}{T} \tag{3-6}$$

式中 n——每个工作日内的观察次数，次/工作日。

观察时刻是指在一个工作班内每一次观察的时刻。观察时刻的确定关系直接影响到观察结果的真实程度。因此，从理论上讲观察时刻应该是随机的。可以查用随机数表和工作抽查观察时刻对照表。

第四节   工程定额的编制方法

一、定额的编制原则

（一）平均合理的原则

定额水平应反映社会平均水平，体现社会必要劳动的消耗量，也就是在正常施工条件下，大多数工人和企业能够达到和超过的水平，既不能采用少数先进生产者、先进企业所达到的水平，也不能以落后的生产者和企业的水平为依据。

所谓定额水平，是指规定消耗在单位合格产品上的劳动、机械和材料数量的多少。定额水平要与建设阶段相适应，前期阶段（如可行性研究、初步设计阶段）定额水平宜反映平均水平，还要留有适当的余度；而用于投标报价的定额水平宜具有竞争力，合理反映企业的技术、装备和经营管理水平。

（二）基本准确的原则

定额是对千差万别的个别实践进行概括、抽象出一般的数量标准。因此，定额的

"准"是相对的，定额的"不准"是绝对的。我们不能要求定额编得与自己的实际完全一致，只能要求基本准确。定额项目（节目、子目）按影响定额的主要参数划分，粗细应恰当，步距要合理。定额计量单位、调整系数设置应科学。

（三）简明适用的原则

在保证基本准确的前提下，定额项目不宜过细过繁，步距不宜太小、太密，对于影响定额的次要参数可采用调整系数等办法简化定额项目，做到粗而准确，细而不繁，便于使用。

二、定额的编制方法

编制水利工程建设定额以施工定额为基础，施工定额由劳动定额、材料消耗定额和机械使用定额三部分组成。在施工定额基础上，编制预算定额和概算定额。根据施工定额综合编制预算定额时，考虑各种因素的影响，对人工工时和机械台时按施工定额分别乘以 1.10 和 1.07 的幅度差系数。由于概算定额比预算定额有更大的综合性和包含了更多的可变因素，因此以预算定额为基础综合扩大编制概算定额时，一般对人工工时和机械台时乘以不大于 1.05 的扩大系数。编制定额的基本方法有经验估算法、统计分析法、结构计算法和技术测定法。实际应用中常将这几种方法结合使用。

（一）经验估算法

经验估算法又称调查研究法。它是根据定额编制专业人员、工程技术人员和操作工人以往的实际施工及操作经验，对完成某一建筑产品分部工程所需消耗的人力、物力（材料、机械等）的数量进行分析、估计，并最终确定定额标准的方法。这种方法技术简单，工作量小，速度快，但精确性较差，往往缺乏科学的计算依据，对影响定额消耗的各种因素，缺乏具体分析，易受人为因素的影响。

（二）统计分析法

统计分析法是根据施工实际中的人工、材料、机械台班（时）消耗和产品完成数量的统计资料，经科学的分析、整理，剔去其中不合理的部分后，拟定成定额。这种方法简便，只要对过去的统计资料加以分析整理，就可以推算出定额指标。但由于统计资料不可避免地包含着施工生产和经营管理上的不合理因素和缺点，它们会在不同程度上影响定额的水平，降低定额工作的质量。所以，它也只适用于某些次要的定额项目以及某些无法进行技术测定的项目。

（三）结构计算法

结构计算法是一种按照现行设计规范和施工规范要求，进行结构计算，确定材料用量、人工及施工机械台班定额，这种方法比较科学，但计算工作量大，人工和台班（台时）还必须根据实际资料推算而定。

（四）技术测定法

技术测定法是根据现场测定资料制定定额的一种科学方法。其基本方法是：首先对施工过程和工作时间进行科学分析，拟定合理的施工工序，然后在施工实践中对各个工序进行实测、查定，从而确定在合理的生产组织措施下的人工、机械台班（台时）和材料消耗定额。这种方法具有充分的技术依据，合理性及科学性较强。但工作量大，技术复杂，普遍推广应用有一定难度，对于关键性的定额项目必须采用这种方法。

三、施工定额的编制

施工定额是直接应用于工程施工管理的定额，是编制施工预算、实行内部经济核算的依据，也是编制预算定额的基础。施工定额由劳动定额、材料消耗定额和施工机械台班或台时定额组成。根据施工定额，可以直接计算出各种不同工程项目的人工、材料和机械合理使用量的数量标准。

在施工过程中，正确使用施工定额，对于调动劳动者的生产积极性，开展劳动竞赛和提高劳动生产率以及推动技术进步，都有积极的促进作用。

（一）施工定额编制的原则和依据

1. 施工定额水平

施工定额水平是指在一定时期内的工程施工技术水平和条件下，定额规定的完成单位合格产品所消耗的人工、材料和施工机械的消耗标准。定额水平的高低与劳动生产率的高低成正比。劳动生产率高，则完成单位合格产品所需的人工、材料和机械台班（台时）就少，说明定额水平就高；反之，消耗大，定额水平就低。

在工程施工企业中，劳动生产率水平大致可分为三种情况：一是代表劳动生产率水平较高的先进企业和先进生产者；二是代表劳动生产率较低的落后企业和落后生产者；三是介于前两者之间，处于中间状态的企业和生产者。

施工定额是施工企业进行管理、考核和评定各班组及生产者劳动成果的依据，合理的施工定额应有利于调动劳动者的生产积极性，提高劳动效率，增产节约。因此，在确定施工定额水平时，既不能以少数先进企业和先进生产者所达到的水平为依据，也不能以落后企业及其生产者的水平为依据，而应该依据在正常的施工和生产条件下，大多数企业或生产者经过努力可以达到或超过，少数企业或生产者经过努力可以接近的水平，即平均先进水平。这个水平略高于企业和生产者的平均水平，低于先进企业的水平。实践证明，如果施工定额水平过高，大多数企业和生产者经过努力仍无法达到，则会挫伤生产和管理者的积极性；定额水平定得过低，企业和生产者不经努力也会达到和超额完成，则起不到鼓励和调动生产者积极性的作用。平均先进的定额水平，可望也可及，既有利于鼓励先进，又可以激励落后者积极赶上，有利于推动生产力向更高的水平发展。

定额水平有一定的时限性，随着生产力水平的发展，定额水平必须作相应的修订，使其保持平均先进的性质。但是，定额水平作为生产力发展水平的标准，又必须具有相对稳定性。定额水平如果频繁调整，会挫伤生产者的劳动积极性，在确定定额水平时，应注意妥善处理好这个问题。

2. 施工定额的编制原则

（1）确定施工定额水平要遵循平均先进的原则。

在确定施工定额时，要注意处理以下五个方面的关系：

1）要正确处理数量与质量的关系。要使平均先进的定额水平，不仅表现为数量，还包括质量，要在生产合格产品的前提下规定必要的劳动消耗标准。

2）合理确定劳动组织。劳动组织对完成施工任务和定额影响很大，它包含劳动组合的人数和技术等级两个因素。人员过多，会造成工作面过小和窝工浪费，影响完成定额水平；人员过少又会延误工期，影响工程进度。人员技术等级过低，低等级工人做高等级活，不易达到定额，也保证不了工程（产品）质量；人员技术等级过高，浪费技术力量，增加产品的人工成本。因此，在确定定额水平时，要按照工作对象的技术复杂程度和工艺要求，合理地配备劳动组织，使劳动组织的技术等级同工作对象的技术等级相适应，在保证工程质量的前提下，以较少的劳动消耗，生产较多的产品。

3）明确劳动手段和劳动对象。任何生产过程都是生产者借助劳动手段作用于劳动对象，不同的劳动手段（机具、设备）和不同的劳动对象（材料、构件），对劳动者的效率有不同的影响。确定平均先进的定额水平，必须针对具体的劳动手段与劳动对象。因此，在确定定额时，必须明确规定达到定额时使用的机具、设备和操作方法，明确规定原材料和构件的规格、型号、等级、品种质量要求等。

4）正确对待先进技术和先进经验。现阶段生产技术发展很不平衡，新的技术和先进经验不断涌现，其中有些新技术新经验虽已成熟，但只限于少数企业和生产者使用，没有形成社会生产力水平。因此，编制定额时应区别对待，对于尚不成熟的先进技术和经验，不能作为确定定额水平的依据，对于成熟的先进技术和经验，但由于种种原因没有得到推广应用，可在保留原有定额项目水平的基础上，同时编制出新的定额项目。一方面照顾现有的实际情况，另一方面也起到了鼓励先进的作用。对于那些已经得到普遍推广使用的先进技术和经验，应作为确定定额水平的依据，把已经提高了的并得到普及的社会生产力水平确定下来。

5）全面比较，协调一致。既要做到挖掘企业的潜力，又要考虑在现有技术条件下，能够达到的程度，使地区之间和企业之间的水平相对平衡，尤其要注意工种之间的定额水平，要协调一致，避免出现苦乐不均的现象。

（2）定额结构形式要结合实际、简明扼要。

1）定额项目划分要合理。要适应生产（施工）管理的要求，满足基层和工人班组签发施工任务书、考核劳动效率和结算工资及奖励的需要，并要便于编制生产（施工）作业计划。项目要齐全配套，要把那些已经成熟和推广应用的新技术、新工艺、新材料编入定额；对于缺漏项目要注意积累资料，组织测定，尽快补充到定额项目中。对于那些已过时，在实际工作中已不采用的结构材料、技术，则应删除。

2）定额步距大小要适当。步距是指定额中两个相邻定额项目或定额子目的水平差距，定额步距大，项目就少，定额水平的精确度就低；定额步距小，精确度高，但编制定额的工作量大，定额的项目使用也不方便。为了既简明实用，又比较精确，一般来说，对于主要工种、主要项目、常用的项目，步距要小些；对于次要工种、工程量不大或不常用的项目，步距可适当大些。对于手工操作为主的定额，步距可适当小些；而对于机械操作的定额，步距可略大一些。

3）定额的文字要通俗易懂，内容要标准化、规范化，计算方法要简便，容易为群众掌握运用。

（3）定额的编制要专业和实际相结合。

编制施工定额是一项专业性很强的技术经济工作，而且又是一项政策性很强的工作，需要有专门的技术机构和专业人员进行大量的组织、技术测定、分析和资料整理、拟定定额方案和协调等工作。同时，广大生产者是生产力的创造者和定额的执行者，他们对施工生产过程中的情况最为清楚，对定额的执行情况和问题也最了解。因此，在编制定额的过程中必须深入调查研究，广泛征求群众意见，充分发扬他们的民主权利，取得他们的配合和支持，这是确保定额质量的有效方法。

3. 施工定额的编制依据

（1）国家的经济政策和劳动制度。如工人技术等级标准、工资标准、工资奖励制度、工作日时制度、劳动保护制度等。

（2）有关规范、规程、标准、制度，如现行国家建筑安装工程施工验收规范、技术安全操作规程和有关标准图；全国水利水电建筑安装工程统一劳动定额及有关专业部门劳动定额；全国水利水电工程预算定额及有关专业部门的预算定额。

（3）技术测定和统计资料。主要指现场技术测定数据及工时消耗的单项和综合统计资料。技术测定数据和统计分析资料必须准确可靠。

（二）劳动定额

劳动定额是在一定的施工组织和施工条件下，为完成单位合格产品所必需的劳动消耗标准。劳动定额是人工的消耗定额，因此又称为人工定额。劳动定额按其表现形式不同又分为时间定额和产量定额。

1. 时间定额

时间定额也称为工时定额，是指在合理的劳动组织与一定的生产技术条件下，某种专业、某种技术等级的工人班组或个人，为完成单位合格产品所必须消耗的工作时间。定额时间包括准备时间与结束时间、基本生产时间、辅助生产时间、不可避免的中断时间及工人必需的休息时间。

时间定额的单位一般以"工日"、"工时"表示，一个工日表示一个人工作一个工作班，每个工日工作时间按现行制度为每个人 8h。其计算公式为

$$单位产品时间定额（工日或工时） = \frac{1}{每工日或工时产量} \qquad (3-7)$$

2. 产量定额

产量定额是指在合理的劳动组织与一定的生产技术条件下，某种专业、某种技术等级的工人组或个人，在单位时间内完成的合格产品数量。其计算公式为

$$每工日或工时产量 = \frac{1}{单位产品时间定额（工日或工时）} \qquad (3-8)$$

时间定额和产量定额互为倒数，使用过程中两种形式可以任意选择。在一般情况下，生产过程中需要较长时间才能完成一件产品，以采用工时定额较为方便；若需要时间不长的，或者在单位时间内产量很多，则以产量定额较为方便。一般定额中常常采用工时定额。

劳动定额是根据国家的经济政策、劳动制度和有关技术文件及资料制定的。制定劳动定额常用经验估计法、统计分析法、比例类推法和技术测定法。

（三）材料消耗定额

材料消耗定额是指在既节约又合理地使用材料的条件下，生产单位合格产品所必须消耗的材料数量，它包括合格产品上的净用量以及在生产合格产品过程中的合理的损耗量。

前者是指用于合格产品上的实际数量；后者指材料从现场仓库里领出，到完成合格产品的过程中的合理损耗量，包括场内搬运的合理损耗、加工制作的合理损耗、施工操作的合理损耗等。基本建设中建筑材料的费用约占建筑安装费用的 60％，因此节约而合理地使用材料具有重要意义。

水利水电工程使用的材料可分为直接性消耗材料和周转性消耗材料。材料消耗定额的编制方法有观察法、试验法、统计法和计算法。

1. 直接性消耗材料定额

根据工程需要直接构成实体的消耗材料，为直接性消耗材料，包括不可避免的合理损耗材料。单位合格产品中某种材料的消耗量等于该材料的净耗量和损耗量之和，即

$$材料消耗量 = 净耗量 + 损耗量 \qquad (3-9)$$

$$损耗率 = \frac{损耗量}{消耗量} \times 100\% \qquad (3-10)$$

材料的损耗量是指在合理和节约使用材料情况下的不可避免的损耗量，其多少常用损耗率来表示。之所以用损耗率这种形式表示材料损耗定额，主要是因为净耗量需要根据结构图和建筑产品图来计算或根据试验确定，往往在制定材料消耗定额时，有关图纸和试验结果还没有做出来，而且就是同样产品，其规格型号也各异，不可能在编制定额时把所有的不同规格的产品都编制材料损耗定额，否则这个定额就太繁琐了。用损耗率这种形式表示，则简单省事，在使用时只要根据图纸计算出净耗量，应用式（4-3）、式（4-4）就可以算出单位合格产品中某种材料的消耗量。计算公式如下

$$材料消耗量 = \frac{净耗量}{1 - 损耗率} \qquad (3-11)$$

材料消耗定额是编制物资供应计划的依据，是加强企业管理和经济核算的重要工具，是企业确定材料需要量和储备量的依据，是施工队向工人班组签发领料的依据，是减少材料积压、浪费，促进合理使用材料的重要手段。

2. 周转性材料消耗量

前面介绍的是直接消耗在工程实体上的各种建筑材料、成品、半成品，还有一些材料是施工作业用料，也称为施工手段用料，如脚手架、模板等。这些材料在施工中并不是一次消耗完，而是随着使用次数的增加而逐渐消耗，并不断得到补充，多次周转。这些材料称为周转性材料。

周转性材料的消耗量，应按多次使用、分次摊销的方法进行计算。周转性材料每一次在单位产品上的消耗量，称为周转性材料摊销量。周转性材料摊销量与周转次数有直接关系。

（1）现浇混凝土结构模板摊销量的计算

$$摊销量 = 周转使用量 - 周转回收量 \qquad (3-12)$$

$$周转使用量 = \frac{一次使用量 + 一次使用量 \times （周转次数 - 1） \times 损耗率}{周转次数} \qquad (3-13)$$

$$周转回收量 = 一次使用量 \times \frac{1 - 损耗率}{周转次数} \qquad (3-14)$$

式中　一次使用量——周转材料为完成产品每一次生产时所需要的材料数量；

损耗率——周转材料使用一次后因损坏而不能复用的数量占一次使用量的比例；

周转次数——指新的周转材料从第一次使用起到材料不能再使用时的次数。

周转次数的确定是制定周转性材料消耗定额的关键。影响周转次数的因素有：材料性质（如木质材料在 6 次左右，而金属材料可达 100 次以上），工程结构、形状、规格，操作技术，施工进度，材料的保管维修等。确定材料的周转次数，必须经过长期现场观测，获得大量的统计资料，按平均合理的水平确定。

（2）预制混凝土构件模板摊销量的计算。在水利工程定额中，预制混凝土构件模板摊销量的计算方法与现浇混凝土结构模板摊销量的计算方法不同，预制混凝土构件的模板摊销量是按多次使用平均摊销的计算方法，不计算每次周转损耗率，摊销量直接按下式计算

$$摊销量 = \frac{一次使用量}{周转次数} \tag{3-15}$$

（四）机械台班使用定额

机械台班使用定额是施工机械生产效率的反映。在合理使用机械和合理的施工组织条件下，完成单位合格产品所必须消耗的机械台班的数量标准，称为机械台班使用定额，也称为机械台班消耗定额。

机械台班消耗定额的数量单位，一般用"台班"、"台时"或"机组班"表示。一个台班是指一台机械工作一个工作班，即按现行工作制工作 8h。一个台时是指一台机械工作 1h。一个机组班表示一组机械工作一个工作班。

机械台班使用定额与劳动消耗定额的表示方法相同，有时间和产量两种定额。

1. 机械时间定额

机械时间定额就是在正常的施工条件和劳动组织条件下，使用某种规定的机械，完成单位合格产品所必须消耗的台班数量，用下式计算

$$机械时间定额（台班或台时） = \frac{1}{机械台班或台时产量定额} \tag{3-16}$$

2. 机械产量定额

机械产量定额就是在正常的施工条件和劳动组织条件下，某种机械在一个台班或台时内必须完成单位合格产品的数量，所以机械时间定额和机械产量定额互为倒数。

四、预算定额的编制

预算定额是确定一定计量单位的分项工程或构件的人工、材料和机械台班消耗量的数量标准。全国统一预算定额由国家计委或其授权单位组织编制、审批并颁发执行。专业预算定额由专业部委组织编制、审批并颁发执行。地方定额由地方业务主管部门会同同级计委组织编制、审批并颁发执行。

预算定额是编制施工图预算的依据。建设单位按预算定额的规定，为建设工程提供必要的人力、物力和资金供应；施工单位则在预算定额范围内，通过施工活动，保证按期完成施工任务。

（一）预算定额编制的原则和依据

1. 预算定额的编制原则

（1）按社会必要劳动时间确定预算定额水平。在市场经济条件下，预算定额作为确定建

设产品价格的工具，应遵照价值规律的要求，按产品生产过程中所消耗的必要劳动时间确定定额水平，注意反映大多数企业的水平。在现实的中等生产条件、平均劳动熟练程度和平均劳动强度下，完成单位的工程基本要素所需要的劳动时间，是确定预算定额的主要依据。

（2）简明适用、严谨准确。定额项目的划分要做到简明扼要、使用方便，同时要求结构严谨，层次清楚，各种指标要尽量固定，减少换算，少留"活口"，避免执行中的争议。

2. 预算定额的编制依据

（1）现行施工定额。现行预算定额应该在现行施工定额的基础上进行编制，只有参考现行施工定额，才能保证二者的协调性和可比性。

（2）现行的设计规范、施工及验收规范、质量评定标准和安全操作规程。这些文件是确定设计标准和设计质量、施工方法和施工质量、保证安全施工的法规，确定预算定额，必须考虑这些法规的要求和规定。

（3）有关科学实验、测定、统计和经验分析资料，新技术、新结构、新材料、新工艺和先进经验等资料。

（4）现行的预算定额、过去颁发的预算定额和有关单位颁发的预算定额及其编制的基础材料。

（5）常用的施工方法和施工机具性能资料、现行的工资标准、材料市场价格与预算价格。

（二）预算定额与施工定额的关系

预算定额是以施工定额为基础的。但是，预算定额不能简单地套用施工定额，必须考虑到它比施工定额包含了更多的可变因素，需要保留一个合理的幅度差。此外，确定两种定额水平的原则是不相同的。预算定额是社会平均水平，而施工定额是平均先进水平。因此，确定预算定额时，水平要相对低一些，一般预算定额水平要低于施工定额 5%～7%。

预算定额比施工定额包含了更多的可变因素，这些因素有以下三种：

（1）确定劳动消耗指标时考虑的因素。包括：①工序搭接的停歇时间；②机械的临时维修、小修、移动等所发生的不可避免的停工损失；③工程检查所需的时间；④细小的难以测定的不可避免工序和零星用工所需的时间等。

（2）确定机械台班消耗指标需要考虑的因素。包括：①机械在与手工操作的工作配合中不可避免的停歇时间；②在工作班内机械变换位置所引起的难以避免的停歇时间和配套机械相互影响的损失时间；③机械临时性维修和小修引起的停歇时间；④机械的偶然性停歇，如临时停水、停电、工作不饱和等所引起的间歇；⑤工程质量检查影响机械工作损失的时间。

（3）确定材料消耗指标时，考虑由于材料质量不符合标准或材料数量不足，对材料耗用量和加工费用的影响。这些不是由施工企业的原因造成的。

（三）预算定额的编制步骤和方法

1. 编制预算定额的步骤

（1）组织编制小组，拟定编制大纲，就定额的水平、项目划分、表示形式等进行统一研究，并对参加人员、完成时间和编制进度作出安排。

（2）调查熟悉基础资料，按确定的项目和图纸逐项计算工程量，并在此基础上，对有关规范、资料进行深入分析和测算，编制初稿。

（3）全面审查，组织有关基本建设部门讨论，听取基层单位和职工的意见，并通过新旧预算定额的对比，测算定额水平，对定额进行必要的修正，报送领导机关审批。

2. 编制预算定额的方法

（1）划分定额项目，确定工作内容及施工方法。预算定额项目应在施工定额的基础上进一步综合。通常应根据建筑的不同部位、不同构件，将庞大的建筑物分解为各种不同的、较为简单的、可以用适当计量单位计算工程量的基本构造要素。做到项目齐全、粗细适度、简明实用。同时，根据项目的划分，确定预算定额的名称、工作内容及施工方法，并使施工和预算定额协调一致，以便于相互比较。

（2）选择计量单位。为了准确计算每个定额项目中的消耗指标，并有利于简化工程量计算，必须根据结构构件或分项工程的特征及变化规律来确定定额项目的计量单位。若物体有一定厚度，而长度和宽度不定时，采用面积单位，如层面、地面等；若物体的长、宽、高均不一定时，则采用体积单位，如土方、砖石、混凝土工程等；若物体断面形状、大小固定，则采用长度单位，如管道、钢筋等。

（3）计算工程量。选择有代表性的图纸和已确定的定额项目计量单位，计算分项工程的工程量。

（4）确定人工、材料、机械台班的消耗指标。预算定额中的人工、材料、机械台班消耗指标，是以施工定额中的人工、材料、机械台班消耗指标为基础，并考虑预算定额中所包括的其他因素，采用理论计算与现场测试相结合、编制定额人员与现场工作人员相结合的方法确定的。

（四）预算定额项目消耗指标的确定

1. 人工消耗指标的确定

预算定额中，人工消耗指标包括完成该分项工程必需的各种用工量。而各种用工量根据对多个典型工程测算后综合取定的工程量数据和水利部颁发的《全国水利水电建筑安装工程统一劳动定额》计算求得。预算定额中，人工消耗指标是由基本用工和其他用工两部分组成的。

（1）基本用工。基本用工是指为完成某个分项工程所需的主要用工量。例如，砌筑各种墙体工程中的砌砖、调制砂浆以及运砖和运砂浆的用工量。此外，还包括属于预算定额项目工作内容范围内的一些基本用工量，例如在墙体中的门窗洞、预留抗震柱孔、附墙、烟囱等工作内容。

（2）其他用工。是辅助基本用工消耗的工日或工时，按其工作内容分为三类：一是人工幅度差用工，是指在劳动定额中未包括的、而在一般正常施工情况下又不可避免的一些工时消耗。例如，施工过程中各种工种的工序搭接、交叉配合所需的停歇时间、工程检查及隐蔽工程验收而影响工人的操作时间、场内工作操作地点的转移所消耗的时间及少量的零星用工等。二是超运距用工，是指超过劳动定额所规定的材料、半成品运距的用工数量。三是辅助用工，是指材料需要在现场加工的用工数量，如筛砂子等需要增加的用工数量。

2. 材料消耗指标的确定

材料消耗指标是指在正常施工条件下，用合理使用材料的方法，完成单位合格产品所必须消耗的各种材料、成品、半成品的数量标准。

（1）材料消耗指标的组成。预算中的材料用量由材料的净用量和材料的损耗量组成。预算定额内的材料，按其使用性质、用途和用量大小划分为主要材料、次要材料和周转性材料。

（2）材料消耗指标的确定。它是在编制预算定额方案中已经确定的有关因素（如工程项目划分、工程内容范围、计量单位和工程量的计算）的基础上，可采用观测法、试验法、统计法和计算法确定。首先确定出材料的净用量，然后确定材料的损耗率，计算出材料的消耗量，并结合测定的资料，采用加权平均的方法计算出材料的消耗指标。

3. 机械台班消耗量的确定

（1）编制依据。预算定额中的机械台班消耗指标是以台时为单位计算的，有的按台班计算，一台机械工作 8h 为一个台班，其中：①以手工操作为主的工人班组所配备的施工机械（如砂浆、混凝土搅拌机，垂直运输的塔式起重机）为小组配合使用，因此应以小组产量计算机械台班量或台时量；②机械施工过程（如机械化土石方工程、打桩工程、机械化运输及吊装工程所用的大型机械及其他专用机械）应在劳动定额中的台班定额或台时定额的基础上另加机械幅度差。

（2）机械幅度差。机械幅度差是指在劳动定额中机械台班或台时耗用量中未包括的，而机械在合理的施工组织条件下所必需的停歇时间。这些因素会影响机械的生产效率，因此应另外增加一定的机械幅度差的因素，其内容包括：①施工机械转移工作面及配套机械互相影响损失的时间；②在正常施工情况下，机械施工中不可避免的工序间歇时间；③工程质量检查影响机械的操作时间；④临时水、电线路在施工中移动位置所发生的机械停歇时间；⑤施工中工作面不饱满和工程结尾时工作量不多而影响机械的操作时间等。

机械幅度差系数，从本质上讲就是机械的时间利用系数，一般根据测定和统计资料取定。在确定补充机械台班费时，大型机械可参考以下幅度差系数：土方机械为 1.25，打桩机械为 1.33，吊装机械为 1.30。其他分项工程机械，如木作、蛙式打夯机、水磨石机等专用机械，均为 1.10。

（3）预算定额中机械台班消耗指标的计算方法

具体有以下三种指标：

1）操作小组配合机械台班消耗指标。操作小组和机械配合的情况很多，如起重机、混凝土搅拌机等，这种机械，计算台班消耗指标时以综合取定的小组产量计算，不另计机械幅度差，即

$$机械台班消耗指标 = \frac{分项定额的计算单位量}{小组总产量} \qquad (3-17)$$

$$小组总产量 = 小组总人数 \times \sum(分项计算取定的比重 \times 劳动定额综合每工产量数)$$

$$\qquad (3-18)$$

2）按机械台班产量计算机械台班消耗量。大型机械施工的土石方、打桩、构件吊装、运输等项目机械台班消耗量按劳动定额中规定的各分项工程的机械台班产量计算，再加上机械幅度差，即

$$大型机械台班消耗量 = \frac{工序工程量}{机械台班产量定额} \times (1 + 机械幅度差) \qquad (3-19)$$

式中，机械幅度差一般为 20%～40%。

3）打夯、钢筋加工、木作、水磨石等各种专用机械台班消耗指标。专用机械台班消耗指标，有的直接将值计入预算定额中，也有的以机械费表示，不列入台班数量。其计算公式为

$$台班产量 = 机械配备人数 \times 每工产量 \tag{3-20}$$

$$台班消耗量 = \frac{计量单位值}{台班产量} \times (1 + 机械幅度差) \tag{3-21}$$

五、概算定额的编制

水利水电工程概算定额也叫扩大结构定额，它规定了完成一定计量单位的扩大结构构件或扩大分项工程的人工、材料和机械台班的数量标准。

概算定额是以预算定额为基础，根据通用图和标准图等资料，经过适当综合扩大编制而成的。定额的计量单位为体积（m^3）、面积（m^2）、长度（m），或以每座小型独立构筑物计算，定额内容包括人工工日或工时、机械台班或台时、主要材料耗用量。

（一）概算定额的内容和编制依据

1. 概算定额的内容

概算定额一般由目录、总说明、工程量计算规则、分部工程说明或章节说明、有关附录或附表等组成。

在总说明中主要阐明编制依据、使用范围、定额的作用及有关统一规定等。在分部工程说明中主要阐明有关工程量计算规则及本分部工程的有关规定等。在概算定额表中，分节定额的表头部分列有本节定额的工作内容及计量单位，表格中列有定额项目的人工、材料和机械台班消耗量指标。

2. 概算定额的编制依据

（1）现行的设计标准及规范、施工验收规范。

（2）现行的工程预算定额和施工定额。

（3）经过批准的标准设计和有代表性的设计图纸等。

（4）人工工资标准、材料预算价格和机械台班费用等。

（5）有关的工程概算、施工图预算、工程结算和工程决算等经济资料。

3. 概算定额的作用

（1）是编制初步设计、技术设计的设计概算和修正设计概算的依据。

（2）是编制机械和材料需用计划的依据。

（3）是进行设计方案经济比较的依据。

（4）是编制建设工程招标标底、投标报价、评定标价以及进行工程结算的依据。

（5）是编制投资估算指标的基础。

（二）概算定额的编制步骤和编制方法

1. 概算定额的编制步骤

概算定额的编制步骤一般分为三个阶段：编制概算定额准备阶段、编制概算定额初审阶段和审查定稿阶段。

（1）编制概算定额准备阶段。确定编制定额的机构和人员组成，进行调查研究，了解现行的概算定额执行情况和存在的问题，明确编制目的，并制定概算定额的编制方案和划

分概算定额的项目。

（2）编制概算定额初审阶段。根据所制定的编制方案和定额项目，在收集资料和整理分析各种测算资料的基础上，根据选定有代表性的工程图纸计算出工程量，套用预算定额中的人工、材料和机械消耗量，再加权平均得出概算项目的人工、材料、机械的消耗指标，并计算出概算项目的基价。

（3）审查定稿阶段。对概算定额和预算定额水平进行测算，以保证两者在水平上的一致性。如与预算定额水平不一致或幅度差不合理，则需要对概算定额做必要的修改，经定稿批准后，颁布执行。

2. 概算定额的编制方法

概算定额的编制原则、编制方法与预算定额基本相似，由于在可行性研究阶段及初步设计阶段，设计资料尚不如施工图设计阶段详细和准确，设计深度也有限，要求概算定额具有比预算定额更大的综合性，所包含的可变因素更多。因此，概算定额与预算定额之间允许有5%以内的幅度差。在水利工程中，从预算定额过渡到概算定额，一般采用的扩大系数为1.03。

第五节　工程定额的应用

一、专业对口的原则

水利水电工程除水工建筑物和水利水电设备外，一般还有房屋建筑、公路、铁路、输电线路、通信线路等永久性设施。水工建筑物和水利水电设备安装应采用水利、电力主管部门颁发的定额。其他永久性工程应分别采用所属主管部门颁发的定额，如铁路工程应采用铁道部颁发的铁路工程定额，公路工程采用交通部颁发的公路工程定额。

二、设计阶段对口的原则

可研阶段编制投资估算应采用估算指标；初设阶段编制概算应采用概算定额；施工图设计阶段编制施工图预算应采用预算定额。如因本阶段定额缺项，须采用下一阶段定额时，应按规定乘过渡系数。按现行规定，采用概算定额编制投资估算时，应乘1.10的过渡系数，采用预算定额编制概算时应乘1.03的过渡系数。

三、工程定额与费用定额配套的使用

在计算各类永久性设施工程时，采用的工程定额除应执行专业对口的原则外，其费用定额也应遵照专业对口的原则，与工程定额相适应。如采用公路工程定额计算永久性公路投资时，应相应采用交通部颁发的费用定额。对于实行招标承包制工程，编制工程标底时，应按照主管部门批准颁发的综合定额和扩大指标，以及相应的间接费定额的规定执行。施工企业投标、报价可根据条件适当浮动。

第六节　企业定额的编制与管理

一、编制与使用企业定额的意义

企业定额是指施工企业根据本企业的技术水平和管理水平，编制完成单位合格产品所必需的人工、材料和施工机械台班的消耗量，以及其他生产经营要素消耗的标准数量，供本企业进行工程估价及生产管理使用。企业定额反映企业自身实际的施工生产与生产消耗之间的数量关系，不仅能反映企业的劳动生产率和技术装备水平，同时也是衡量企业管理水平的标尺，是企业加强集约经营、精细管理的前提和主要手段。

准确地估计水利水电工程的成本是成功报价的前提，而成本的估计有赖于采用与企业实际消费水平一致的消耗量指标。同一个工程项目，同样的工程数量，各投标人的成本是不完全一样的，这体现了企业之间个别成本的差异，形成企业之间整体实力的竞争。如以国家或行业制定的社会定额作为进行施工管理、工料分析和计算施工成本的依据，便无法真实地体现企业的个别成本，从而会降低工料分析与投标报价的准确程度。为了适应竞争性投标报价和企业管理的需要，施工企业应建立起反映企业自身施工管理水平和技术装备程度的企业定额。

二、企业定额的构成及表现形式

企业定额应包括工程实体性消耗定额、措施性消耗定额和费用定额。

企业定额的构成及表现形式应视编制的目的而定，可参照社会定额也可采用灵活多变的形式，以满足需要和便于使用为准。例如，企业定额的编制目的如果是为了控制工耗和计算工人劳动报酬，应采取劳动定额的形式；如果是为了企业进行工程成本核算，以及为投标报价提供依据，则应采取用施工定额或定额估价表的形式。其构成及表现形式主要有以下几种：

（1）企业劳动定额。

（2）企业材料消耗定额。

（3）企业机械台班使用定额。

（4）企业机械台班租赁价格。

（5）企业周转材料租赁价格。

表 3-4、表 3-5 是某企业的劳动定额及消耗量定额的表现形式。

表 3-4　　　　　　　　　　某企业劳动定额的表现形式

序号	项目名称	单位	定额用工（工日）	下限单价（元）	上限单价（元）	工作内容
模 板 工 程						
5-2	各种基础支模	m²	0.22	4.84	5.5	场内运输、人力垂运、搭架子、组装模板、看盒子、拆除、分类堆放、刷隔离剂等。模板安拆的比例为 72%、28%
5-3	柱梁支模	m²	0.32	7	10	
5-4	板支模	m²	0.18	5	7	
钢 筋 工 程						
4-1	钢筋制作、绑扎	t	9	180	210	钢筋运输、垂运、场内制作、绑扎、打混凝土看钢筋、钢筋制作与绑扎的比例为 40%、60%。住宅楼施工时，其单价乘以 1.2

表 3 - 5 **某企业消耗量定额表现形式**

定额编号　　　　　项目名称：浆砌石重力坝块石　　　　　　　　定额单位：100m³

定额内容	材料名称	单位	消耗量
人工	综合工日	工日	120
材料	水泥砂浆	m³	38.40
	块石	m³	140.11
机械	灰浆搅拌机 400l	台班	5.2
	双胶轮车	台班	49.9
	电动卷扬机 15t	台班	1.05
	V 型斗车 1m³	台班	2.11
	其他费用	%	1

三、企业定额的编制步骤

企业定额的编制过程是一个系统而又繁杂的过程，一般包括以下步骤：

1. 制定编制计划

一般包括以下内容：

（1）企业定额编制的目的。

企业定额编制的目的一定要明确，因为编制的目的决定了企业定额的适用性，同时也决定了企业定额的表现形式。

（2）定额水平的确定原则。

定额水平的确定，是企业定额能否实现编制目的的关键。定额水平过高，背离企业现有水平，企业内多数施工班组、工人通过努力仍然达不到定额水平，不仅不利于定额在本企业内推行，还会挫伤管理者和劳动者双方的积极性；定额水平过低，起不到鼓励先进和督促落后的作用，而且对项目成本核算和企业参与市场竞争不利。

企业定额应形式灵活、简明适用，并具有较强的可操作性，以满足投标报价与企业内部管理的要求。

（3）确定编制方法和定额形式。

定额的编制方法很多，对不同形式的定额，其编制方法也不相同。例如，劳动定额的编制方法有：技术测定法、统计分析法、类比推算法、经验估算法等；材料消耗定额的编制方法有观察法、试验法、统计法等。因此，定额编制究竟采取哪种方法应根据具体情况而定。企业定额编制通常采用的方法一般有两种：定额测算法和方案测算法。

（4）成立专门机构，由专人负责。

企业定额的编制工作是一个系统性的工程，在定额编制工作开始时，就应设置一个专门的机构，并由专人负责。而定额的编制则应由定额管理人员，现场管理人员和技术工人组成的"三合一"小组来完成。

（5）明确应收集的数据和资料。

定额在编制时要搜集大量的基础数据和各种法律、法规、标准、规程、规范文件、规定等，这些资料都是定额编制的依据。所以，在编制计划书中，要制定一份按门类划分的资料明细表。在明细表中，除一些必须采用的法律、法规、标准、规程、规范资料外，应根据企业自身的特点，选择一些能够取得适合本企业使用的基础性数据资料。

（6）确定编制进度目标。

定额的编制工作量大，不可能一下子完成，所以，应确定一个合理的工期和进度计划表，可根据定额项目使用的几率有重点的编制，采用循序渐进，逐步完善的方式完成。这样，既有利于编制工作的开展，又能保证编制工作的效率和及时的投入使用。

2．搜集资料、调查、分析、测算和研究

搜集的资料包括：

（1）有关水利水电工程的设计规范、施工及验收规范、工程质量检验评定标准和安全操作规程。

（2）现行的通用标准设计图集、定型设计图纸、具有代表性的设计图纸，并根据上述资料计算工程量，作为编制定额的依据。

（3）现行社会定额，包括基础定额、预算定额及相应的工程量计算规则。

（4）本企业近几年各工程项目的财务报表、公司财务总报表，以及历年收集的各类经验数据。

（5）本企业近几年所完成工程项目的施工组织设计、施工方案，以及工程成本资料与结算资料。

（6）企业现有机械设备状况、机械效率、寿命周期和价格，机械台班租赁价格行情。

（7）本企业近几年所采用的主要施工方法。

（8）本企业目前工人技术素质、构成比例。

（9）有关的技术测定和经济分析数据。

（10）企业现有的组织机构、管理制度、管理人员的数量及管理水平。

资料收集后，要对上述资料进行分类整理、分析、对比、研究和综合测算，提取可供使用的各种技术数据。内容包括：企业整体水平与定额水平的差异；现行法律、法规，以及规程规范对定额的影响；新材料、新技术对定额水平的影响等。

3．拟定编制企业定额的工作方案与计划

主要包括以下内容：

（1）根据编制目的，确定企业定额的内容及专业划分。

（2）确定企业定额的册、章、节的划分和内容的框架。

（3）确定企业定额的结构形式及步距划分原则。

（4）具体参编人员的工作内容、职责、要求。

4．企业定额初稿的编制

（1）确定企业定额的定额项目及其内容。企业定额项目及其内容的编制，就是根据定额的编制目的及企业自身的特点，本着内容简明适用、形式结构步距合理的原则划分定额项目。同时应对定额项目的工作内容做简明扼要的说明。

（2）确定定额的计量单位。分项工程计量单位的确定一定要合理，设置时应根据分项工程的特点，本着准确、贴切、方便计量的原则设置。定额的计量单位包括物理计量单位如 m、km、m²、m³、kg、t 等和自然计量单位如台、套、个、件、组等。一般来说，企业定额的计量单位应尽量与统一定额的计量单位相一致。

（3）确定企业定额指标。确定企业定额指标是企业定额编制的重点和难点。企业定额指标的编制，应根据企业采用的施工方法、新材料的替代以及机械装备的装配和管理模式，结合搜集整理的各类基础资料进行确定。企业定额指标包括人工消耗指标、材料消耗指标和机械台班消耗指标等。具体的确定方法见本章第四节。

（4）编制企业定额项目表。分项工程的人工、材料和机械台班的消耗量确定以后，接下来就可以编制企业定额项目表了。具体地说，就是编制企业定额表中的各项内容。企业定额项目表是企业定额的主体部分，它由表头栏和人工栏、材料栏、机械栏组成。表头部分用以表述各分项工程的结构形式、材料做法和规格档次等。

定额项目表应按分部工程归类，按分项工程子目编排。也就是说，按施工的程序，遵循章、节、项目和子目等顺序编排。定额项目表中，大部分是以分部工程为章，把单位工程中性质相近，且材料大致相同的施工对象编排在一起。每章（分部工程）中，按工程内容施工方法和使用的材料类别的不同，分成若干个节（分项工程）。在每节（分项工程）中，可以分成若干项目，在项目下边，还可以根据施工要求、材料类别和机械设备型号的不同，细分成不同子目。

（5）编制企业定额相关项目的说明。企业定额相关项目的说明包括：前言、总说明、目录、分部（或分章）说明、建筑面积计算规则、工程量计算规则、分项工程工作内容等。

（6）企业定额估价表的编制。企业根据投标报价工作的需要，可以编制企业定额估价表。企业定额估价表是在人工、材料、机械台班三项消耗量的企业定额的基础上，用货币形式表达每个分项工程及其子目的定额单位估价的计算表格。企业定额估价表的人工、材料、机械台班单价是通过市场调查确定的。

5. 评审及修改

评审及修改主要是通过对比分析、试用等方法，对定额的水平、使用范围、结构及内容的合理性，以及存在的缺陷进行综合评估，并根据评审结果对定额进行修正。

四、企业定额的编制方法

1. 人工定额消耗量的确定

制定人工定额常用方法有经验估工法、统计分析法、数理统计法、比例类推法和技术测定法等。对于企业定额应充分利用历史工程资料及其数据，采用统计分析或数理统计法制定。

【**例 3-4**】　某公司瓦工班浆砌砖墩墙用工量统计资料见表 3-6。利用统计分析法计算该公司浆砌墩墙的劳动定额。

表 3-6　　　　　　　　　　　　墩 墙 用 工 量 统 计 表

	单位	瓦工一班	瓦工二班	瓦工三班	瓦工四班	瓦工五班	合计
产量（一砖半墙）	m³	20.59	22.71	23.14	18.12	25.42	109.98
实际用工数	工日	18.5	19	20	17.5	23.5	98.5
单位产量用工数	工日	1.113	1.195	1.157	1.035	1.082	1.117

解：(1) 计算平均值

$$\bar{t} = \frac{1.113 + 1.195 + 1.157 + 1.035 + 1.082}{5} = \frac{5.582}{5} = 1.117 \ (\text{工日}/\text{m}^3)$$

(2) 采用下式计算平均先进值

$$\bar{t}_0 = \frac{\bar{t} + \bar{t}_n}{2} \tag{3-22}$$

式中　$\bar{t}_0$——二次平均后的平均先进值；

　　　$\bar{t}$——全数平均值；

　　　$\bar{t}_n$——小于全数平均值的各数值（对于时间定额）或大于全数平均值的各数值（对于产量定额）的平均值。代入已知数据，得

$$\bar{t}_n = \frac{1.113 + 1.195 + 1.035}{3} = \frac{3.344}{3} = 1.115 \ (\text{工日}/\text{m}^3)$$

$$\bar{t}_0 = \frac{1.117 + 1.115}{2} = 1.116 \ (\text{工日}/\text{m}^3)$$

采用这种方法制定定额，其准确性在很大程度上取决于所选资料的准确程度。因此，所选的统计资料应尽可能满足以下要求：①所统计的工作班组应在先进合理的施工技术和施工组织下工作；②所选的班组只限于完成定额以内的工作；③统计资料的时间、条件不能与制定定额的时间、条件相差太远。

对于品种多，工程量少，施工时间短，以及一些不常用的项目等可采用经验估工法制定。由于受估工人员的经验和水平的局限，同一项目的定额，有时会提出几种不同水平的定额，为提高估工的精度，常用"三点估计法"，即先估计某施工过程或工序的工时消耗量的三个不同水平的数值：先进的（乐观估计）为 a，一般的（最大可能）为 m，保守的（悲观估计）为 b，根据统筹法的原理，求平均值 $\bar{t}$，即

$$\bar{t} = \frac{a + 4m + b}{6} \tag{3-23}$$

【例 3-5】　在讨论某一定额条目时，估出了三种不同的工时消耗，先进的工时消耗为 6h，保守的工时消耗为 14 h，一般的工时消耗为 7 h。试求：①如果要求在 9.3 h 内完成，其完成任务的可能性有多少？②要完成任务的可能性 $p(\lambda) = 90\%$，则下达的工时定额应是多少？

解：(1) $a = 6\text{h}$，$b = 14\text{h}$，$m = 7\text{h}$，$t = 9.3\text{h}$，则

$$\bar{t} = \frac{6 + 4 \times 7 + 14}{6} = 8(\text{h})$$

$$\sigma = \left| \frac{6 - 14}{6} \right| = 1.3(\text{h})$$

$$\lambda = \frac{t - \bar{t}}{\sigma} = \frac{9.3 - 8}{1.3} = 1$$

由 $\lambda = 1$。从正态分布表中查得对应的 $p(\lambda) = 0.841$，即在给定工时消耗为 9.3h 时，完成任务的可能性为 84.13%。

(2) 由 $p(\lambda) = 90\%$，从正态分布表中查得 $\lambda = 1.3$，则

$$t = 8 + 1.3 \times 1.3 = 9.7(h)$$

即当要求完成任务的可能性为用 $p(\lambda) = 90\%$ 时，工时定额为9.7h。

2. 确定材料定额消耗量的基本方法

材料净用量定额和材料损耗定额的消耗量可通过现场技术测定、实验室试验、现场统计和理论计算等方法获得。

现场技术测定法的优点是能通过现场观察、测定，可以明确分析哪些是不可避免的材料损耗，哪些是可以避免的材料损耗。从而可以准确地确定材料的损耗率和符合实际材料消耗定额。这种方法主要用于测定材料的损耗率，即

$$材料的损耗率 = \frac{实测材料消耗量 - 按图纸计算的材料净耗量}{实测材料的消耗量} \quad (3-24)$$

现场统计法，是通过对现场进料、领料、退料和完成工程量的统计资料进行分析计算，获得材料消耗的数据，即

$$单位产品材料消耗量 = \frac{开工时材料的领料量 - 完工后材料的退料量}{完成的工程量} \quad (3-25)$$

这种方法简单易行，但由于不能分清材料消耗的性质，数字的准确性差。因此，应结合施工过程记录经分析研究后确定材料消耗量。

对于现浇混凝土模板等周转性材料，关键是确定不同结构构件每定额单位的一次用量指标和在不同结构部位的周转次数、补损率等。

3. 机械台班定额消耗量的确定

在水利水电工程施工中使用的机械多数为自有机械，但也由少部分的租赁机械。在制定企业机械使用定额时，应重点了解不同的机械设备的性能和在不同施工条件下的工作效率、公司的机械使用制度和机械的时间利用率。即使型号规格相同的机械，由于生产厂家不同、新旧程度不同、使用与保养制度不同，其生产效率可能有很大的差别。

【例3-6】 使用400L的混凝土搅拌机搅拌混凝土，每一次的搅拌时间为：上料0.5min，出料0.5min，搅拌2min，共计3min。机械正常时间利用系数为0.87，每次搅拌产量为 $0.25m^3$。配合机械施工方式和劳动组织为：砂、石和水泥采用双轮车运输，人工上料。后台上料10人，前台扒溜子1人，搅拌机司机1人，共12人。试计算该搅拌机台班产量定额和时间定额。

解：（1）已知：混凝土搅拌机属循环动作机械，工作方式属人、机配合，半机械施工；法定工作班时间为8小时；机械正常时间利用系数为：0.87。

（2）纯工作一小时的正常生产率为

$$N_h = \frac{60}{0.5 + 0.5 + 2} \times 0.25 = 5(m^3/工时)$$

（3）机械台班产量定额

$$N_D = N_h T K_b = 5 \times 8 \times 0.87 = 34.8(m^3/台班)$$

（4）机械台班时间定额

$$时间定额 = \frac{1}{台班定量定额} = \frac{1}{34.8} = 0.029(工日)$$

（5）搅拌机司机和配合施工工人班组时间定额为

$$班组人工时间定额(工日) = \sum 班组成员工日数 \times 机械时间定额$$
$$= 12 \times 0.029$$
$$= 0.348(工日)$$

若按工人的不同工种分别计算时，即

$$某工种工人时间定额（工日）= \sum 该工种工人的工日数 \times 机械时间定额$$

后台上料工$=10 \times 0.029 = 0.29$（工日）

前台扒溜工$=1 \times 0.029 = 0.029$（工日）

机械司机$=1 \times 0.029 = 0.029$（工日）

五、企业定额的管理

定额水平是承包商在一定时期内生产力水平的反映，它与操作人员的技术水平、机械化程度、新材料、新工艺、新技术的发展和应用有关，与企业的组织管理水平和全体人员的社会劳动积极性有关，所以定额不是一成不变的，它应随着新技术、新材料、新工艺的应用和工人熟练程度的提高而变化。应在使用一段时间后就做出相应的调整，以保持和企业实际的生产消耗水平相一致，为准确地编制工程报价提供依据。

定额管理是一个连续的、长期的工作，应有专人负责，应和企业其他管理系统（如计划管理、成本管理）综合起来，并且要有与之相适应的计算机软件系统的支持。定额管理的内容大致分为四个方面：数据收集、定额的编制，定额的应用和定额的信息反馈，如图3-3所示。

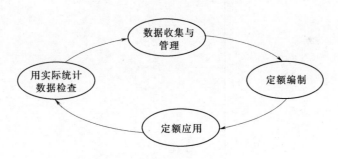

图3-3　定额管理示意图

在企业定额管理中应注意以下几个问题。

1. 对企业定额的认识和定位

企业定额首先要体现成本，只有在成本的基础上再考虑竞争情况以合适的利润水平进行报价，企业才能对自己的盈亏情况做到心中有数。其次企业定额应该为控制成本服务，它应该是企业内部消耗水平的标尺。如果没有这一个标尺，很多基础管理工作如任务单、限额领料以及对人员的考核工作就没有依据。因此，不能仅仅把企业定额作为投标报价的依据考虑。

2. 利用工程档案，注意成本数据积累

企业档案是企业长期积累下来的重要资源，也是企业的无形资产和宝贵财富。利用工程档案所积累的数据编制企业定额，可以起到事半功倍的效果，应成为企业定额编制的一种主要方式。

很多施工企业习惯于按照社会定额投标报价做"摸标"游戏，在施工过程中又习惯于"包字当头"的风险转嫁模式，造成了现在企业成本数据的积累非常有限，为建立企业定额带来了很大的不便。因此，如何在薄弱的数据基础上编制一个既具有企业自身特点、又符合长远发展的定额，这将是施工企业目前一段时间内必须解决的重要问题。

3. 定额应该是随着企业水平而不断更新的动态定额

编制定额固然重要，更重要的是要建立一套有效的管理机制。企业只有在实际成本控制过程中不断地使用企业定额，再依据企业的实际消耗数据及时地修正企业定额，企业定额才会真正发挥出作用。只有这样，企业定额才能随着企业管理水平的提高而不断得到动态更新，从而更好地为投标报价和施工管理服务。

4. 严格保密，谨防外泄

企业定额是施工企业进行施工管理和投标报价的基础和依据，根据某企业的定额能够估计出该企业完成某工程的大致成本与投标报价。如被竞争对手获取会使本企业陷入十分被动的境地，给企业带来严重的损失。因此，从一定意义上讲，企业定额是企业的商业秘密，应采取切实的保护措施严格防止其外泄。

当然，建立企业定额的问题还很多，如企业定额的范围和深度问题。应该说，企业定额是企业的内部定额，它必须首先考虑的是企业的实际需要；其次，企业定额的建立是事关企业长远发展的一项重要工作，因此必须要从战略的角度来看待该问题，而非仅仅看到一时的得失。

第四章 水利水电工程费用

第一节 水利水电工程费用构成及计算程序

一、建设项目的费用构成

建设项目费用是指工程项目从筹建到竣工验收、交付使用所需要的各种费用。各个行业对工程建设项目费用划分的原则基本相同，但在具体费用划分及项目设置上，结合各自行业，又不尽相同。水利工程一般规模大、项目多、投资大，在编制概预算时，对建设项目费用划分得更细更多。水利工程建设项目费用包括工程部分、移民和环境部分两大部分，其中移民和环境部分的费用包括水库移民征地补偿费、水土保持工程费、环境保护工程费，其费用构成按《水利工程建设征地移民补偿投资概（估）算编制规定》、《水利工程环境保护设计概（估）算编制规定》和《水土保持工程概（估）算编制规定》执行。

根据现行的《水利工程设计概（估）算编制规定》（水利部水总〔2002〕116号，以下简称《编制规定》）的规定，工程部分的建设项目费用由工程费（包括建筑及安装工程费和设备费）、独立费用、预备费、建设期融资利息组成。建筑安装工程费由直接工程费、间接费、企业利润和税金组成。具体费用组成见图4-1水利工程建设项目费用构成图。

编制水利工程概预算，要针对每个工程的具体情况，在工程的不同设计阶段，根据设计深度及掌握的资料，按照设计要求编制工程建设项目费用。认真划分费用的组成是编制工程概预算的基础和前提。

二、水利水电工程费用的计算程序

编制水利水电工程费用时，首先要熟悉了解工程概况，内容包括工程地理位置、自然条件，水文、气象、地质条件，工程的总体布置、规模、设计标准、主要建设内容，施工总体布置、施工导流、施工交通条件、主体工程施工方法和施工进度计划等，在此基础上制定编制水利工程费用的工作计划和工作大纲；第二，根据工作计划和工作大纲，收集工程的各专业设计成果，包括报告、图纸及其他设计资料，收集各种现场资料、文件资料，定额及其他与编制概预算有关的资料；第三，要根据水利水电工程项目划分办法，对工程进行详细地项目划分，确定工程量清单；第四，编制工程基础单价，包括：人工预算单价，材料预算价格，电、水、风预算价格，砂、石料单价，混凝土材料单价，施工机械台时费；第五，根据项目划分结果和基础单价计算结果，编制建筑、安装工程单价，计算设备费；第六，进行各部分工程概预算编制，汇总分部分项工程概预算，形成单位工程或单项工程概预算，汇总单位、单项工程概预算以及独立费用，编制出总概预算。最后要按规定进行分级校审和装订成册。水利工程概预算编制的一般程序如图4-2所示。

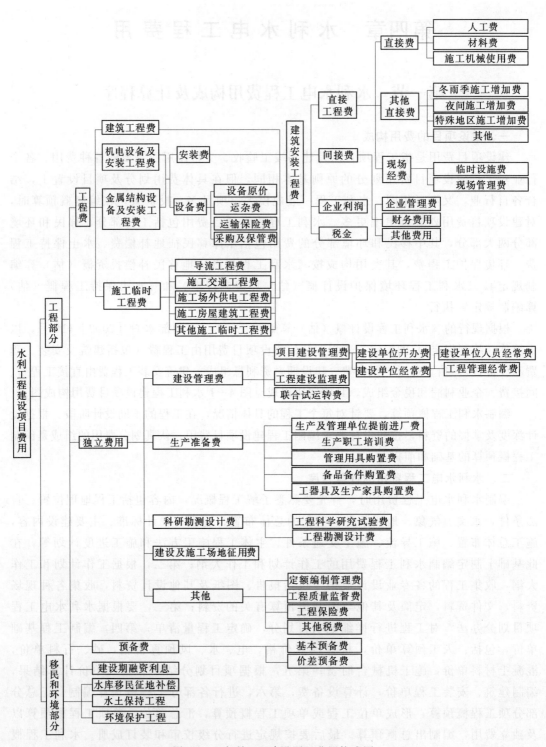

图 4-1 水利工程建设项目费用构成图

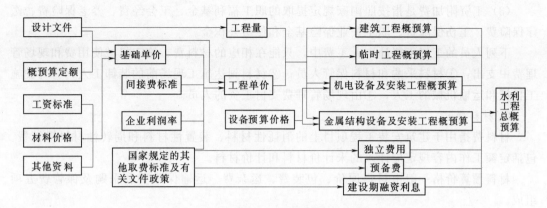

图 4-2 水利工程概预算编制程序

第二节 直接工程费、间接费、企业利润和税金

建筑及安装工程费是指建设单位支付给从事建筑、安装工程施工单位的全部生产费用。在工程建设中，建筑安装工作是创造价值的生产活动，其费用作为建筑安装工程价值的货币表现。根据《编制规定》，建筑及安装工程费由直接工程费、间接费、企业利润和税金四项组成，其中直接工程费和间接费是建筑及安装工程费的基本组成部分，是不含施工企业利润的直接用于建筑及安装工程施工的工程费用。

一、直接工程费

直接工程费是指在建筑安装工程施工过程中直接消耗在工程项目上的活劳动和物化劳动，它与分项、分部工程的规模、数量、建筑材料、施工工艺、施工条件等因素密切相关。直接工程费由直接费、其他直接费、现场经费三项组成。

（一）直接费

直接费是指建筑安装工程施工过程中直接耗费的构成工程实体和有助于工程形成的各项费用，包括人工费、材料费、施工机械使用费。

1. 人工费

人工费指直接从事建筑安装工程施工的生产工人开支的各项费用，包括基本工资、辅助工资和工资附加费。

（1）基本工资由岗位工资和年功工资以及年应工作天数内非作业天数的工资组成。岗位工资是指按照职工所在岗位各项劳动要素测评结果确定的工资。年功工资是指按照职工工作年限确定的工资，随工作年限的增加而逐年累加。生产工人年应工作天数以内非作业天数的工资，包括职工开会学习、培训期间的工资，调动工作、探亲、休假期间的工资，因气候影响的停工工资，女工哺乳期间的工资，病假在 6 个月以内的工资及产、婚、丧假期的工资。

（2）辅助工资是指在基本工资以外，以其他形式支付给职工的工资性收入，主要是根据国家有关规定支付给职工的属于工资性质的津贴。包括地区津贴、施工津贴、夜餐津贴、节日加班津贴等。

（3）工资附加费是指按照国家规定提取的职工福利基金、工会经费、养老保险费、医疗保险费、工伤保险费、职工失业保险基金和住房公积金。

下列人员的工资不能计入人工费中，只能在相应的材料费、施工机械使用费和现场管理费中支出：①材料采购和材料保管人员；②材料到达施工现场前的装卸工人；③驾驶施工机械和运输机械的工人；④由现场管理费支付工资的人员。

2. 材料费

材料费指用于建筑安装工程项目上的消耗性材料、装置性材料和周转性材料摊销费。包括定额工作内容规定应计入的未计价材料和计价材料。

材料预算价格一般由材料原价、包装费、运杂费、运输保险费和采购及保管费五项组成。

（1）材料原价是指材料指定交货地点的价格。

（2）包装费是指材料在运输和保管过程中的包装费和包装材料的折旧摊销费，该项费用并非所有材料都有。

（3）运杂费是指材料从指定交货地点至工地分仓库或相当于工地分仓库（材料堆放场）所发生的全部费用，包括运输费、装卸费、调车费及其他杂费。

（4）运输保险费是指材料在运输途中的保险费。

（5）材料采购及保管费是指材料在采购、供应和保管过程中所发生的各项费用，主要包括材料的采购、供应和保管部门工作人员的基本工资、辅助工资、工资附加费、教育经费、办公费、差旅交通费及工具用具使用费；仓库、转运站等设施的检修费、固定资产折旧费、技术安全措施费和材料检验费；材料在运输、保管过程中发生的损耗。

注意：材料费中不包括施工机械修理与使用所需的燃料和辅助材料、检验试验和冬雨季施工所需的材料、搭设临时设施的材料的费用。这些材料费用应列入施工机械使用费、其他直接费和临时设施费。

3. 施工机械使用费

施工机械使用费指消耗在建筑安装工程项目上的机械磨损、维修、人工费和动力燃料费用等。包括折旧费、修理及替换设备费、安装拆卸费、机上人工费和动力燃料费。

（1）折旧费是指施工机械在规定使用年限内回收原值的台时（班）折旧摊销费用。

（2）修理费是指施工机械在使用过程中，为了使机械保持正常功能而进行修理所需的摊销费用和机械正常运转及日常保养所需的润滑油料、擦拭用品的费用，以及保管机械所需的费用。

替换设备费是指施工机械正常运转时所耗用的替换设备及随机使用的工具附具等摊销费用。

（3）安装拆卸费是指施工机械进出工地的安装、拆卸、试运转和场内转移及辅助设施的摊销费用，部分大型施工机械的安装拆卸费不在其施工机械使用费中计列，包含在其他施工临时工程中。

（4）机上人工费是指施工机械使用时机上操作人员的人工费用。

（5）动力燃料费指施工机械正常运转时所耗用的风、水、电、油和煤等费用。

注意：施工机械使用费中不包括材料到达工地仓库或露天堆放地点以前的装卸和运

输、材料检验试验、搭设临时设施所需的机械费用。这些机械费应列入材料费、其他直接费和临时设施费中。

直接费具体计算方法见第五章。

（二）其他直接费

其他直接费是指除上述直接费以外在施工过程中直接发生的其他费用。包括冬雨季施工增加费、夜间施工增加费、特殊地区施工增加费和其他。

1. 冬雨季施工增加费

冬雨季施工增加费指在冬雨季施工期间为保证工程质量和安全生产所需增加的费用。包括增加施工工序，增设防雨、保温、排水等设施增耗的动力、燃料、材料以及因人工、机械效率降低而增加的费用。计算方法是根据工程所在的不同地区，按直接费的百分率计算。西南、中南、华东区取 0.5%～1.0%，华北区取 1.0%～2.5%，西北、东北区取 2.5%～4.0%。

在西南、中南、华东区中，按规定不计冬季施工增加费的地区取小值，计算冬季施工增加费的地区可取大值；在华北区中，内蒙古等较严寒地区可取大值，其他地区取中值或小值；在西北、东北区中，陕西、甘肃等省取小值，其他地区可取中值或大值。

2. 夜间施工增加费

夜间施工增加费指施工场地和公用施工道路的照明费。计算方法是按直接费的百分率计算，其中建筑工程为 0.5%，安装工程为 0.7%。一班制作业的工程，不计算此项费用。

照明线路工程费用包括在"临时设施费"中；施工附属企业系统、加工厂、车间的照明，列入相应的产品成本中，均不包括在本项费用之内。

3. 特殊地区施工增加费

特殊地区施工增加费指在高海拔和原始森林等特殊地区施工而增加的费用。其中高海拔地区的高程增加费，按规定直接进入定额；其他特殊增加费（如酷热、风沙），应按工程所在地区规定的标准计算；地方没有规定的不得计算此项费用。

4. 其他

包括施工工具用具使用费、检验试验费、工程定位复测、工程点交、竣工场地清理、工程项目及设备仪表移交生产前的维护观察费等。其中，施工工具用具使用费是指施工生产所需，但不属于固定资产的生产工具，检验、试验用具等的购置、摊销和维护费。检验试验费是指对建筑材料、构件和建筑安装物进行一般鉴定、检查所发生的费用，包括自设试验室进行试验所耗用的材料和化学药品费用，以及技术革新和研究试验费，不包括新结构、新材料的试验费和建设单位要求对具有出厂合格证明的材料进行试验、对构件进行破坏性试验，以及其他特殊要求检验试验的费用。

计算方法是按直接费的百分率计算。其中，建筑工程为 1.0%，安装工程为 1.5%。

（三）现场经费

现场经费是指为施工准备、组织施工生产和管理所需费用，包括临时设施费和现场管理费。

1. 临时设施费

临时设施费是指施工企业为进行建筑安装工程施工所必需的但又未被列入施工临时工

程的临时建筑物、构筑物和各种临时设施的建设、维修、拆除、摊销等费用。如：供风，供水（支线）、供电（场内）、夜间照明、供热系统及通信支线，土石料场，简易砂石料加工系统，小型混凝土拌和浇筑系统，木工、钢筋、机修等辅助加工厂，混凝土预制构件厂，场内施工排水，场地平整、道路养护及其他小型临时设施。

2. 现场管理费

现场管理费指为施工准备、组织施工生产和施工管理所需的费用，由以下几种费用组成。

（1）现场管理人员的基本工资、辅助工资、工资附加费和劳动保护费。

（2）办公费。指现场办公用具、印刷、邮电、书报、会议、水、电、烧水和集体取暖（包括现场临时宿舍取暖）用燃料等费用。

（3）差旅交通费。指现场职工因公出差期间的差旅费、误餐补助费，职工探亲路费，劳动力招募费，职工离退休和退职一次性路费，工伤人员就医路费，工地转移费以及现场管理使用的交通工具的运行费、养路费及牌照费。

（4）固定资产使用费。指现场管理使用的属于固定资产的设备、仪器等的折旧、大修费、维修费或租赁费等。

（5）工具用具使用费。指现场管理使用的不属于固定资产的工具、器具、家具、交通工具和检验、试验、测绘、消防用具等的购置、维修和摊销费。

（6）保险费。指施工管理用财产、车辆保险费，高空、井下、洞内、水下、水上作业等特殊工种安全保险费等。

（7）其他费用。

3. 现场经费标准

根据《编制规定》，现场经费标准根据工程性质的不同分为枢纽工程、引水工程及河道工程两部分标准。对于有些施工条件复杂、大型建筑物较多的引水工程可执行枢纽工程的费率标准。

（1）枢纽工程现场经费标准，见表 4-1。

表 4-1　　　　　　　　　枢纽工程现场经费费率表

序号	工 程 类 别	计算基础	现场经费费率（%）		
			合 计	临时设施费	现场管理费
一	建筑工程				
1	土石方工程	直接费	9	4	5
2	砂石备料工程（自采）	直接费	2	0.5	1.5
3	模板工程	直接费	8	4	4
4	混凝土浇筑工程	直接费	8	4	4
5	钻孔灌浆及锚固工程	直接费	7	3	4
6	其他工程	直接费	7	3	4
二	机电、金属结构设备安装工程	人工费	45	20	25

表 4-1 中枢纽工程工程类别划分如下：

1）土石方工程。包括土石方开挖与填筑、砌石、抛石工程等。

2）砂石备料工程。包括天然砂石料和人工砂石料开采加工。

3）模板工程。包括现浇各种混凝土时制作及安装的各类模板工程。

4）混凝土浇筑工程。包括现浇和预制各种混凝土、钢筋制作安装、伸缩缝、止水、防水层、温控措施等。

5）钻孔灌浆及锚固工程。包括各种类型的钻孔灌浆、防渗墙及锚杆（索）、喷浆（混凝土）工程等。

6）其他工程。指除上述工程以外的工程。

（2）引水工程及河道工程现场经费标准，见表 4-2。

表 4-2　　　　　　　　　　引水工程及河道工程现场经费费率表

序　号	工　程　类　别	计算基础	现场经费费率（%）		
			合　计	临时设施费	现场管理费
一	建筑工程				
1	土方工程	直接费	4	2	2
2	石方工程	直接费	6	2	4
3	模板工程	直接费	6	3	3
4	混凝土浇筑工程	直接费	6	3	3
5	钻孔灌浆及锚固工程	直接费	7	3	4
6	疏浚工程	直接费	5	2	3
7	其他工程	直接费	5	2	3
二	机电、金属结构设备安装工程	人工费	45	20	25

注　若自采砂石料，则费率标准同枢纽工程。

表 4-2 中引水工程和河道工程类别划分如下：

1）除疏浚工程外，其余均与枢纽工程相同。

2）疏浚工程是指挖泥船、水力冲挖机组等机械疏浚江河、湖泊的工程。

二、间接费

间接费是指施工企业为组织和管理建筑安装工程施工所发生的非生产性开支费用。该项费用不直接发生在工程本身中，而是间接地为工程施工服务。间接费由企业管理费、财务费用和其他费用组成。

间接费与直接费、其他直接费、现场经费不同，直接费等是发生在施工现场上的有关费用，它与工程施工任务的大小有直接关系。而间接费不是发生在施工现场，它的支出与工程施工的大小不发生直接关系，它主要与施工企业的经营管理水平、人员办事效率高低和非生产性费用支出有着直接的联系。因此，间接费的支出，是为企业的若干工程进行施工服务，它很难分清其分属于某个具体工程的费用数额。为简便计算，一般采用分摊方式，即按费用定额规定的费率间接地计入每一具体工程中。

按《编制规定》，间接费的计算基础有两种形式，建筑工程是以直接工程费为计算基础，机电、金属结构设备及安装以人工费为计算基础。间接费是建筑安装企业组织施工管理的间接成本，采用以直接工程费为计算基础，不会因定额直接人工的减少而影响间接费收入，有利于企业使用先进技术。

（一）企业管理费

企业管理费是指施工企业为组织施工生产经营活动所发生的管理费用。主要包括以下内容：

（1）施工企业管理人员的基本工资、辅助工资、工资附加费和劳动保护费。

（2）差旅交通费。指施工企业管理人员因公出差、工作调动的差旅费、误餐补助费，职工探亲路费，劳动力招募费，离退休职工一次性路费，交通工具油料、燃料、牌照、养路费等。

（3）办公费。指施工企业办公用具、印刷、邮电、书报、资料、会议、水、电、燃煤（气）等费用。

（4）固定资产折旧、修理费。指企业属于固定资产的房屋、设备、仪器等折旧、维修等费用。

（5）工具用具使用费。指企业管理使用不属于固定资产的工具、用具、家具、交通工具、检验、试验、消防等的摊销及维修费用。

（6）职工教育经费。指企业为职工学习先进技术和提高文化水平按职工工资总额计提的费用。

（7）劳动保护费。指企业按照国家有关部门规定标准发放给职工的劳动保护用品的购置费、修理费、保健费、防暑降温费、高空作业及进洞津贴、技术安装措施费以及洗澡用水、饮用水的燃料费。

（8）保险费。是指企业财产保险、管理用车辆等保险费用。

（9）税金。是指企业按规定交纳的房产税、管理用车辆使用税、印花税等。

（10）其他。包括技术转让费、设计收费标准中未包括的应由施工企业承担的部分施工辅助工程设计费、投标报价费、工程图纸资料费及工程摄影费、技术开发费、业务招待费、绿化费、公证费、法律顾问费、审计费、咨询费等。

（二）财务费用

财务费用是指企业为筹集资金而发生的各项费用，包括企业经营期间发生的短期融资利息净支出、汇兑净损失、金融机构手续费，企业筹集资金发生的其他财务费用，以及投标和承包工程发生的保函手续费等。

（三）其他费用

其他费用是指企业定额测定费及施工企业进退场补贴费，包括临时工、民工的进、退场费用。

（四）间接费标准

间接费标准根据工程性质的不同分为枢纽工程、引水工程及河道工程两部分标准，对于有些施工条件复杂、大型建筑物较多的引水工程可执行枢纽工程的费率标准。

按照《编制规定》，枢纽工程间接费的取费标准见表4-3，引水工程及河道工程间接费的取费标准见表4-4，两张表中工程类别范围划分同现场经费的工程类别划分。

表 4-3 枢纽工程间接费费率表

序号	工 程 类 别	计算基础	间接费费率（%）	备 注
一	建筑工程			若土石方填筑等工程项目所利用原料为已计取现场经费、间接费、企业利润和税金的砂石料，则其间接费率选取括号中的数值
1	土石方工程	直接工程费	9（8）	
2	砂石备料工程（自采）	直接工程费	6	
3	模板工程	直接工程费	6	
4	混凝土浇筑工程	直接工程费	5	
5	钻孔灌浆及锚固工程	直接工程费	7	
6	其他工程	直接工程费	7	
二	机电、金属结构设备安装工程	人工费	50	

表 4-4 引水工程及河道工程间接费费率表

序号	工 程 类 别	计算基础	间接费费率（%）	备 注
一	建筑工程			若工程自采砂石料，则费率标准同枢纽工程
1	土方工程	直接工程费	4	
2	石方工程	直接工程费	6	
3	模板工程	直接工程费	6	
4	混凝土浇筑工程	直接工程费	4	
5	钻孔灌浆及锚固工程	直接工程费	7	
6	疏浚工程	直接工程费	5	
7	其他工程	直接工程费	5	
二	机电、金属结构设备安装工程	人工费	50	

　　水利工程一般比较复杂，包含的工程类别多，不宜采用统一的间接费率，应根据不同的工程类别，采用相应的费率。同时，不同的专业，间接费率及其取用方法差别也较大，对于水利工程项目中有关铁路、公路、桥梁、房屋建筑等专业工程，应参照有关专业标准计算。

　　间接费是工程概预算的组成部分，间接费不直接构成工程实体，其支出不随工程量的增减而同步增减，间接费取费标准与建安工作量直接挂钩，这样有利于促进施工企业通过加强管理、扩大业务、提高劳动效率等来增加收入，相对减少间接费支出。

　　三、企业利润和税金

　　1. 企业利润

　　企业利润指按规定应计入建筑安装工程费用中的利润。按《编制规定》，企业利润率不分建筑工程和安装工程，均按直接工程费与间接费之和的 7% 计算。

　　2. 税金

　　税金指国家对施工企业承担建筑、安装工程作业收入所征收的营业税、城市维护建设税和教育费附加。应根据国务院发布的有关文件规定的征用范围和税率进行计算。为了计算简便，在编制概算时，可按下列公式和税率进行计算。

$$税金 = （直接工程费＋间接费＋企业利润）× 税率 \qquad (4-1)$$

若安装工程中含未计价装置性材料费，则计算税金时应计入未计价装置性材料费。

税金的费率标准：建设项目在市区的为 3.41%；建设项目在县城镇的为 3.35%；建设项目在市区或县城镇以外的为 3.22%。

第三节 独 立 费 用

水利建设工程独立费用是指按照基本建设工程投资统计包括范围的规定，应在投资中支付并列入建设项目概算或单项工程综合概算内，与工程直接有关而又难以直接摊入某个单位工程的其他工程和费用。独立费用由建设管理费、生产准备费、科研勘测设计费、建设及施工场地征用费和其他五项组成。

一、建设管理费

建设管理费指建设单位在工程项目筹建和建设期间进行管理工作所需的各项费用。包括项目建设管理费、工程建设监理费和联合试运转费共三项。

1. 项目建设管理费

包括建设单位开办费和建设单位经常费。其中：

（1）建设单位开办费。指新组建的工程建设单位，为开展工程建设管理工作所必须购置的办公及生活设施、交通工具等，以及其他用于开办工作的费用。对于新建工程，其开办费应根据建设单位开办费标准和建设单位的定员人数来确定。对于改建、扩建和加固工程，原则上不计建设单位开办费，但是，要根据改扩建和加固工程的具体情况决定。按照《编制规定》，水利工程建设单位开办费费用标准见表 4-5，建设单位定员见表 4-6。

表 4-5 建设单位开办费费用标准表

建设单位人数（人）	20 以下	21～40	41～70	71～140	141 以上
开办费（万元）	120	120～220	220～350	350～700	700～850

注 1. 引水及河道工程按总工程计算，不得分段分别计算。

2. 定员人数在两个数之间的，采用内插法计算开办费。

（2）建设单位经常费。包括建设单位人员经常费和工程管理经常费。

1）建设单位人员经常费。指建设单位自批准组建之日起至完成该工程建设管理任务之日止，需要开支的经常费用。主要包括工作人员基本工资、辅助工资、工资附加费、劳动保护费、教育经费、办公费、差旅交通费、会议费、交通车辆使用费、技术图书资料费、固定资产折旧费、零星固定资产购置费、低值易耗品摊销费、工具用具使用费、修理费、水电费、取暖费等。

建设单位人员经常费根据建设单位定员、费用指标和经常费用计算期进行计算。编制概算时，应根据工程所在地区和编制年的基本工资、辅助工资、工资附加费、劳动保护费以及费用标准调整"六类（北京）地区建设单位人员经常费用指标表"（表 4-7、表 4-8）中的费用，作为计算建设单位人员经常费的依据。

表 4-6　　　　　　　　　　　　建 设 单 位 定 员 表

工 程 类 别 及 规 模			定员人数（人）
特大型工程		如南水北调	140 以上
枢纽工程	综合利用的水利枢纽工程	大Ⅰ型　总库容>10 亿 m³	70~140
		大Ⅱ型　总库容 1 亿~10 亿 m³	40~70
	以发电为主的枢纽工程	200 万 kW 以上	90~120
		150 万~200 万 kW	70~90
		100 万~150 万 kW	55~70
		50 万~100 万 kW	40~55
		30 万~50 万 kW	30~40
		30 万 kW	20~30
	枢纽扩建及加固工程	大　型　总库容>1 亿 m³	21~35
		中　型　总库容 0.1 亿~1 亿 m³	14~21
引水及河道工程	大型引水工程	线路总长>300km	84~140
		线路总长 100~300km	56~84
		线路总长≤100km	28~56
	大型灌溉或排涝工程	灌溉或排涝面积>150 万亩	56~84
		灌溉或排涝面积 50 万~150 万亩	28~56
	大江大河整治及堤防加固工程	河道长度>300km	42~56
		河道长度 100~300km	28~42
		河道长度≤100km	14~28

注　1. 当大型引水、灌溉或排涝、大江大河整治及堤防加固工程包含有较多的泵站、水闸、船闸时，定员可适当增加。

　　2. 本定员只作为计算建设单位开办费和建设单位人员经常费的依据。

　　3. 工程施工条件复杂者取大值，反之取小值。

建设单位人员经常费计算公式为

$$建设单位人员经常费 ＝费用指标[元 /（人·年）] \times 定员人数$$
$$\times 经常费用计算期（年） \qquad (4-2)$$

建设单位定员人数按表 4-6 取。按水利部现行规定，枢纽工程、引水工程建设单位人员经常费费用指标见表 4-7，河道工程建设单位人员经常费费用指标见表 4-8。

表 4-7　　　　六类（北京）地区建设单位人员经常费费用指标表（枢纽、引水工程）

序　号	项　　　目	计 算 公 式	金　额[元/（人·年）]
1	基本工资		6420
	工人	400 元/月×12 月×10%	480
	干部	550 元/月×12 月× 90%	5940
2	辅助工资		2446
	地区津贴	北京地区无	
	施工津贴	5.3 元/天×365 天×0.95	1838
	夜餐津贴	4.5 元×251 工日×30%	339
	节日加班津贴	6420÷251×10×3×35%	269

序号	项　目	计　算　公　式	金　额 [元/（人·年）]
3	工资附加费		4432
	职工福利基金	1～2 项之和 8866 元的 14%	1241
	工会经费	1～2 项之和 8866 元的 2%	177
	职工教育经费	1～2 项之和 8866 元的 1.5%	133
	养老保险费	1～2 项之和 8866 元的 20%	1773
	医疗保险费	1～2 项之和 8866 元的 4%	355
	工伤保险费	1～2 项之和 8866 元的 1.5%	133
	职工失业保险基金	1～2 项之和 8866 元的 2%	177
	住房公积金	1～2 项之和 8866 元的 5%	443
4	劳动保护费	基本工资 6420 元的 12%	770
5	小　计		14068
6	其他费用	1～4 项之和 14068 元×180%	25322
7	合　计		39390

注　工期短或施工条件简单的引水工程费用指标应按河道工程费用指标执行。

表 4－8　　　六类（北京）地区建设单位人员经常费费用指标表（河道工程）

序号	项　目	计　算　公　式	金　额 [元/（人·年）]
1	基本工资		4494
	工人	280 元/月×12 月×10%	336
	干部	385 元/月×12 月×90%	4158
2	辅助工资		1628
	地区津贴	北京地区无	
	施工津贴	3.5 元/天×365 天×0.95	1214
	夜餐津贴	4.5 元×251 工日×30%	226
	节日加班津贴	4494÷251×10×3×35%	188
3	工资附加费		3060
	职工福利基金	1～2 项之和 6122 元的 14%	857
	工会经费	1～2 项之和 6122 元的 2%	122
	职工教育经费	1～2 项之和 6122 元的 1.5%	92
	养老保险费	1～2 项之和 6122 元的 20%	1224
	医疗保险费	1～2 项之和 6122 元的 4%	245
	工伤保险费	1～2 项之和 6122 元的 1.5%	92
	职工失业保险基金	1～2 项之和 6122 元的 2%	122
	住房公积金	1～2 项之和 6122 元的 5%	306
4	劳动保护费	基本工资 4494 元的 12%	539
5	小　计		9721
6	其他费用	1～4 项之和 9721 元×180%	17498
7	合　计		27219

经常费用计算期根据施工组织设计确定的施工总进度和总工期确定。建设单位人员从工程筹建之日起，至工程竣工之日加 6 个月止，为经常费用计算期。其中：大型水利枢纽、大型引水工程、灌溉或排涝面积大于 150 万亩工程等的筹建期 1～2 年，其他工程 0.5～1 年。

2）工程管理经常费。指建设单位从工程筹建到工程竣工期间所发生的各种管理费用。包括在该工程建设过程中用于筹措资金、召开董事（股东）会议、视察工程建设所发生的会议和差旅等费用，建设单位为解决工程建设涉及的技术，经济、法律等问题需要进行咨询所发生的费用；建设单位进行项目管理所发生的土地使用税、房产税、合同公证费、审计费、招标业务费等；施工期所需的水情、水文、泥沙、气象监测费和报汛费；工程验收费和由主管部门主持对工程设计进行审查、安全进行鉴定等费用；在工程建设过程中，必须派驻工地的公安、消防部门的补贴费以及其他属于工程管理性质开支的费用。

根据《编制规定》，枢纽工程及引水工程一般按建设单位开办费和建设单位人员经常费之和的 35％～40％计取；改扩建工程与加固工程、堤防及疏浚工程按建设单位开办费和建设单位人员经常费之和的 20％计取。

2. 工程建设监理费

工程建设监理费是指在工程建设过程中聘任监理单位，对工程的质量、进度、安全和投资进行监理所发生的全部费用。包括监理单位为保证监理工作正常开展而必须购置的交通工具、办公及生活设备、检验试验设备以及监理人员的基本工资、辅助工资、工资附加费、劳动保护费，教育经费、办公费、差旅交通费、会议费、技术图书资料费、固定资产折旧费、零星固定资产购置费、低值易耗品摊销费、工具用具使用费、修理费、水电费、采暖费等。

工程建设监理费按照国家及省、自治区、直辖市计划（物价）部门有关规定计收。

1992 年国家物价局、建设部［1992］价费字 479 号文关于发布《工程建设监理费有关规定》的通知，对建设监理取费标准作了如下规定：

（1）工程建设监理费，根据委托监理业务的范围、深度和工程的性质、规模、难易程度以及工作条件等情况，按照下列方法之一计收：

1）按所监理工程概（预）算的百分比计收，计收标准见表 4-9。

表 4-9　　　　　　　　　　　　工程建设监理收费标准

序号	工程概（预）算 M（万元）	设计阶段（含设计招标）监理取费 a（％）	施工（含施工招标）及保修阶段监理取费占 b（％）
1	$M<500$	$0.2<a$	$2.5<b$
2	$500 \leqslant M<1000$	$0.15<a \leqslant 0.20$	$2.00<b \leqslant 2.50$
3	$1000 \leqslant M<5000$	$0.10<a \leqslant 0.5$	$1.40<b \leqslant 2.00$
4	$5000 \leqslant M<10000$	$0.08<a \leqslant 0.10$	$1.20<b \leqslant 1.40$
5	$10000 \leqslant M<50000$	$0.05<a \leqslant 0.08$	$0.80<b \leqslant 1.20$
6	$50000 \leqslant A<100000$	$0.03<a \leqslant 0.05$	$0.60<b \leqslant 0.80$
7	$100000 \leqslant M$	$a \leqslant 0.03$	$b \leqslant 0.60$

2）按照参与监理工作的年度平均人数计算，平均每人每年 3.5 万～5 万元。

3）不宜按以上两种方法计收的，由建设单位和监理单位按商定的其他方法计收。

（2）以上 1）、2）两项规定的工程建设监理收费标准为指导性价格，具体收费标准由建设单位和监理单位在规定的幅度内协商确定。

（3）中外合资、合作、外商独资的建设工程，工程建设监理费双方参照国际标准协商确定。

3. 联合试运转费

联合试运转费指水利工程中的发电机组、水泵等安装完毕。在竣工验收前，进行整套设备带负荷联合试运转期间所需的各项费用。包括联合试运转期间所消耗的燃料、动力、材料及机械使用费，工具用具购置费，施工单位参加联合试运转人员工资等。

根据《编制规定》，联合试运转费费用指标见表 4-10。

表 4-10　　　　　　　　　　　　　联合试运转费费用指标

类　别	项　目	指　　标									
水电站工程	单机容量（万 kW）	≤1	≤2	≤3	≤4	≤5	≤6	≤10	≤20	≤30	≤40	>40
	费用（万元/台）	3	4	5	6	7	8	9	11	12	16	22
泵站工程	电力泵站	25～30 元/kW									

二、生产准备费

生产准备费指水利建设项目的生产、管理单位为准备正常的生产运行或管理发生的费用。内容包括生产及管理单位提前进厂费、生产职工培训费、管理用具购置费、备品备件购置费、工器具及生产家具购置费五项。

1. 生产及管理单位提前进厂费

生产及管理单位提前进厂费指生产、管理单位在工程完工之前，有一部分工人、技术人员和管理人员提前进厂进行生产筹备工作所需的各项费用。包括提前进厂人员的基本工资、辅助工资、工资附加费、劳动保护费、教育经费、办公费、差旅交通费、会议费、技术图书资料费、零星固定资产购置费、修理费、低值易耗品摊销费、工具用具使用费、水电费、取暖费等，以及其他属于生产筹建期间应开支的费用。

取费标准：枢纽工程按一至四部分建安工作量的 0.2%～0.4% 计算。大（1）型工程取小值。大（2）型工程取大值。引水和灌溉工程视工程规模参照枢纽工程计算。改扩建与加固工程、堤防及疏浚工程原则上不计此项费用，若工程中含有新建大型泵站、船闸等建筑物，按建筑物的建安工作量参照枢纽工程费率适当计列。

2. 生产职工培训费

生产职工培训费指工程在竣工验收之前，生产及管理单位为保证生产、管理工作能顺利进行，需对工人、技术人员与管理人员进行培训所发生的费用。包括基本工资、辅助工资、工资附加费、劳动保护费、差旅交通费、实习费等，以及其他属于职工培训应开支的费用。

取费标准：枢纽工程按一至四部分建安工作量的 0.3%～0.5% 计算，大（1）型工程取小值，大（2）型工程取大值。引水和灌溉工程视工程规模参照枢纽工程计算。改扩建与加固工程、堤防及疏浚工程原则上不计此项费用，若工程中含有新建大型泵站、船闸等建筑物，按建筑物的建安工作量参照枢纽工程费率适当计列。

3. 管理用具购置费

管理用具购置费指为保证新建项目的正常生产和管理所必须购置的办公和生活用具等费用。包括办公室、会议室、档案资料室、阅览室、文娱室、医务室等公用设施需要的家具器具。

取费标准：枢纽工程按一至四部分建安工作量的 0.02%～0.08%计算，大（1）型工程取小值，大（2）型工程取大值。引水工程和河道工程按建安工作量的 0.02%～0.03%计算。

4. 备品备件购置费

备品备件购置费指工程在投产以后的运行初期，由于易损件损耗和可能发生的事故，而必须准备的备品备件和专用材料的购置费。不包括设备价格中配备的备品备件。

取费标准：按占设备费的 0.4%～0.6%计算。大（1）型工程取下限，其他工程取中、上限。应注意：①设备费应包括机电设备、金属结构设备以及运杂费等全部设备费；②电站、泵站同容量、同型号机组超过一台时，只计算一台的设备费。

5. 工器具及生产家具购置费

工器具及生产家具购置费指按设计规定，为保证初期生产正常运行所必须购置的不属于固定资产标准的生产工具、器具、仪表、生产家具等的购置费。不包括设备价格中已包括的专用工具。

取费标准：工器具及生产家具购置费，按占设备费的 0.08%～0.02%计算。枢纽工程取下限，其他工程取中、上限。

三、科研勘测设计费

科研勘测设计费指为工程建设所需的科研、勘测和设计等费用。包括工程科学研究试验费和工程勘测设计费。

1. 工程科学研究试验费

工程科学研究试验费指在工程建设中，为解决工程的技术问题，而进行必要的科学研究试验所需的费用。

取费标准：按建安工作量的百分率计算。其中，枢纽工程和引水工程取 0.5%计算，河道工程取 0.2%。

2. 工程勘测设计费

工程勘测设计费指工程从项目建议书开始以后各设计阶段发生的勘测费和设计费。包括项目建议书、可行性研究、初步设计、招标设计和施工图设计阶段发生的勘测费、设计费和为勘测设计服务的科研试验费用。勘测、设计费按国家计委、建设部计价格〔2002〕10 号文关于发布《工程勘察设计收费管理规定》的通知执行。

四、建设及施工场地征用费

建设及施工场地征用费指根据设计确定的永久工程征地、临时工程征地和管理单位用地所发生的征地补偿费用及应缴纳的耕地占用税等。主要包括征用场地上的林木、作物的赔偿，建筑物的迁建和居民迁移费等。

具体编制方法和计算标准参照移民和环境部分概算编制规定执行。

五、其他费用

1. 定额编制管理费

定额编制管理费指为水利工程定额的测定、编制、管理、发行等所需的费用。该项费用交由定额管理机构安排使用。按照国家及省、自治区、直辖市计划（物价）部门有关规定计收。

根据国家计委、财政部关于第一批降低 22 项收费标准的通知计价费 [1997] 2500 号文，工程定额编制管理费收费标准为：对沿海城市和建安工作量大的地区，按建安工作量的 0.4‰～0.8‰，对其他地区按建安工作量的 0.4‰～1.3‰。

2. 工程质量监督费

工程质量监督费指为保证工程质量而进行的检测、监督、检查等费用。按照国家及省、自治区、直辖市计划（物价）部门有关规定计收。

根据国家计委收费管理司、财政部综合与改革司关于水利建设工程质量监督收费标准及有关问题的规定，工程质量监督费按建安工作量计费，大城市不超过 1.5‰，中等城市不超过 2‰，小城市不超过 2.5‰，已实施工程监理的建设项目，不超过 0.5‰～1‰。

3. 工程保险费

工程保险费指工程建设期间，为使工程能在遭受水灾、火灾等自然灾害和意外事故造成损失后得到经济补偿，而对建筑、设备及安装工程投保所发生的保险费用。一般按第一至第四部分投资合计的 4.5‰～5.0‰计算。

4. 其他税费

其他税费指按国家规定应交纳的与工程建设有关的税费。按国家有关规定计取。

第四节 预备费、建设期融资利息

一、预备费

预备费包括基本预备费和价差预备费两项。

1. 基本预备费

基本预备费主要是为解决在工程施工过程中，经上级批准的设计变更和国家政策性变动增加的投资及为解决意外事故而采取的措施所增加的工程项目和费用。

计算方法：根据工程规模、施工年限和地质条件等不同情况，按工程概（估）算第一至第五部分投资合计数的百分率计算。

取费标准：按水利部现行规定，项目建议书阶段投资估算取 15％～18％；可行性研究阶段投资估算取 10％～12％；初步设计阶段概算取 5.0％～8.0％。

2. 价差预备费

价差预备费主要是为解决在工程建设过程中，因人工工资、材料和设备价格上涨以及费用标准调整而增加的投资。

计算方法：根据施工年限，不分设计阶段，以资金流量表的静态投资为计算基数，按国家计委根据物价变动趋势，适时调整和发布的年物价指数计算。

计算公式为

$$E = \sum_{n=1}^{N} F_n \left[(1+p)^n - 1 \right] \qquad (4-3)$$

式中　E——价差预备费；

　　　N——合理建设工期；

　　　n——施工年度；

　　　F_n——在建设期资金流量表中第 n 年的投资；

　　　p——年物价指数。

二、建设期融资利息

根据国家财政金融政策规定，工程在建设期内需偿还并应计入工程总投资的融资利息。计算公式为

$$S = \sum_{n=1}^{N} \left[\left(\sum_{m=1}^{n} F_m b_m - \frac{1}{2} F_n b_n \right) + \sum_{m=0}^{n-1} S_m \right] i \qquad (4-4)$$

式中　S——建设期融资利息；

　　　N——合理建设工期；

　　　n——施工年度；

　　　m——还息年度；

F_n、F_m——在建设期资金流量表内的第 n、m 年的投资；

b_n、b_m——各施工年份融资额占当年投资比例；

　　　i——建设期融资利率；

　　　S_m——第 m 年的付息额度。

第五章 水利水电工程基础价格的确定

第一节 人工预算单价

一、人工预算单价的组成

人工预算单价是指生产工人单位时间（工时）的工资和其他各项费用之和。人工预算单价由基本工资、辅助工资、工资附加费组成：

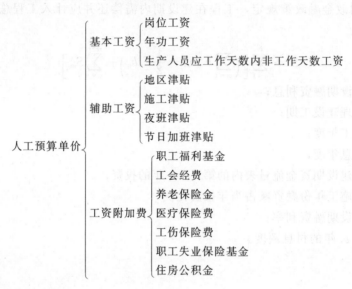

二、人工预算单价计算

按照我国现行工资制度，职工劳动报酬是根据工人劳动熟练程度，工程技术要求的复杂程度，劳动繁重程度和责任大小划分等级，按照等级工资标准发放的。建筑安装工人基本工资是以工人技术等级、工资等级和工资等级系数、工资标准为基础确定的。人工预算单价应根据国家有关规定，按水利水电施工企业工人工资标准和工程所在地工资区类别结合水利工程特点进行计算。水利部在 2002 年制订了新的人工预算单价计算办法，现分别介绍如下。

（一）水利工程人工预算单价计算

根据 2002 年水利部颁布的《水利工程设计概（估）算编制规定》，计算标准及方法如下：

1. 人工预算单价的计算标准

（1）有效工作时间。

年应工作天数：251 工日（年日历天数 365 天减去双休日 104 天、法定节日 10 天）。

日工作时间：8h/工日。

年非作业天数：是指气候影响施工、职工探亲假、开会学习培训、6个月以内病假等在年应工作天数之内而未工作的天数，每年非工作天数按16天计算。

年有效工作天数：年应工作天数减去年非作业天数，为235天。

（2）基本工资。根据国家有关规定和水利部水利企业工资制度改革办法，并结合水利工程特点，分别确定了枢纽工程、引水工程及河道工程六类工资区分类标准。按国家规定享受生活费补贴的特殊地区，可按有关规定计算，并计入基本工资。

基本工资标准见表5-1。工资地区系数见表5-2。

表5-1　　　　　　　　　　　　基本工资标准（六类工资区）

序　号	名　称	单　位	枢纽工程	引水工程及河道工程
1	工长	元/月	550	385
2	高级工	元/月	500	350
3	中级工	元/月	400	280
4	初级工	元/月	270	190

注　按国家规定享受生活费补贴的特殊地区，可按有关规定计算，并计入基本工资。

（3）辅助工资计算标准，见表5-3。

（4）工资附加费标准，见表5-4。

表5-2　　　　　　　　　　　　各类工资区地区系数表

工资区类别	地区系数
七类工资区	1.0261
八类工资区	1.0522
九类工资区	1.0783
十类工资区	1.1043
十一类工资区	1.1304

表5-3　　　　　　　　　　　　辅助工资计算标准

序　号	项　目	枢纽工程	引水工程及河道工程
1	地区津贴	按国家、省、自治区、直辖市的规定	
2	施工津贴	5.3元/天	3.5～5.3元/天
3	夜餐津贴	4.5元/夜班，3.5元/中班	

表5-4　　　　　　　　　　　　工资附加费标准

序号	项　目	计算基础	费率标准（%）	
			工长、高中级工	初级工
1	职工福利基金	基本工资、辅助工资之和	14	7
2	工会经费		2	1
3	养老保险费		按各省、自治区、直辖市规定	按各省、自治区、直辖市规定

続表

序号	项　目	计算基础	费率标准（%）	
			工长、高中级工	初级工
4	医疗保险费	基本工资、辅助工资之和	4	2
5	工伤保险费		1.5	1.5
6	职工失业保险基金		2	1
7	住房公积金		按各省、自治区、直辖市规定	按各省、自治区、直辖市规定

注　养老保险费率一般取20%以内，住房公积金费率一般取5%左右。

2. 人工预算单价计算方法

(1) 基本工资为

基本工资(元／工日)＝基本工资标准(元／月)×地区工资系数×12月

÷年应工作天数×1.068　　　　　(5-1)

(2) 辅助工资分为

地区津贴(元／工日)＝津贴标准(元／月)×12月

÷年应工作天数×1.068　　　　　(5-2)

施工津贴(元／工日)＝津贴标准(元／天)×365×95%

÷年应工作天数×1.068　　　　　(5-3)

夜餐津贴(元／工日)＝(中班津贴标准＋夜班津贴标准)

÷2×(20%～30%)　　　　　(5-4)

节日加班津贴(元／工日)＝基本工资(元／工日)×3×10

÷年应工作天数×35%　　　　　(5-5)

式中的1.068为年应工作天数内非作业天数的工资系数。

在计算夜餐津贴时，式中百分数，枢纽工程取30%，引水及河道工程取20%。

(3) 工资附加费分为

职工福利基金(元／工日)＝[基本工资(元／工日)＋辅助工资(元／工日)]

×费率标准(%)　　　　　(5-6)

工会经费(元／工日)＝[基本工资(元／工日)＋辅助工资(元／工日)]

×费率标准(%)　　　　　(5-7)

养老保险费(元／工日)＝[基本工资(元／工日)＋辅助工资(元／工日)]

×费率标准(%)　　　　　(5-8)

医疗保险费(元／工日)＝[基本工资(元／工日)＋辅助工资(元／工日)]

×费率标准(%)　　　　　(5-9)

工伤保险费(元／工日)＝[基本工资(元／工日)＋辅助工资(元／工日)]

×费率标准(%)　　　　　(5-10)

职工失业保险基金(元／工日)＝[基本工资(元／工日)＋辅助工资(元／工日)]

$$× 费率标准(\%) \tag{5-11}$$

住房公积金(元／工日)＝[基本工资(元／工日)＋辅助工资(元／工日)]

$$× 费率标准(\%) \tag{5-12}$$

（4）人工工日预算单价为

$$人工工日预算单价(元／工日)＝基本工资＋辅助工资＋工资附加费 \tag{5-13}$$

（5）人工工时预算单价为

$$人工工时预算单价(元／工时)＝人工工日预算单价(元／工日)$$
$$÷日工作时间(工时／工日) \tag{5-14}$$

【例5-1】 在十类地区兴建一座水利枢纽工程，试计算初级工和高级工人工预算单价。已知：无地区津贴，养老保险费率20％，住房公积金费率5％。

解：（1）初级工人工预算单价计算。

1）基本工资＝270×1.1043×12÷251×1.068＝15.224（元/工月）

2）辅助工资为：

①地区津贴＝0（元/工日）

②施工津贴＝5.3×365×95％÷251×1.068×50％＝3.910（元/工日）

③夜餐津贴＝（4.5＋3.5）÷2×30％＝1.20（元/工日）

④节日加班津贴＝15.224×3×10÷251×35％＝0.637（元/工日）

辅助工资＝①＋②＋③＋④＝5.747 元/工日

3）工资附加费为：

①职工福利基金＝（15.224＋5.747）×7％＝1.468（元/工日）

②工会经费＝（15.224＋5.747）×1％＝0.21（元/工日）

③养老保险费＝（15.224＋5.747）×20％×50％＝2.097（元/工日）

④医疗保险费＝（15.224＋5.747）×2％＝0.419（元/工日）

⑤工伤保险费＝（15.224＋5.747）×1.5％＝0.315（元/工日）

⑥职工失业保险基金＝（15.224＋5.747）×1％＝0.21（元/工日）

⑦住房公积金＝（15.224＋5.747）×5％×50％＝0.524（元/工日）

工资附加费＝①＋②＋③＋④＋⑤＋⑥＋⑦＝5.243（元/工日）

人工工日预算单价＝15.224＋5.747＋5.243＝26.214（元/工日）

人工工时预算单价＝26.214÷8＝3.277（元/工时）

取定为 3.28 元/工时。

（2）高级工人工预算单价计算。

1）基本工资＝500×1.1043×12÷251×1.068＝28.193（元/工日）

2）辅助工资为：

①地区津贴＝0 元/工日

②施工津贴＝5.3×365×95％÷251×1.068＝7.820（元/工日）

③夜餐津贴＝（4.5＋3.5）÷2×30％＝1.20（元/工日）

④节日加班津贴＝25.530×3×10÷251×35％＝1.068（元/工日）

辅助工资＝①＋②＋③＋④＝10.088（元/工日）

3）工资附加费为：

①职工福利基金＝（28.193＋10.088）×14％＝5.359（元/工日）

②工会经费＝（28.193＋10.088）×2％＝0.766（元/工日）

③养老保险费＝（28.193＋10.088）×20％＝7.656（元/工日）

④医疗保险费＝（28.193＋10.088）×4％＝1.531（元/工日）

⑤工伤保险费＝（28.193＋10.088）×1.5％＝0.574（元/工日）

⑥职工失业保险基金＝（28.193＋10.088）×2％＝0.766（元/工日）

⑦住房公积金＝（28.193＋10.088）×5％＝1.914（元/工日）

工资附加费＝①＋②＋③＋④＋⑤＋⑥＋⑦＝18.566（元/工日）

人工工时预算单价＝28.193＋10.088＋18.566＝56.847（元/工日）

人工工时预算单价＝56.847÷8＝7.11（元/工时）

取定为7.11元/工时。

（二）水力发电工程人工预算单价计算

根据1997年原电力部颁发的有关规定，人工预算单价计算标准及方法如下。

1. 人工预算单价的计算标准

（1）有效工作时间。年有效工作日为235工日/（人·年），日工作时间为8h/工日。

（2）基本工资计算标准，见表5-5。

（3）辅助工资计算标准，见表5-6。

（4）工资附加费及劳动保护费，见表5-7。

（5）地区工资系数同表5-2。

表5-5　　　　　　　　　　　　　　　基本工资计算标准表

序　号	定额人工等级		基本工资［元/（人·月）］	
	等　级	名　称	建筑工	安装工
1	4	高级熟练工	481	
2	3	熟练工	376	363
3	2	半熟练工	302	
4	1	普工	257	

表5-6　　　　　　　　　　　　　　　辅助工资计算标准表

序　号	项　目	计算标准	备注
1	地区津贴	按省、自治区、直辖市的规定计算	
2	施工津贴	5.3元/人日	
3	夜餐津贴	2.5元/夜（中）班	
4	加班津贴	0.5元/班	十类地区

表 5－7 工资附加费及劳动保护费

序　号	项　　目	计　算　基　础	费率标准（%）	备　注
1	职工福利基金	基本工资、辅助工资之和	14	
2	工会	基本工资、辅助工资之和	2	
3	劳动保险基金	基本工资、辅助工资之和	26	
4	职工待业保险基金	基本工资、辅助工资之和	1	
5	劳动保护费	基本工资	12	

2. 人工预算单价计算方法

（1）基本工资为

$$基本工资（元／工日）＝基本工资标准（元／月）×地区工资系数×12月$$
$$÷年有效工作日 \qquad (5－15)$$

（2）辅助工资分为

$$地区津贴（元／工日）＝津贴标准（元／月）×12月$$
$$÷年有效工作日 \qquad (5－16)$$

$$施工津贴（元／工日）＝津贴标准（元／工日）×365×0.9$$
$$÷年有效工作日 \qquad (5－17)$$

$$夜餐津贴（元／工日）＝津贴标准［元／夜（中）班］×30\% \qquad (5－18)$$

$$加班津贴（元／工日）＝津贴标准（元／班）×地区工资系数 \qquad (5－19)$$

（3）工资附加费分为

$$职工福利基金（元／工日）＝［基本工资（元／工日）＋辅助工资（元／工日）］$$
$$×费率标准（\%） \qquad (5－20)$$

$$工会经费（元／工日）＝［基本工资（元／工日）＋辅助工资（元／工日）］$$
$$×费率标准（\%） \qquad (5－21)$$

$$劳动保险基金（元／工日）＝［基本工资（元／工日）＋辅助工资（元／工日）］$$
$$×费率标准（\%） \qquad (5－22)$$

$$职工待业保险基金（元／工日）＝［基本工资（元／工日）＋辅助工资（元／工日）］$$
$$×费率标准（\%） \qquad (5－23)$$

（4）劳动保护费为

$$劳动保护费（元／工日）＝基本工资（元／工日）×费率标准（\%） \qquad (5－24)$$

（5）人工工日预算单价为

$$人工工日预算单价（元／工日）＝基本工资＋辅助工资＋工资附加费$$
$$＋劳动保护费 \qquad (5－25)$$

（6）人工工时预算单价为

$$人工工时预算单价（元／工时）＝人工工日预算单价（元／工日）$$
$$÷日工作时间（工时／工日） \qquad (5－26)$$

第二节 材料预算价格

材料预算价格是指材料（包括构件、成品及半成品）由来源地或交货地点到达施工工地仓库或施工现场存放地点后的出库价格。材料费是水利水电工程投资的主要组成部分，在建安工程投资中所占比重一般在 30% 以上，有的甚至达到 60% 左右。工程所使用的材料包括消耗性材料、构成工程实体的装置性材料和施工中可重复使用的周转性材料，是建筑安装工人加工或施工的劳动对象。

一、水利水电工程中的主要材料与次要材料

水利水电建筑安装工程中所用到的材料品种繁多、数量大、其来源地、供应和运输方式也多种多样。在编制材料的预算价格时没必要也不可能逐一详细计算，而是将施工过程中用量多或用量虽小但价格昂贵、对工程投资有较大影响的一部分材料，作为主要材料，如钢材、水泥、木材、火工产品、油料、电缆及母线等，其他材料作为次要材料。次要材料是相对主要材料而言的，两者之间并没有严格的界限，要根据工程对某种材料用量的多少及其在工程投资中的比重来确定。次要材料一般品种繁多，其费用在投资中所占比例很小，对工程造价影响较小，用简化的方法进行计算。

二、主要材料的预算价格

主要材料的预算价格指材料由供货地点到达工地分仓库或相当于施工分仓库的堆料场的价格。主要材料预算价格的组成一般包括：①材料原价；②包装费；③运杂费；④运输保险费；⑤采购及保管费。其中材料的包装费并不是对每种材料都可能发生，例如散装材料不存在包装费；有的材料包装费则已计入出厂价。

材料的预算价格计算公式为

$$材料预算价格 ＝（材料原价 ＋ 包装费 ＋ 运杂费）×（1 ＋ 采购及保管费率）$$
$$＋ 运输保险费 \qquad\qquad (5-27)$$

（一）材料原价

材料原价也称材料市场价或交货价格。一般按工程所在地区就近大的物资供应公司、材料交易中心的市场成交价或设计选定的生产厂家的出厂价以及工程所在地建设工程造价管理部门公布的价格信息计算。同一种材料，因产地、供应商家的不同，会有不同的价格，需根据市场调查的详细资料，经过科学论证，确定其市场价，按不同产源地的市场价格和供应比例，采取加权平均的方法计算。

（1）钢材。根据设计所需要的规格品种的市场价计算。如果设计提供品种规格有困难时，钢筋原价可按普通圆钢 Q_{235} 光面钢筋 $\phi16 \sim 18mm$ 比例占 70%、低合金钢 20MnSiϕ20 $\sim$25mm 比例占 30% 进行计算。各种型钢、钢板的预算价按设计要求的代表型号、规格和比例确定。

（2）木材。工程所需木材由林区贮木场直接提供，原则上应执行设计选定的贮木场的大宗市场批发价；由工程所在地木材公司供给的，执行木材公司提供的大宗市场批发价。

（3）水泥。水泥产品价格由厂家根据市场供求状况和水泥生产成本自主定价。水泥原价为选定厂家的出厂价。在可行性研究阶段编制投资估算时，水泥市场价可统一按袋装水

泥价格计算。

（4）油料。汽、柴油的原价按工程所在地区石油公司的批发价计算，汽油代表规格为70号。柴油代表规格根据工程所在气温区确定，其中Ⅰ类气温区 0 号比例占 75%～100%，−10～−20 号比例占 0～25%；Ⅱ类气温区 0 号比例占 55%～65%，−10～−20号比例占 35%～45%；Ⅲ类气温区 0 号比例占 40%～55%，−10～−20 号比例占 45%～60%。Ⅰ类气温区包括广东、广西、云南、贵州、四川、江苏、湖南、浙江、湖北、安徽；Ⅱ类气温区包括河南、河北、山西、山东、陕西、甘肃、宁夏、内蒙古；Ⅲ类气温区包括青海、新疆、西藏、辽宁、吉林、黑龙江。

（5）火工品。全部按国家及地方有关规定计算其预算价格。

上述 5 种建筑材料为工程概预算编制中一般必须编制预算价格的主要材料，在具体工程中须根据工程项目进行增删。如工程中无石方开挖，则无须计算火工品的预算价格；如大体积混凝土掺用的粉煤灰则应作为主要材料，编制其预算价格。由于砂石料在水利水电工程中需用量较大，一般自行开采，其预算价格将在后面作专门的介绍。

（二）包装费

包装费是指为便于材料的运输或为保护材料而进行包装所发生的费用。包括厂家所进行的包装以及在运输过程中所进行的捆扎、支撑等费用。应按工程所在地区的实际资料及有关规定计算。包装费和包装品的价值，因材料品种和厂家处理包装品的方式不同而异，应根据具体情况分别进行计算。一般情况下，钢材一般不进行包装，特殊钢材存在少量包装费，但与钢材价格相比，所占比重很小，编制预算价格时可忽略不计；木材应按实际发生的情况进行计算；袋装水泥的包装费按规定计入出厂价，不计回收，不计押金，散装水泥有专灌车运运，一般不计包装费；火工品包装费已包括在出厂价中；油料用油罐车运输，一般不存在包装费。

（三）运杂费

材料运杂费是指材料由产地或交货地点运往工地分仓库或相当于工地分仓库（材料堆放场）所发生的全部费用，包括各种运输工具的运输费、装卸费、调车费及其他费用。在编制材料预算价格时，应按施工组织设计中所选定的材料来源和运输方式、运输工具、运输距离以及厂家和交通部门规定的取费标准，计算材料的运杂费。特殊材料或部件运输，要考虑特殊措施费、改造路面和桥梁费等。

（1）铁路运输费的计算。铁路运输按铁道部现行《铁路货物运价规则》及有关规定计算。

（2）施工单位自备机车车辆在自营专用线上行驶的运杂费的计算。按列车台（时）班费和台班（时）货运量以及运行维护人员开支摊销费计算，其计算公式为

$$\text{每吨运费} = \frac{\text{机车台班费} + \text{车辆台班费之和}}{\text{每列火车设计载重量} \times \text{装载系数} \times \text{列车每班行驶次数}} + \text{每吨装卸费}$$
$$+ \text{现场管理人员开支的摊销费}(\text{元}/t) \qquad (5-28)$$

如果自备机车还要通过国有铁路，还应缴纳给铁路部门的过轨费。其运杂费计算公式为

$$每吨运费 = \frac{机车台班费 + 车辆台班费之和 + 列车过轨费}{每列火车设计载重量 \times 装载系数 \times 列车每班行驶次数} + 每吨装卸费$$
$$+ 现场管理人员开支的摊销费(元/t) \tag{5-29}$$

火车整车运输货物，除特殊情况外，一律按车辆标记载重量装载计费。但在实际运输过程中经常出现不能满载的情况，在计算运杂费时，用装载系数来表示。火车整车装载系数参见表 5-8。

表 5-8   火车整车运输装载系数

序　号	材　料　名　称		单　位	装载系数
1	水泥、油料		t/车皮 t	1.0
2	木材		m³/车皮 t	0.90
3	钢材	大型工程	t/车皮 t	0.90
4		中型工程	t/车皮 t	0.80~0.85
5	炸药		t/车皮 t	0.48~0.52

在铁路运输方式中，要确定每一种材料运输中的整车与零担比例，据以分别计算其运杂费。整车运价较零担运价便宜，所以要尽可能以整车方式运输。根据已建大、中型水利工程实际情况，考虑一部分零担，其比例，大型工程可按 10%~20% 选取，中型工程按 20%~30% 选取，如有实际资料，应按实际资料选取。

（3）公路运杂费的计算。公路运杂费按工程所在省、自治区、直辖市交通部门的现行规定计算，汽车运输轻泡货物时，按实际载量计价。

轻泡货物是指每立方米重量不足 333kg 的货物。整车运输时，其长、宽、高不得超过交通部门有关规定，以车辆标记吨位计重。零担运输，以货物包装的长、宽、高各自最大值计算体积，按每立方米折算 333kg 计价。

（4）水路运杂费的计算。水路运输包括内河运输和海洋运输，其运杂费按交通航运部门现行有关规定计算。

（四）运输保险费

材料运输保险费是指向保险公司交纳的货物保险费用，按工程所在省、自治区、直辖市或中国人民保险公司有关规定计算。

（五）采购及保管费

材料采购及保管费是指建设单位和施工单位的材料供应部门在组织材料采购、运输保管和供应过程中所需的各项费用，按材料运到工地仓库价格（不包括运输保险费）的 3% 计算。

三、其他材料的预算价格

参考工程所在地区的工业与民用建筑安装工程材料预算价格或价格信息。

四、材料调差

为了避免材料市场价格起伏变化，造成间接费、利润相应的变化，使工程造价能反映材料供应现状和实际价格水平，在确定材料原价时，应在国家"重要生产资料国家最高限价"和市场调节价格之间合理确定。2002 年水利部颁发的《水利工程设计概（估）算编制规定》中专门指出，西藏等地区，部分材料运输距离较远，预算价格较高，应限价进入工程单价，余额以补差形式计算税金后列入相应部分之后。外购砂、碎（砾）石、块石、料石等预算价格如超过 70 元/m³ 的，按 70 元/m³ 取费，这种只规定上限的基价，称为规定价或限价。材料实际价格与规定价之差称为材料调差价。

【例 5 - 2】　某水利工程拟采购水泥，由水泥厂直供，标号为 52.5MPa，其中袋装水泥占 10%，散装水泥占 90%，出厂价为 300 元/t。运输路线、运输方式和各项费用：自水泥厂通过公路运往工地仓库，其中袋装运杂费 25 元/t，散装运杂费 15 元/t；从仓库至拌和楼由汽车运送，运费 2 元/t，进罐费 1.5 元/t；运输保险费率按 1% 计；采购保管费率按 3% 计。试计算水泥预算价格。

解：水泥运杂费＝水泥厂至工地仓库平均运杂费＋工地仓库至拌和楼平均运杂费

$$＝15×90\%＋25×10\%＋2＋1.5＝19.5（元/t）$$

水泥运输保险费＝水泥市场价×运输保险费率＝300×1%＝3.00（元/t）

水泥预算价格＝（水泥原价＋运杂费）×（1＋采购及保管费率）＋运输保险费

$$＝（300＋19.5）×（1＋3\%）＋3＝332.09（元/t）$$

第三节　施 工 机 械 使 用 费

施工机械使用费指消耗在建筑安装工程项目上的机械磨损、维修和动力燃料费用等。施工机械使用费以台时为计量单位。施工机械台时费是指一台施工机械，在正常运转条件下一个小时中所分摊和消耗的全部费用。通常包括折旧费、大修理费、经常修理费、燃料动力费、机上人员人工费、养路费及车船使用税等。

台时费是计算建筑安装工程单价中机械使用费的基础单价。随着水利工程机械化程度的提高，施工机械使用费在工程投资中所占比例越来越大，目前已达到 20%～30%，因此计算台时费非常重要。

一、施工机械台时费的组成

施工机械台时费由第一类费用和第二类费用两部分组成。

第一类费用为摊销的费用，由折旧费、修理及替换设备费（含大修理费、经常性修理费）、安装拆卸费组成，按现行部颁规定，以金额形式表示，价格水平为 2000 年。其大小主要取决于机械的价格和年工作制度。

第二类费用为消耗的费用，由机上人工费、动力燃料费、养路费及车船使用费组成。也可将养路费及车船使用费作为第三类费用单独计算。

施工机械台时费的计算应按照 2002 年由水利部颁发的《水利工程施工机械台时费定额》及有关规定进行。

二、一类费用的计算

（一）折旧费的计算

折旧费指施工机械在规定使用期限内，每一台班所分摊的机械原值及支付贷款利息的费用。

1. 折旧费的计算依据

（1）机械预算价格。该值按机械出厂（或到岸完税）价格及机械以交货地点或口岸运至使用单位机械管卫部门的全部运杂费计算，即

$$机械预算价格 = 机械市场价 + 运杂费 \qquad (5-30)$$

（2）残值率。残值率指机械达到使用寿命需要报废时的残值扣除清理费后占机械预算价格的百分率，即

$$残值率 = \frac{机械残值 - 清理费}{机械预算价格} \times 100\% \qquad (5-31)$$

式中，残值率一般可取 $4\% \sim 5\%$。

（3）机械耐用总台时。又称机械寿命台时，指机械在使用期内所运转的总台时数，即

$$机械耐用台时 = 使用年限 \times 年工作台时 \qquad (5-32)$$

式中，使用年限为国家规定的该种机械从使用到报废的平均工作年数；年工作台时为该种机械在使用期内平均全年运行的台时数。

2. 施工机械台时折旧费的计算

台时折旧费的计算公式为

$$台时折旧费 = \frac{机械预算价格 \times (1 - 残值率)}{机械耐用总台时} \qquad (5-33)$$

（二）大修理费计算

大修理费指施工机械按规定的大修间隔台时进行必须的大修，以恢复正常使用功能的全部费用。

大修理费计算公式为

$$台时大修理费 = \frac{一次大修费用 \times 大修理次数}{机械耐用总台时} \qquad (5-34)$$

$$大修理次数 = \frac{耐用总台时}{大修理间隔台时} - 1$$

（三）经常修理费计算

经常修理费指机械在寿命期内除大修理之外的保养（含一、二、三级保养）及临时故障排除和机械停置期间的维护等所需各种费用；为保证机械正常运转所需替换设备，随机工具器具的摊销费用及机械日常保养所需润滑擦拭材料费之和，分摊到台班费中，即为经常修理费。

经常性修理费包括修理费、润滑及擦拭材料费。

在实际计算经常性修理费时，通常用经常性修理费占大修理费的百分比来计算，百分比一般通过对典型机械的测算确定，然后求得同类其他机修的修理费。计算公式为

$$台时经常性修理费 = 台时大修理费 \times 经常性修理费率$$

$$经常性修理费率 = \frac{典型机械台班经常修理费}{典型机械台时大修理费} \times 100\% \qquad (5-35)$$

（四）安装拆卸费计算

安装拆卸费是指机械在施工现场进行安装、拆卸所需人工、材料、机械和试运转费

用，包括机械辅助设施的折旧、搭设、拆除等费用。

安装拆卸费的计算公式为

$$台时安装拆卸及辅助设施费 = 台时大修费 \times 安拆费率$$

$$安拆费率 = \frac{典型机械安装拆卸及辅助设施费}{典型机械台时大修理费} \times 100\% \qquad (5-36)$$

由于部分大型和特大型施工机械的单机一次安装拆卸费用较大，如果将其放在台时费中逐步摊销，则要长期占用流动资金，影响资金的周转使用。因此，现行施工机械台时费定额中，将下列六种类型的大型机械安装拆卸费用，列入施工临时工程中的"其他施工临时工程"项内。这六种机械是：①斗容为 3m³ 及以上挖掘机、轮斗挖掘机；②混凝土搅拌站、混凝土搅拌楼；③胎带机；④塔带机；⑤缆索起重机、简易缆索起重机、20t 及以上塔式起重机，门座式起重机；⑥针梁模板平车、钢模台车、滑模台车。除上述六种机械外，凡台班费定额中列有安装拆除费的施工机械，其安装拆除费均应计入台班费，不要在临时工程中单独列项。

（五）替换设备及工具、附具费

替换设备及工具、附具费指机械正常运行所需要更换的设备工具、附具摊销到台时费用。计算公式为

$$台时替换设备及工具附具费 = \frac{年替换设备及工具辅具费}{年工作台时} \qquad (5-37)$$

几种施工机械替换设备及工具、附具数量可参考表 5-9。

在资料不易取得的情况下，也可按上述占大修理费的百分比的方法计算。

表 5-9 　　　　　　　　　　　　　　　替 换 设 备 及 工 具

机 械 名 称	替换设备及工具附具名称	年需要数量（m）	机 械 名 称	替换设备及工具附具名称	年需要数量（m）
空压机	胶皮管	50	15t	电缆线	120
电焊机	橡皮软线 50mm²	100	25t	电缆线	140
对焊机	橡皮软线 50mm²	20	40t	电缆线	150
混凝土振捣器	软线	30	（自升）10t	电缆线	200
凿岩机	高压胶皮管	20	龙门起重机	电缆线	200
水泵	弹簧软管	8	其他电动机	（小型）电缆线	10
塔式起重机：2～6t	电缆线	80	其他电动机	（大型）电缆线	50

（六）保管费

保管费计算公式为

$$台时保管费 = \frac{机械预算价格}{机械年工作台时} \times 保管费率 \qquad (5-38)$$

保管费率的高低与机械预算价格有直接的关系。机械预算价格低，保管费率高；反之，机械预算价格高，保管费率低。保管费率一般在 0.15% ～1.5% 范围内。

三、二类费用的计算

(一) 机上人员人工费

机上人员人工费指机上司机或副司机、司炉工的基本工资和其他工资性津贴。

机上人工费计算公式为

$$台时机上人工费 = 机上人工工时数 \times 人工小时预算单价 \qquad (5-39)$$

(二) 燃料动力费

燃料动力费指施工机械运转时所耗用的各种动力、燃料及各种消耗性材料，包括风、水、电、汽油、柴油、煤及木柴等所需的费用。

燃料动力费计算公式为

$$台班燃料动力费 = 台班燃料动力消耗量 \times 相应单价 \qquad (5-40)$$

(三) 养路费及车船使用税

养路费及车船使用税指按照国家有关规定应交纳的养路费和车船使用税，按各省、自治区、直辖市规定标准计算后列入定额。

目前，养路费及车船使用税的计算公式为

$$养路费及车船使用税 = 载重量（或核定自重吨位）\times [养路费标准$$
$$\times 12 + 车船使用税标准] \div 年工作台班 \qquad (5-41)$$

养路费标准的单位为"元/（吨·月）"；车船使用税标准的单位为"元/（吨·年）"。

在燃油"费改税"实施后，养路费将以税费的形式计入燃油单价内，不再单独征收。

第四节　施工用电、风、水价

在水利水电工程施工过程中，电、风、水的耗用量非常大，电、风、水的预算价格直接影响到施工机械台班费和工程单价的高低，从而影响到工程造价。因此，在编制电、风、水预算单价时，需要根据施工组织设计中确定的电、风、水供应的布置形式、供应方式、设备配置情况或施工企业的实际资料计算。

一、施工用电价格

水利水电工程施工用电的电源有外购电和自发电两种形式。由国家、地方电网或其他电厂供电叫外购电，其中国家电网供电电价低廉，电源可靠，是施工时的主要电源。由施工单位自建发电厂或柴油发电厂供电叫自发电，自发电一般为柴油机发电机组供电，成本较高，一般作为施工单位的备用电源或高峰用电时使用。

施工用电的价格由基本电价、电能损耗摊销费和供电设施维修摊销费三部分组成，应根据施工组织设计确定的供电方式以及不同电源的电量所占比例，按国家或工程所在省、自治区、直辖市规定的电网电价和规定的加价进行计算。

(一) 基本电价

1. 外购电的基本电价

外购电的基本电价指按国家或地方的规定由供电部门收取的电价。

电价计算公式为

$$\text{电网供电价格} = 基本电价 \div (1 - 高压输电线路损耗率)$$
$$\div (1 - 35kV 以下变配电设备及配电线路损耗率)$$
$$+ 供电设施维修摊销费(变配电设备除外) \tag{5-42}$$

2. 自发电的基本电价

自发电的基本电价是指自建发电厂每发一度电的成本。自建发电厂的型式一般有柴油发电厂、燃煤发电厂、水力发电厂等。

（1）柴油发电厂。这是自发电厂中较普通的一种，在编制概算阶段，根据自备电厂所配置的设备，以台时总费用来计算单位电能的成本作为基本电价。

$$\genfrac{}{}{0pt}{}{\text{柴油发电机供电价格}}{\text{（水泵供冷却水）}} = \frac{柴油发电机组（台）时总费用}{柴油发电机额定总容量之和 \times K} \div (1 - 厂用电率)$$
$$\div (1 - 变电设备及配电线路损耗)$$
$$+ 供电设施维修摊销费 \tag{5-43}$$

柴油发动机供电如果采用循环冷却水，不用水泵，电价计算公式为

$$\text{柴油发电机供电价格} = \frac{柴油发电机组（台）时总费用}{柴油发电机额定容量之和 \times K} \div (1 - 厂用电率)$$
$$\div (1 - 变配电设备及配电线路损耗率)$$
$$+ 单位循环冷却水费 + 供电设施维修摊销费 \tag{5-44}$$

式中　　　　　　　K——发动机出力系数，一般取 0.8～0.85；

厂用电率——4%～6%；

高压输电线路损耗率——4%～6%；

变配电设备及配电线路损耗率——5%～8%；

供电设施维修摊销费——取 0.02～0.03 元/（kW·h）；

单位循环冷却水费——取 0.03～0.05 元/（kW·h）。

（2）燃煤发电厂及水力发电厂。根据电厂的设备配置和施工组织设计提出的发电量、运行人员数量、管理人员数量和燃煤消耗、厂用电率等，计算出折旧、大修、运行、维修、管理、损耗等各项费用，按火电厂及水力发电厂常用的发电单位成本分析方法计算基本电价。

【例 5 - 3】　某施工单位自备燃煤电厂，已知施工期间需要的用电量及其余各资料为①发电量 3×10^6 kW·h；②厂用电率 5%；③燃煤消耗费 1040000 元；④水费 19000 元；⑤材料费 130000 元；⑥运行、维修、管理人员工资 120000 元；⑦基本折旧费 52000 元；⑧大修费用 20500 元；⑨其他费用 20200 元。试计算基本电价。

解：总供电量$= 3 \times 10^6 \times (1 - 5\%) = 3.16 \times 10^6$（kW·h）

总费用$=$各项费用和$= 1040000 + 19000 + 130000 + 120000 + 52000 + 20500 + 20200$
$$= 1401700 \text{ 元}$$

基本电价$= \dfrac{1401700}{3.16 \times 10^6} = 0.44$ ［元/（kW·h）］

（二）电能损耗摊销费

电能损耗是从施工单位与供电部门的产权分界处起到施工现场最后一级降压变压器低压侧之间的所有施工用变配电设备和线路的损耗。

自发电的电能损耗摊销费指从发电厂的出线侧至现场各施工点最后一级降压变压器低压侧所有变配电设备和输电线路上发生的电能损耗费用。

从最后一级降压变压器低压侧至施工现场用电点之间的电能损耗费用已包括在施工机械台班费中，不再计入电价内。

计算电能损耗的方法有两种。

1. 通过月平均总用电量（或典型月用电量）用近似公式计算

（1）变压器损耗计算公式为

$$\Delta A_1 = \Delta P_0 t + \Delta P_m t (W_e / S_e \cos\varphi)^2 \qquad (5-45)$$

式中　ΔA_1——变压器有功电能损失，$kW \cdot h$；

　　　ΔP_0——空载损耗，kW；

　　　ΔP_m——负载损耗，kW；

　　　t——变压器运行小时（日历天×24h/天）；

　　　W_e——出线侧电表用电量，$kW \cdot h$；

　　　S_e——变压器额定容量，kVA；

　　$\cos\varphi$——出线侧功率因数，一般可取 0.8。

（2）线路损耗计算公式为

$$\Delta A_2 = (I\cos\varphi)^2 R t \qquad (5-46)$$

式中　ΔA_2——线路电能损失，$kW \cdot h$；

　　　I——线路电流，kA；

　　　R——线路电阻，Ω；

　　　t——运行时间，h。

电能损失值即各变压器的电能损失之和与输电线路损失之和的合计值。

$$电能损耗费 = 基本电价 \times \frac{电能损耗}{供电总量 - 电能损耗} \qquad (5-47)$$

此种计算方法虽有一定的理论基础，但要正确选定公式中各参数是比较困难的。

2. 根据实际资料，用电能损耗占供电量的百分率进行计算

该方法理论基础差，需要积累一定的实际资料，主要用于初步设计阶段编制设计概算。各用电损耗百分率参考取值范围为：主变压器高压侧的高压线路（35kV 及以上）的损耗率一般为 4%～6%，变配电设备和配电线路的损耗率一般取 5%～8%。

若工程同时采用两种或两种以上供电电源，各用电量比例应按施工组织设计确定，综合电价经加权平均后求得。

（三）供电设施维修摊销费

供电设施维修摊铺费主要有变配电的基本折旧费、大修理费、安装和拆除费、运行维护费以及输电线路的维护费摊销到施工期间每度用电（包括生产和生活用电）的费用。

1. 变配电设备的基本折旧费和大修理费

基本折旧费计算公式为

$$基本折旧费 = 变配电设备的预算价格 \times 年折旧率 \times 施工年限 \qquad (5-48)$$

大修理费的计算公式为

$$大修理费 = 设备预算价格 \times 年大修理费率 \times 施工年限 \qquad (5-49)$$

2. 变配电设备的安装拆除费

一般可按施工用电主变压器及其附属设备安装、拆除各一次计算。对于动力变压器有些单位建议平均按施工期间安装、拆除各二次计算。由于施工初期供电量少，大量供电设备正在安装，需要较多的费用。因此，在编制年度预算时，可以考虑将该项费用列入临时工程项目中，而不计入电价。

3. 变配电设备和输电线路的运行维修费

$$运行维修人工费 = 运行维修平均人数 \times 人工预算单价 \times 施工年限 \qquad (5-50)$$

$$设备维修材料费 = 变配电设备预算价 \times 年维修费率 \times 施工年限 \qquad (5-51)$$

$$线路维修材料费 = 线路长度 \times 维修费[元/(年 \cdot km)] \times 施工年限 \qquad (5-52)$$

4. 计算摊销费

上述三项费用的计算非常繁琐，在编制初步设计概算时，施工组织设计的深度难以满足计算要求，因此，一般都利用经验数值计入电价的方法计算，经验指标一般为 0.02～0.03 元/（kW·h）。在编制修正概算或预算阶段摊销费按下式计算

$$摊销费 = \frac{应摊销的总费用}{总电量（包括生活用电）} \qquad (5-53)$$

为供电建造的发电厂房、架设的线路、变电站等费用，均应按现行规定分别列入临时工程部分的相应项目内，不直接计入电价成本。

（四）电价简化计算

在可行性研究阶段编制概算设计资料不足时，可参考采用简化的方法计算电价。

1. 外购电价简化计算

计算公式为

$$电价 = 基本电价 \times \frac{1}{1-损耗率} + 摊销费 \qquad (5-54)$$

对于式中各项，可参考类似工程经济数据取值。下列数据可供参考：损耗率可取 12%～17%，摊销费为 0.02%～0.03 元/（kW·h）。

2. 柴油机发电厂电价计算

计算公式为

$$电价 = 固定费用 + 可变费用 \qquad (5-55)$$

式中，固定费用包括施工机械费中第一类费用及机上人工工资、维护摊销费、厂用电及线变损所增加的费用；可变费用为燃油消耗费。简化计算的各项参数可参考表 5-10。

二、施工用风价格

在水利工程施工中，施工用风主要用于石方爆破钻孔、混凝土浇筑、基础处理、金属结构、机电设备安装工程等风动机械所需的压缩空气。

施工用风可由移动式空压机或固定式空压机供给。在大中型水利工程中，一般都采用多台固定式空压机集中组成压气系统，并以移动式空压机为辅助。为了保证风压和减少管路损耗，水利工程施工工地一般采用分区布置供风系统，如左坝区、右坝区、厂房区等。各区供风系统，因布置形式和机械组成不一定相同，因而各区的风价也不一定相同，此种情况下应采用加权平均的方法计算综合风价。

序　号	发电机装机容量 (kW)	固定费 [元/(kW·h)]	油耗指标 [kg/(kW·h)]	柴油价（元/kg）		
				1.60	2.00	2.60
				参考电价 [元/(kW·h)]		
1	40～50	0.62	0.39	1.24	1.40	1.63
2	60～85	0.53	0.33	1.06	1.19	1.39
3	160～200	0.35	0.31	0.85	0.97	1.16
4	250～300	0.3	0.30	0.78	0.90	1.08
5	400～480	0.29	0.26	0.71	0.81	0.97

注 85kW 以下为移动式发电机，160kW 以上为固定式发电机。

施工用风价格的组成和电价相似，由基本风价、供风损耗摊销费、供风设施维修摊销费组成，根据施工组织设计所配置的空气压缩机系统设备组（台）时总费用和组（台）时总有效供风量计算，风价计算公式为

$$施工用风价格 = \frac{空气压缩机组（台）时总费用 + 水泵组（台）时总费用}{空气压缩机额定容量之和 × 60min × K}$$

$$÷（1 - 供风损耗率）+ 供风设施维修摊销费 \qquad (5-56)$$

式中　K——能量利用系数，一般取 0.70～0.85。

可简化为

$$施工用风价格 = 基本风价 × \frac{1}{1 - 供风损耗率} + 供风设施维修摊销费 \qquad (5-57)$$

1. 基本风价

基本风价是根据施工组织设计确定的高峰用风量配置的供风系统设备，按台时产量计算单位风量的价格，计算公式为

$$基本风价 = \frac{台时总费用}{台时总供风量} \qquad (5-58)$$

其中　　　台时总费用＝空气压缩机组台（时）总费用＋水泵组（台）时总费用

台时总供风量＝60min×空气压缩机额定容量之和×K

空气压缩机系统如采取循环冷却水，不用水泵，基本风价计算公式为：

$$基本风价 = \frac{空气压缩机组（台）时总费用}{台时总供风量} + 单位循环冷却水费 \qquad (5-59)$$

式中　单位循环冷却水费——0.005 元/m³。

2. 供风损耗摊销费

该项费用是指由压气站至用风工作面的固定供风管道，在输送压气过程中所发生漏气损耗和压气在管道中流动时的阻力损耗摊销费用，损耗及损耗摊销费的大小与管道长短、管道直径、闸阀和弯头等构件多少、管道敷设质量、设备安装高程的高低有关。供风损耗率一般占总风量的 8％～12％。风动机械本身的用风损耗，不在风价中计算，其已包括在该机械台班耗风定额中。

3. 供风设施维修摊销费

供风设施维修摊销费指摊入风价的供风管道的维修费用。该项目费用数值较小，编制

概算时可采用经验数值而不进行具体计算，采用 0.002～0.003 元/m³。编制预算时，若实际资料不足无法进行具体计算时，也可采用上述建议值。

4. 风价简化计算

在可行性研究阶段编制投资估算或在初步设计阶段编制概算时，如果缺乏必要的计算资料，也可用简化计算的方法计算风价。

简化计算时，将施工用风价格分为固定费用和可变费用两部分。其中的固定费用指空压机的一类费用、人工费、冷却水费、供风管道维修摊销费和风量损耗摊销费之和；可变费用指动力消耗费，用耗电指标表示。施工用风价格简化计算公式为：

$$施工用风价格 = 固定费用 + 可变费用 \tag{5-60}$$

简化计算可参考表 5-11。

表 5-11　　　　风 价 简 化 计 算 取 值

工程规模	组成压气系统的主体空压机（m³/min）	固定费用（元/m³）	耗电指标［(kW·h)/m³］	电价［元/(kW·h)］	
				0.23	0.50
				参考风价（元/m³）	
中小型	10	0.042	0.16	0.079	0.127
中型	20	0.037	0.15	0.072	0.112
大中型	40	0.030	0.13	0.060	0.095
大型	60	0.023	0.11	0.048	0.078
特大型	100	0.020	0.10	0.043	0.070

注　压气系统中配置的主体空压机（指在该压气系统中，这种空压机容量之和在总容量中占比例最大）如已确定，可按上表计算风价。如主体空压机尚未确定，只能根据工程规模，按上表粗估风价。

三、施工用水价格

水利水电工程施工用水分生产用水和生活用水两部分。生产用水是指直接进入工程成本的施工用水，包括钻孔灌浆用水、砂石料筛选用水、混凝土拌制养护用水、施工机械用水等。生活用水主要指职工、家属的饮用水和洗涤用水等。水利工程施工用水水价，仅指生产用水水价。生活用水属于间接费用开支或由职工自行负担，不在水价计算范围之内。如果生产、生活用水由同一系统供水，凡因生活用水所增加的费用（如净化药品费等），均不应计入生产用水的单价之内。如果生产用水分区设置供水系统，需按各系统供水量的比例加权计算综合水价。

施工用水价格由基本水价、供水损耗摊销费和供水设施维修摊销费用组成，根据施工组织设计所配制的供水系统设备组（台）时总费用和组（台）时总有效供水量计算，计算公式为

$$施工用水价格 = \frac{水泵组（台）时总费用}{水泵额定容量之和 \times K} + (1-供水损耗率)$$
$$+ 供水设施维修摊销费 \tag{5-61}$$

式中　　　　　　K——能量利用系数，取 0.75～0.85；

供水损耗率——取 8%～12%；

供水设施维修摊销费——取 0.02～0.03 元/m³。

可简化为

$$水价 = \frac{基本水价}{1 - 损耗率} + 供水设施维修摊销费 \qquad (5-62)$$

1. 基本水价

基本水价是根据施工组织设计确定的按施工高峰用水所配置的供水系统设备（不含备用设备），按台时（班）产量计算的单位水量价格。

基本水价计算公式为

$$基本水价 = \frac{水泵台时（班）总费用}{水泵台时（班）总出水量} \qquad (5-63)$$

其中　水泵台时（班）总出水量（m³）＝各水泵额定总流量（m³/h）×K×8（h）

式中　水泵台时（班）总费用——各水泵台班费总和。

2. 供水损耗摊销费

水量损耗是指施工用水在储存、输送、处理过程中造成的水量损失，用损耗率表示，计算公式为

$$损耗率 = \frac{损失水量}{水泵总出水量} \times 100\% \qquad (5-64)$$

蓄水池及输水管路的设计、施工质量和维修管理水平的高低对损耗率有直接影响，编制概算时损耗率一般取 8%～12%，在预算阶段，如有实际资料，应根据实际资料计算。

3. 供水设施维修摊销费

供水设施维修摊销费指摊入水价的蓄水池、供水管路的单位维护修理费用。一般工程中生产用水与生活用水的摊销费难以分清，可按 0.02～0.03 元/m³ 摊入水价，大型工程或一、二级供水系统可取大值，中小型工程多级供水系统可取小值。

4. 水价计算时应注意的问题

(1) 施工用水为多级提水并中间有分流时，要逐级计算水价。

(2) 施工用水有循环用水时，水价要根据施工组织设计的供水工艺流程计算。

5. 水价的简化计算

水价的简化计算主要适用于编制投资估算，编制概算时，若资料不足也可采用简化方法计算，计算公式为

$$水价 = 固定费用 + 可变费用 \qquad (5-65)$$

固定费用包括水泵的一类费用、机上人工费、蓄水池和管路的摊销费以及水量损耗所增加的费用，可根据经验资料确定；可变费用指电费，表 5-12 及表 5-13 中数据可供参考。

表 5-12　　　　　　　　　　　　水价简化计算（固定费用）

主要供水系统一级泵站设计出水量	固定费用（元/m³）	
	一、二级泵站供水水方式	三级以上泵站供水方式
300 以下	0.13	0.16
300～800	0.1	0.13
800 以上	0.07	0.08

注　1. 可依出水量最大的主要供水系统的一级泵站为代表直接选取指标。

　　2. 本表系按 DA 型多级离心水泵计算的，如选用 BA 型和 SH 型水泵，其固定费用均小于本表中的指标。

表 5 - 13　　　　　　　　水价简化计算（可变费用）

主要供水系统加权平均扬程 （m）	耗电量 [元/（kW·h）/m³]	电价 [元/（kW·h）]	
		0.23	0.50
		可变费用（元/m³）	
20	0.15	0.035	0.075
30	0.27	0.062	0.135
50	0.50	0.12	0.25
60	0.58	0.13	0.29
80	0.68	0.16	0.34
100	0.84	0.19	0.42
120	1.00	0.23	0.50
150	1.25	0.29	0.63
170	1.45	0.33	0.73
200	1.75	0.40	0.88
220	1.93	0.44	0.97
250	2.13	0.49	1.10
270	2.28	0.52	1.14
300	2.44	0.56	1.22

注　主要供水系统的加权平均扬程，是按各级泵站的供出水量为权数进行加权计算而得出的扬程。

第五节　砂 石 料 单 价

砂石料单价指从覆盖层清除、毛料开采、运输、堆存、筛分、冲洗、破碎、成品料运输、弃料处理等全部工艺流程累计发生的费用，并计入直接工程费、间接费、企业利润及税金。2002 年《水利建筑工程概算定额》及 2002 年《水利建筑工程预算定额》砂石备料工程定额中已经考虑了砂石料在开采、加工、运输、堆存时发生的损耗，砂石料单价计算时，不另计其他任何系数和损耗。砂、碎（砾）石、块石、料石等预算价格控制在 70 元/m³ 左右，超过部分计取税金后引入相应部分之后。

砂石料是水利工程中混凝土、砌石、灌浆和反滤层等结构物的主要建筑材料，是砂砾料、砂、碎石、砾石、骨料等的统称。由于砂石料使用量很大，大中型工程一般由施工单位自行采备，形成机械化砂石料加工工厂进行生产。小型工程一般就近在市场上采购。水利工程中砂石料单价的高低对工程投资有较大的影响，所以在编制其单价时，必须深入现场调查，认真收集地质勘探、试验、设计资料，掌握其生产条件、生产流程，正确选用定额进行计算，保证砂石料单价的可靠性。

一、砂石料综合单价计算方法

（1）根据施工组织设计确定的砂石料加工工序利用概预算相应定额计算工序单价。

（2）计算覆盖层清除单价、弃料处理单价与相应的摊销率对应相乘后相加组成附加单价。

（3）砂石料基本单价和附加单价之和构成砂石料综合单价。

（4）弃料如利用于其他工程或销售部分，应按比例降低砂石料单价。

对于外购砂石料可按材料预算价格计算办法，根据市场实际调查情况和有关规定计算其原价、运杂费、采购保管费和运输保险费。

二、砂石料各生产工艺流程计算参数的确定

1. 覆盖层清除摊销率

覆盖层清除摊销率指覆盖层的清除量占成品砂石料的百分比，即

$$覆盖层清除摊销率 = 覆盖层清除量 \div 成品骨料总量 \times 100\% \qquad (5-66)$$

2. 弃料处理摊销率

砂石料加工过程中，有部分废弃的砂石料，包括有级配弃料，超径弃料，以及施工损耗。其中施工损耗在定额中已考虑，不再计入弃料处理摊销费，超径摊销率和级配摊销率计算公式为

$$弃料处理摊销率 = 弃料量 \div 成品骨料总量 \times 100\% \qquad (5-67)$$

根据弃料处理单价和弃料处理摊销率将弃料处理单价摊入到成品骨料单价中。

【例 5 - 4】 某施工企业自行采备砂石料，已知：

(1) 砂石料加工工艺流程为：覆盖层清除→毛料开采运输→预筛分、超径破碎运输→筛洗、运输→成品骨料运输。其中预筛分、超径破碎、筛洗、运输工序中需将其弃料运至指定地点。

(2) 工序单价为：

覆盖层清除：11 元/m³；

弃料运输：12.5 元/m³；

粗骨料：毛料开采运输 10.9 元/m³，预筛分、超径破碎运输 7.56 元/m³；筛洗、运输 9.3 元/m³，成品运输 7.78 元/m³；

砂：毛料开采运输 14 元/m³，预筛分、超径破碎运输 7.15 元/m³，筛洗、运输 8.21 元/m³，成品运输 15.06 元/m³。

(3) 设计砂石料用量 140m³，其中粗骨料 98 万 m³，砂 42 万 m³，料场覆盖层 16 万 m³，成品储备量 148 万 m³。超径弃料 3.5 万 m³，粗骨料级配弃料 23.5 万 m³，砂级配弃料 5.15 万 m³。

试计算砂石料单价。

解：①基本单价计算为

粗骨料基本单价＝10.9＋7.56＋9.3＋7.78＝ 35.54（元）

砂基本单价＝14＋7.15＋8.21＋15.06＝44.42（元）

②附加单价计算为

覆盖层清除附加单价＝11×16/148＝1.19（元）

超径石处理附加单价＝（10.9＋7.56＋12.5）×3.5/98＝1.11（元）

粗骨料级配处理附加单价＝（10.9＋7.56＋9.3＋12.5）×23.5/98＝9.65（元）

砂级配处理附加单价＝（14＋7.15＋8.21＋12.5）×5.15/42＝5.13（元）

③综合单价的计算为

综合单价为基本单价与附加单价之和，即

粗骨料综合单价＝35.54＋1.19＋1.11＋9.65＝ 47.49（元）

砂综合单价＝44.42＋1.19＋5.13＝50.74（元）

第六章 水利水电建筑工程
概算编制

第一节 建筑工程概算编制概述

水利水电工程概算包括两项内容：一项是枢纽工程（或引水工程、灌溉工程），另一项是移民与环境补偿费用。枢纽工程包括建筑工程、机电设备及安装工程、金属结构设备及安装工程、临时工程、其他费用五大部分。其中，建筑工程概算构成项目划分中的第一部分，是概算文件的重要组成部分。据有关资料统计，水利水电建筑工程投资占工程总投资的比例一般为30％～60％，各个工程差别很大，如丹江口工程为31％，潘家口工程为50％，密云水库为55％。

水利水电工程项目较多，例如大坝、船闸、发电厂、泵站、渠道、隧洞等。建筑物、构筑物也比较复杂。但就其工程内容和工种类别而言，都有其共同点，它的内容包括有：土方工程、石方工程、混凝土和钢筋混凝土工程、砌石工程、钻孔灌浆工程、其他建筑工程等，这就为我们编制概算提供了可遵循的一般规律。

一、编制依据

(1) 国家及省、市、自治区颁发的有关法令、法规、制度、规程；

(2) 已批准的设计文件，包括初步设计书、技术设计书和设计图纸等；

(3) 现行水利工程概预算定额、有关水利工程设计概（估）算费用构成及计算标准；

(4) 工程所在地区施工企业的工人工资标准及有关文件政策；

(5) 本工程使用的材料预算价格及电、水、风、砂、石料等基础单价；

(6) 各种有关的合同、协议、决定及资金筹措方案等；

(7) 其他。

二、编制步骤

1. 收集基本资料、熟悉设计图纸

编制工程概算要对工程情况进行充分了解。首先要熟悉设计图纸，将工程项目内容、工程部位搞清楚，了解设计意图；其次，要深入工程现场了解工程现场情况，收集与工程概算有关的基本资料；最后，还要对施工组织设计（包括施工导流等主要施工技术措施）进行充分研究，了解施工方法、措施、运输距离、机械设备、劳动力配备等情况，以便正确合理编制工程单价及工程概算。

2. 划分工程项目

建筑工程概算项目划分参考第一章介绍的有关内容和工程项目划分的有关规定（见附录）进行。

3. 编制工程概算单价

建筑工程单价应根据工程的具体情况和拟定的施工方案，采用国家和地方颁发的现行定额及费用标准进行编制。

4．计算工程量

工程量是以物理计量单位来表示的各个分项工程的结构构件、材料等的数量。它是编制工程概算的基本条件之一。工程量计算的准确与否，直接影响工程概算投资大小。因此，工程量计算应严格执行水利工程设计工程量计算有关规定。

5．编制工程概算

建筑工程概算表格要严格按照水利工程设计概（估）算编制规定进行编制。

第二节　建筑工程概算单价的编制

一、建筑工程概算单价的概念

建筑工程单价，简称工程单价，系指完成建筑工程单位工程量（如 $1m^3$、$100m^3$、$1t$ 等）所耗用的直接工程费、间接费、企业利润和税金四部分的总和。工程单价是编制水利建筑工程投资的基础，它直接影响工程总投资的准确程度。建筑工程的主要项目均应计算概预算单价，据以编制工程概预算。

工程单价是工程概预算的一个特有的概念，由于建筑产品的特殊性及其定价的特点，没有相同的建筑产品及其价格，无法对整个建筑产品定价，但不同的建筑产品经过分解可以得到比较简单而相同的基本构成要素，完成相同基本构成要素的人工、材料、机械台时消耗量相同。因此，施工方法或工艺确定后，可以从确定其基本构成要素的费用入手，由工程定额查定完成单位（如 $1m^3$、$100m^3$、$1t$）基本构成要素的人工、材料、机械台时消耗量，查定的各种基本构成要素的消耗量与各自的预算价格（基础单价）相乘再加起来就是单位基本构成要素的直接费（如元/m^3、元/$100m^3$、元/t），再按有关取费费率可计算其他直接费、现场经费、间接费、企业利润和税金，将求得的直接工程费（包括直接费、其他直接费和现场经费）、间接费、企业利润和税金相加，即得单位基本构成要素的价格，亦称为建筑工程单价。上述计算工作称为工程单价的编制，也称为单价分析或单位估价。

在初步设计阶段使用概算定额查定人工、材料、机械台时消耗量，最终算得工程概算单价；在施工图设计阶段使用预算定额查定人工、材料、机械台时消耗量，最终算得工程预算单价。工程概算单价和工程预算单价统称为工程单价。

二、建筑工程单价的编制步骤和方法

（一）编制步骤

（1）了解工程概况，熟悉设计图纸，收集基础资料，弄清工程地质条件，确定取费标准。

（2）根据工程特征和施工组织设计确定的施工条件、施工方法及设备情况，正确选用定额子目。

（3）根据本工程的基础单价和有关费用标准，分别计算直接工程费、间接费、企业利润和税金，并加以汇总。

（二）编制方法

工程单价的编制通常采用列表法，所得表格称为建筑工程单价表。编制工程单价有规定的表格格式。水利部现行规定的建筑工程单价计算程序如表 6-1 所示。按下列方法编制建筑工程单价表：

（1）按定额编号、工程名称、定额单位等分别填入表中相应栏内。其中："名称及规格"一栏，应填写详细和具体，如施工机械的型号、混凝土的标号等。

（2）将定额中的人工、材料、机械台时消耗量，以及相应的人工预算单价、材料预算价格和机械台时费分别填入表中各栏。

（3）按"消耗量×单价"得出相应的人工费、材料费和机械使用费，相加得出直接费。

（4）根据规定的费率标准，计算其他直接费、现场经费、间接费、企业利润、税金，汇总即得出该工程单位产品的价格，即建筑工程单价。

表 6-1   建筑工程单价计算程序表

序　号	名　称　及　规　格	计　算　方　法
（一）	直接工程费	（1）＋（2）＋（3）
（1）	直接费	①＋②＋③
①	人工费	∑定额劳动量（工时）×人工预算单价（元/工时）
②	材料费	∑定额材料用量×材料预算价格
③	机械使用费	∑定额机械台时×台时费
（2）	其他直接费	（1）×其他直接费费率之和
（3）	现场经费	（1）×现场经费费率之和
（二）	间接费	（一）×间接费费率
（三）	企业利润	［（一）＋（二）］×企业利润率
（四）	税金	［（一）＋（二）＋（三）］×税率
（五）	建筑工程单价	（一）＋（二）＋（三）＋（四）

（三）编制建筑工程概算单价时应注意的问题

（1）使用概算定额时，必须熟悉定额的总说明、章节说明及定额表附注，根据设计所确定的有关技术条件（如石方开挖工程的岩石等级、断面尺寸、开挖与出渣方式、开挖与运输设备的型号及规格、弃渣运距等），选用定额的相应子目。

（2）现行水利建筑工程概算定额中没有的工程项目，可编制补充定额。对于非水利水电专业工程，按照专业专用的原则，执行有关专业部颁发的相应定额，如公路工程执行交通部公路工程设计概算定额、铁路工程执行铁道部铁路工程设计概算定额等。

（3）现行水利建筑工程概算定额虽有类似定额，但其技术条件有较大差异时，应编制补充定额，作为编制概算单价的依据。

（4）现行水利建筑工程概算定额各定额子目中，已按现行施工规范和有关规定，计入了不构成建筑工程单位实体的各种施工操作损耗、允许的超挖及超填量、合理的施工附加量及体积变化等所需增加的人工、材料及机械台班消耗量，编制设计概算时，应一律按设计结构工程量（按设计几何轮廓尺寸计算的工程量）作为编制建筑工程概算的依据。

（5）现行水利建筑工程概算定额中的材料费及其他材料费，按目前水利水电工程平均消耗水平列量；定额中的施工机械台（组）班（时）数量及其他机械使用费，按水利水电工程常用施工机械和典型施工方法的平均水平列量。编制概算单价时，除定额中规定允许调整外，均不得对定额中的人工、材料、施工机械台（组）班（时）数量及施工机械的名称、规格、型号进行调整。

（6）如定额参数（建筑物尺寸、运距等）介于概算定额两子目之间，可用插入法调整定额。调整方法如下

$$A = B + \frac{(C-B) \times (a-b)}{c-b} \tag{6-1}$$

式中　A——所求定额数；

B——小于 A 而接近 A 的定额数；

C——大于 A 而接近 A 的定额数；

a——A 项定额参数；

b——B 项定额参数；

c——C 项定额参数。

（7）定额中有关共同性的规定：

1）土壤、岩石分类。土壤和岩石的性质，根据勘探资料确定。编制土石方工程单价时，应按地质专业提供的资料，确定相应的土石方级别。岩石级别的划分，地质部门按 12 类划分；而概预算定额中，土质级别及岩石级别均按土石 16 类分级法划分。土质级别划分见表 6-2，岩石级别划分见表 6-3。岩石 12 类分级与 16 类分级对照见表 6-4。

表 6-2　　　　　　　　　　　　一般工程土类分级表

土质级别	土质名称	自然湿密度（kg/m³）	外形特征	开挖方法
Ⅰ	1. 砂土 2. 种植土	1650～1750	疏松，粘着力差，或易透水，略有粘性	用锹或略加脚踩开挖
Ⅱ	1. 壤土 2. 淤泥 3. 含壤种植土	1750～1850	开挖时能成块，并易打碎	用锹且须用脚踩开挖
Ⅲ	1. 粘土 2. 干燥黄土 3. 干淤泥 4. 含少量砾石粘土	1800～1950	粘手，看不见砂粒或干硬	用镐、三齿耙开挖或用锹须用力加脚踩开挖
Ⅳ	1. 坚硬粘土 2. 砾质粘土 3. 含卵石粘土	1900～2100	土壤结构坚硬，将土分裂后成块状或含粘粒砾石较多	用镐、三齿耙工具开挖

2）土石方松实系数。土石方工程的计量单位，分别为自然方、松方和实方。这三者

126

之间的体积换算关系通常称为土石方松实系数，其中，自然方是指未经扰动的自然状态下的体积，松方是指经过开挖松动了的体积，实方则指经过回填压实的体积。《水利建筑工程概算定额》（2002）附录中列示的土石方松实系数系参考数据，见表6-5。编制概算单价时，宜按设计提供的干密度、空隙率等有关资料进行换算。

表6-3 岩石类别分级表

岩石级别	岩石名称	实体岩石自然湿度时的平均密度（kg/m³）	净占时间（min/m）			极限抗压强度（kg/cm²）	强度系数 f
			用直径30mm合金钻头，凿岩机打眼	用直径30mm淬火钻头，凿岩机打眼	用直径25mm钻杆，人工单人打眼		
(1)	(2)	(3)	(4)	(5)	(6)	(7)	(8)
V	1. 砂藻土及软白垩岩；2. 硬的石炭纪粘土；3. 胶结不紧的砾岩；4. 各种不坚实的页岩	1500～2200		≤3.5	≤30	≤200	1.5～2
VI	1. 软的石灰岩及贝壳石灰岩；2. 密实的白垩；3. 中等坚实的页岩；4. 中等坚实的泥灰岩	2200～2700		3.5～4.5	30～60	200～400	2～4
VII	1. 水成岩卵石经石灰质胶结而成的砾石；2. 风化的节理多的粘土质砂岩；3. 坚硬的泥质页岩；4. 坚实的泥灰岩	2200～2800		4.5～7	61～95	400～600	4～6
VIII	1. 角粒状花岗岩；2. 泥灰质石灰岩；3. 粘土质砂岩；4. 云母页岩及砂质页岩；5. 硬石膏	2200～2900	5.7～7.7	7.1～10	96～135	600～800	6～8
IX	1. 软的花岗岩、片麻岩、正长岩；2. 滑石质蛇纹岩；3. 密实的石灰岩；4. 水成岩卵石经硅质胶结的砾岩；5. 砂岩；6. 砂质石灰质的页岩	2400～2500	7.8～9.2	10.1～13	136～175	800～1000	8～10
X	1. 白云岩；2. 坚实的石灰岩；3. 大理石；4. 石灰质胶结的致密的砂岩；5. 坚硬的砂质页岩	2600～2700	9.3～10.8	13.1～17	176～215	1000～1200	10～12
XI	1. 粗粒花岗岩；2. 特别坚实的白云岩；3. 蛇纹石；4. 火成岩卵石经石灰质胶结的砾岩；5. 石灰质胶结的坚实的砂岩；6. 粗粒正长岩	2600～2900	10.9～11.5	17.1～20	216～260	1200～1400	12～14
XII	1. 有风化痕迹的安山岩及玄武岩；2. 片麻岩、粗面岩；3. 特别坚实的石灰岩；4. 火成岩卵石经硅质胶结的砾岩	2600～2900	11.6～13.3	20.1～25	261～320	1400～1600	14～16

岩石级别	岩石名称	实体岩石自然湿度时的平均密度（kg/m³）	净占时间（min/m）			极限抗压强度（kg/cm²）	强度系数 f
			用直径30mm合金钻头，凿岩机打眼	用直径30mm淬火钻头，凿岩机打眼	用直径25mm钻杆，人工单人打眼		
XIII	1. 中粒花岗岩；2. 坚实的片麻岩；3. 辉绿岩；4. 玢岩；5. 坚实的粗面岩；6. 中粒正长岩	2500～3100	13.4～14.8	25.1～30	321～400	1600～1800	16～18
XIV	1. 特别坚实的细粒花岗岩；2. 花岗片麻岩；3. 闪长岩；4. 最坚实的石灰岩；5. 坚实的玢岩	2700～3300	14.9～18.2	30.1～40		1800～2000	18～20
XV	1. 安山岩、玄武岩、坚实的角闪岩；2. 最坚实的辉绿岩及闪长岩；3. 坚实的辉长岩及石英岩	2800～3100	18.3～24	40.1～60		2000～2500	20～25
XVI	1. 钙钠长石质橄榄石质玄武岩；2. 特别坚实的辉长岩、辉绿岩、石英岩及玢岩	3000～3300	＞24	＞60		＞2500	＞25

表 6－4　　　　　　　　　　　岩石 12 类分级与 16 类分级对照表

12 级			16 级		
岩石级别	可钻性（m/h）	一次提钻长度（m）	岩石级别	可钻性（m/h）	一次提钻长度（m）
IV	1.6	1.7	V	1.6	1.7
V	1.15	1.5	VI	1.2	1.5
			VII	1.0	1.4
VI	0.82	1.3	VIII	0.85	1.3
VII	0.57	1.1	IX	0.72	1.2
			X	0.55	1.1
VIII	0.38	0.85	XI	0.38	0.85
IX	0.25	0.65	XII	0.25	0.65
X	0.15	0.5	XIII	0.18	0.55
			XIV	0.13	0.40
XI	0.09	0.32	XV	0.09	0.32
XII	0.045	0.16	XVI	0.045	0.16

表 6－5　　　　　　　　　　　土石方松实系数换算表

项　目	自然方	松　方	实　方	码　方
土方	1	1.33	0.85	
石方	1	1.53	1.31	
砂方	1	1.07	0.94	
混合料	1	1.19	0.88	
块石	1	1.75	1.43	1.67

注　块石实方指堆石坝坝体方，块石松方指块石堆方。

3）高原地区时间定额调整系数。海拔比较高的地区施工时，效率会受到一定影响。水利工程定额是按海拔小于或等于 2000m 地区条件确定的，在超过海拔 2000m 的地区施工时，应根据工程所在地的高程及规定的调整系数计算。高原地区定额调整系数见表6-6。

表 6-6   高原地区定额调整系数

项目	高 程（m）					
	2000～2500	2500～3000	3000～3500	3500～4000	4000～4500	4500～5000
人工	1.10	1.15	1.20	1.25	1.30	1.35
机械	1.25	1.35	1.45	1.55	1.65	1.75

三、土方工程单价编制

土方工程包括土方开挖、土方填筑两大类。土方工程按施工方法可分为机械施工和人力施工两种，后者适用工程数量较少的土方工程或地方水利工程。影响土方工程工效的主要因素有：土的级别、取（运）土的距离、施工方法、施工条件、质量要求。因此，土方定额大多按上述影响工效的参数来划分节和子目，所以正确确定这些参数和合理使用定额是编好土方工程单价的关键。

（一）土方开挖

土方开挖由"挖"、"运"两个主要工序组成。

1. 挖土

影响"挖"这个工序工效的主要因素有以下几点：

（1）土的级别。从开挖的角度看，土的级别越高，开挖的阻力越大，工效越低。

（2）设计要求的开挖形状。设计有形状要求的沟、渠、坑等都会影响开挖的工效，尤其是当断面较小、深度较深时，对机械开挖更会降低其正常效率。因此，定额往往按沟、渠、坑等分节，各节再分别按其宽度、深度、面积等划分子目。

（3）施工条件。不良施工条件，如水下开挖、冰冻等都将严重影响开挖的工效。

2. 运土

土方的运输包括集料、装土、运土、卸土、卸土场整理等工序。影响该工序的主要因素有以下几点：

（1）运土的距离。运土的距离越长，所需时间也越长，但在一定起始范围内，不是直线反比关系，而是对数曲线关系。

（2）土的级别。从运输的角度看，土的级别越高，其密度（t/m³）也越大。由于土石方都习惯采用体积作单位，所以土的级别越高，运每方的产量越低。

（3）施工条件。装卸车的条件、道路状况、卸土场地条件等都影响运土的工效。

（二）土方填筑

水利工程的大坝、渠堤、道路、围堰等都有大量的土方要回填、压实。土方填筑主要由取土、压实两大工序组成。

1. 取土

（1）料场覆盖层清理。根据填筑土料的质量要求，料场上的树木及表面覆盖的乱石、

杂草及不合格的表土等必须予以清除。清除所需的人工、材料、机械台时（班）的数量和费用，应按相应比例摊入土方填筑单价内，即

$$覆盖层清除摊销费 = 覆盖层清除总费用 / 设计成品方量$$
$$= 覆盖层清除单价 \times 覆盖层清除量 / 设计成品方量$$
$$= 覆盖层清除单价 \times 覆盖层清除摊销率 \qquad (6-2)$$

（2）土料开采运输。土料的开采运输，应根据工程规模，尽量采用大料场、大设备，以提高机械生产效率，降低土料成本。土料开采单价的编制与土方开挖、运输单价相同，只是当土料含水量不符合规定时将增加处理费用，同时须考虑土料的损耗和体积变化因素。

（3）土料处理费用计算。当土料的含水量不符合规定标准时，应先采取挖排水沟、扩大取土面积、分层取土等施工措施。如仍不能满足设计要求，则应采取降低含水量（翻晒、分区集中堆存等）或加水处理措施。

（4）土料损耗和体积变化。土料损耗包括开采、运输、雨后清理、削坡、沉陷等的损耗，以及超填和施工附加量。体积变化指设计干密度和天然干密度之间的不同。

如设计要求的坝体的干密度为 $1.650t/m^3$，而天然干密度为 $1.403t/m^3$，则折实系数为 $1.650/1.403 = 1.176$，亦即该设计要求的 $1m^3$ 坝体的实方，需 $1.176m^3$ 自然方才能满足。从定额（或单价）的意义来讲，土方开挖、运输的人工、材料、机械台时（班）的数量（或单价）应扩大 1.176 倍。现行概算定额的综合定额，已计入了各项施工损耗、超填及施工附加量，体积变化也已在定额中考虑。凡施工方法适用于综合定额的，应采用综合定额，并不得加计任何系数或费用。当施工措施不是挖掘机、装载机挖装自卸汽车运输时，可以套用单项定额。此时，可根据不同施工方法的相应定额，按下式计算取土备料和运输土料的定额数量：

$$成品实方定额数 = 自然方定额数 \times (1+A) \times 设计干容重 / 天然干容重 \qquad (6-3)$$

式中 A 为综合系数（%），包括开采、上坝运输、雨后清理、边坡削坡、接缝削坡、施工沉陷、试验坑和不可避免的压坏、超填及施工附加量等损耗因素。综合系数 A 可根据不同施工方法与坝型和坝体填料按定额规定选取。

2. 压实

土方压实的常用施工方法及压实机械有：

（1）碾压法：靠碾磙本身重量的作用，使土粒相互移动而达到密实。采用羊足碾、气胎碾、平碾等机械。适用范围较广。

（2）夯实法：靠夯体下落的动荷重的作用，使土粒位置重新排列而达到密实。采用打夯机（人力打夯时，采用木石夯、石硪等工具）。适用于无粘性土，能压实较厚的土层，所需工作面较小。

（3）振动法：借振动机械的振动作用，使土粒发生相对位移而得到压实。主要机械为振动碾。适用于无粘性土和砂砾石等土质及设计干密度要求较高的情况。

影响压实工效的主要因素有：土（石）料种类、级别、设计要求、碾压工作面等；土方压实定额大多按这些影响因素划分节、子目。

（1）土料种类、级别。土料种类一般有土料、砂砾料、土石渣料等。土料的种类、级别对土方压实工效有较大的影响。

（2）设计要求。设计对填筑体的质量要求主要反映在压实后的干密度。干密度的高低直接影响到碾压参数（如铺土厚度、碾压次数），也直接影响压实工序的工效。

（3）碾压工作面。较小的碾压工作面（如反滤体、堤等）使机械不能正常发挥机械效率。

（三）计算土方工程单价要注意的问题

土石方工程，尽量利用开挖出的渣料用于填筑工程，对降低工程造价十分有利。但在计算工程单价时，要注意以下问题：

（1）对于开挖料直接运至填筑工作面的，以开挖为主的工程，出渣运输宜计入开挖单价。对以填筑为主的工程，宜计入填筑工程单价中，但一定要注意，不得在开挖和填筑单价中重复或遗漏计算土方运输工序单价。

（2）在确定利用料数量时，应充分考虑开挖和填筑在施工进度安排上的时差，一般不可能完全衔接，二次转运（即开挖料卸至某堆料场，填筑时再从某堆料场取土）是经常发生的。对于需要二次转运的，土方出渣运输、取土运输应分别计入开挖和填筑工程单价中。

（3）要注意开挖与填筑的单位不同，前者是自然方，后者是压实方，故要计入前述的体积变化和各种损耗。

【例 6-1】 某水电站挡水工程为粘土心墙坝，坝长 2000m，心墙设计工程量为 150 万 m^3，设计干密度 1.70t/m^3，天然干密度 1.55t/m^3。土料场中心位于坝址左岸坝头 8km 处，翻晒场中心位于坝址左岸坝头 5km 处，土类级别Ⅲ类。已知：

覆盖层清除量 6 万 m^3，单价 3.2 元/m^3（自然方）；土料开采运输至翻晒场单价 10.80 元/m^3（自然方）；土料翻晒单价 2.96 元/m^3（自然方）；取土备料及运输计入施工损耗的综合系数 $A=6.7\%$。柴油单价 2.8 元/kg，电价 0.6 元/（kW·h）。

试计算：

（1）翻晒后用 5m^3 挖载机配 25t 自卸汽车运至坝上的概算单价；

（2）74kW 拖拉机碾压概算单价；

（3）粘土心墙的综合概算单价。

解：（1）计算翻晒后用 5m^3 装载机配 25t 自卸汽车运至坝上的概算单价。

已知坝长 2000m，翻晒场中心位于坝址左岸坝头 5km，故自卸汽车运距为 6km。根据 2002《水利工程设计概（估）算编制规定》，并查 2002《水利建筑工程概算定额》、2002《水利工程施工机械台时费定额》，列表计算如表 6-7。

（2）计算 74kW 拖拉机碾压概算单价。

根据 2002《水利工程设计概（估）算编制规定》，并查《水利建筑工程概算定额》（2002）、2002《水利工程施工机械台时费定额》，列表计算见表 6-8。

（3）计算粘土心墙综合概算单价。

①覆盖层清除单价为 3.2 元/m^3（自然方），清除摊销率为 6/150＝4%；

②土料开采、运输单价为 10.80 元/m^3（自然方）；

③土料翻晒单价为 2.96 元/m^3（自然方）；

④翻晒后挖装、运输上坝单价为 18.75 元/m^3（自然方）；

⑤土料压实单价为 4.44 元/m^3（压实方）；

表 6 - 7

建 筑 工 程 单 价 表

定额编号 10789　　　　　　　　　　　　　　土料运输工程　　　　　　　　　定额单位：100m³（自然方）

施工方法：5m³ 装载机挖装，25t 自卸汽车运输，运距 6km，Ⅲ类土

编号	名称及规格	单位	数量	单价（元）	合计（元）
一	直接工程费				1557.30
1	直接费				1396.68
①	人工费（初级工）	工时	2.3	3.04	6.99
②	零星材料费	人工费、机械费之和的 2%			27.39
③	机械使用费				1362.30
	装载机 5m³	台时	0.43	361.058	155.25
	推土机 88kW	台时	0.22	105.618	23.24
	自卸汽车 25t	台时	6.09	194.386	1183.81
2	其他直接费	其他直接费费率 2.5%			34.92
3	现场经费	现场经费费率 9%			125.70
二	间接费	间接费费率 9%			140.16
三	企业利润	企业利润率 7%			118.82
四	税金	税率 3.22%			58.48
五	单价合计				1874.76

表 6 - 8

建 筑 工 程 单 价 表

定额编号 30075　　　　　　　　　　　　　　土料压实工程　　　　　　　　　定额单位：100m³（压实方）

施工方法：拖拉机压实，干密度：1.70t/m³

编号	名称及规格	单位	数量	单价（元）	合计（元）
一	直接工程费				369.01
1	直接费				330.95
①	人工费（初级工）	工时	21.8	3.04	66.27
②	零星材料费	人工费、机械费之和的 10%			30.09
③	机械使用费				234.59
	拖拉机 74kW	台时	2.06	68.098	140.28
	推土机 74kW	台时	0.55	85.838	47.21
	蛙式打夯机 2.8kW	台时	1.09	13.92	15.17
	刨毛机	台时	0.55	53.828	29.61
	其他机械费	主要机械费之和的 1%			2.32
2	其他直接费	其他直接费费率 2.5%			8.27
3	现场经费	现场经费费率 9%			29.79
二	间接费	间接费费率 9%			33.21
三	企业利润	企业利润率 7%			28.16
四	税金	税率 3.22%			13.86
五	单价合计				444.24

⑥定额换算系数

$$折算成品方综合系数 = (1 + A) \times 设计干密度 \div 天然干密度$$
$$= (1 + 6.7\%) \times 1.70 \div 1.55 = 1.17$$

⑦粘土心墙综合单价

$(10.80 + 2.96 + 18.75) \times 1.17 + 3.2 \times 4\% + 4.44 = 42.60$（元/m³）（压实方）

四、石方工程单价编制

水利水电工程建设项目的石方工程数量很大，且多为基础和洞井工程，尽量采用先进技术，合理安排施工，减少二次出渣，充分利用石渣作块石、碎石原料等，对加快工程进度、降低工程造价有重要意义。

石方工程单价包括开挖、运输和支护等工序的费用。开挖及运输均以自然方为计量单位。

（一）石方开挖

1. 石方开挖分类

按施工条件分为明挖石方和暗挖石方两大类。按施工方法可分人工硬打、钻孔爆破法和掘进机开挖等几种。人工硬打耗工费时，适用于有特殊要求的开挖部位。钻孔爆破方法一般有浅孔爆破法、深孔爆破法、洞室爆破法和控制爆破法（定向、光面、预裂、静态爆破等）。钻爆法是一种传统的石方开挖方法，在水利工程施工中使用十分广泛。掘进机是一种新型的开挖专用设备，与传统的钻孔爆破法的区别在于掘进机开挖改钻孔爆破为对岩石进行纯机械的切割或挤压破碎，并使掘进与出渣、支护等作业能平行连续地进行，施工安全、工效较高。但掘进机一次性投入大，费用高。

2. 影响开挖工序的因素

开挖工序由钻孔、装药、爆破、翻渣、清理等工序组成。影响开挖工序的主要因素有：

（1）岩石级别。岩石按其成分、性质划分级别，现行部颁定额将土、岩划分成16级，其中Ⅴ至ⅩⅥ级为岩石。岩石级别越高，其强度越高，钻孔的阻力越大，钻孔工效越低。岩石级别越高，对爆破的抵抗力也越大，所需炸药也越多。所以，岩石级别是影响开挖工序的主要因素之一。

（2）设计对开挖形状及开挖面的要求。设计对有形状要求的开挖，如沟、槽、坑、洞、井等，其爆破系数（每平方米工作面上的炮孔数）较没有形状要求的一般石方开挖要大得多，对于小断面的开挖尤甚。爆破系数越大，爆破效率越低，耗用爆破器材（炸药、雷管、导线）也越多。设计对开挖面有要求（如爆破对建基面的损伤限制、对开挖面平整度的要求等）时，为了满足这些要求，对钻孔、爆破、清理等工序必须在施工方法和工艺上采取措施。设计对开挖形状及开挖面的要求，也是影响开挖工序的主要因素。因此，石方开挖定额大多按开挖形状及部位分节，各节再按岩石级别分子目。

3. 使用现行概算定额编制开挖单价时应注意的问题

（1）石方开挖各节定额中，均包括了允许的超挖量和合理的施工附加量用工、材料、机械，使用本定额时，不得在工程量计算中另行计取超挖量和施工附加量。

（2）各节石方开挖定额，均已按各部位的不同要求，根据规范的规定，分别考虑了保护层开挖等措施。如预裂、光面爆破等，编制概算单价时一律不做调整。

（3）石方开挖定额中的其他材料费，包括：脚手架、排架、操作平台、棚架、漏斗等的搭拆摊销费，冲击器、钻杆、空心钢的摊销费，炮泥、燃香、火柴等次要材料费。

（4）石方开挖定额中的炸药，一般情况应根据不同施工条件和开挖部位按下述品种、规格选取：一般石方开挖，按 2 号岩石铵锑炸药选取；露天石方开挖（基础、坡面、沟槽、坑），按 2 号岩石铵锑炸药和 4 号抗水岩石铵锑炸药各半选取；洞挖石方（平洞、斜井、竖井、地下厂房等），按 4 号抗水岩石铵锑炸药选取。

（5）洞井石方开挖定额中的通风机台时量系按一个工作面长度 400m 拟定。如工作面长度超过 400m，应按表 6-9（用插值法计算）系数调整通风机台时定额量。

【例 6-2】 某平洞开挖断面 15m²，X 级岩石，手风钻钻孔。洞长 650m，一个工作面（单边掘进）。试调整通风机台时量。

解：先计算调整系数 K

$$K = 1.33 + (1.43 - 1.33) \times (650 - 600) \div (700 - 600) = 1.38$$

再套用概算定额 20214 子目，37kW 轴流式通风机为 26.48 台时/100m³，则：

$$调整后的通风机台时量 = 26.48 \times 1.38 = 36.54 （台时/100m³）$$

表 6-9 通风机台时调整系数

工作面长度（m）	系 数	工作面长度（m）	系 数	工作面长度（m）	系 数
400	1.00	1000	1.80	1600	2.50
500	1.20	1100	1.91	1700	2.65
600	1.33	1200	2.00	1800	2.78
700	1.43	1300	2.15	1900	2.90
800	1.50	1400	2.29	2000	3.00
900	1.67	1500	2.40		

（二）石方运输

1. 运输方案的选择

施工组织设计应根据施工工期、运输数量、运距远近等因素，选择既能满足施工强度要求，又能做到费用最省的最优方案。一般说，人力运输（挑抬、双胶轮车、轻轨斗车）适用于工作面狭小、运距短、施工强度低的工程或工程部位；自卸汽车运输的适应性较大，故一般工程都可采用；电瓶机车可用于洞井出渣，而内燃机车适于较长距离的运输。在做方案和单价分析时，应充分注意所采用方案的全部工程投资的比较。如内燃机车运输单价较低，但其轨道的建造、运行管理（道口、道岔）、维护等费用支出较大，须经过全面分析后方可确定，以取得最佳的经济效益。

2. 影响石方运输工序的主要因素

影响石方运输工序的主要因素与土方工程基本相同，不再赘述。

3. 使用定额应注意的问题

（1）石方运输单价与开挖综合单价。在概算中，石方运输费用不单独表示，而是在开挖费用中体现。反映在概算定额中，则是石方开挖各节定额子目中均列有"石渣运输"项目。该项目的数量，已包括完成每一定额单位有效实体所需增加的超挖量、施工附加量的数量。编制概算单价时，按定额石渣运输量乘石方运输单价（仅计算直接费）计算开挖综合单价。

（2）洞内运输与洞外运输。各节运输定额，一般都有"露天"、"洞内"两部分内容。当有洞内外运输时，应分别套用。洞内运输部分，套用"洞内"定额基本运距（装运卸）及"增运"子目；洞外运输部分，套用"露天"定额及"增运"子目（仅有运输工序）。

（三）支撑与支护

为防止隧洞或边坡在开挖过程中，因山岩压力变化而发生软弱破碎地层的坍塌，避免个别石块跌落，确保施工安全，必须对开挖后的空间进行必要的临时支撑或支护，以确保施工顺利进行。

1. 临时支撑

临时支撑包括木支撑、钢支撑及预制混凝土或钢筋混凝土支撑。木支撑重量轻，加工及架立方便，损坏前有显著变形而不会突然折断，因此应用较广泛。在破碎或不稳定岩层中，山岩压力巨大，木支撑不能承受，或支撑不能拆下须留在衬砌层内时，常采用钢支撑，但钢支撑费用较高。当围岩不稳定，支撑又必须留在衬砌层中时，可采用预制混凝土或钢筋混凝土支撑。这种支撑刚性大，能承受较大的山岩压力，耐久性好，但构件重量大，运输安装不方便。

2. 支护

支护的方式有锚杆支护、喷混凝土支护、喷混凝土与锚杆或钢筋网联合支护等。适用于各种跨度的洞室和高边坡保护，既可作临时支撑，又可作永久支护。使用锚杆支护定额要注意锚定方法（机械、药卷、砂浆）、作业条件（洞内、露天）、锚杆的长度和直径、岩石级别等影响因素。

【例 6 - 3】 某枢纽工程一般石方开挖，采用手风钻钻孔爆破，1m³ 油动挖掘机装 8t 自卸汽车运 2km 弃渣，岩石类别为 X 级，试计算石方开挖运输综合概算单价。

基本资料：材料预算价格：合金钻头 50 元/个，炸药综合价 4.5 元/kg，电雷管 0.8 元/个，导电线 0.5 元/m，施工用风 0.12 元/m³。台时费：手风钻 24.19 元/台时，1m³ 油动挖掘机 115.754 元/台时，88 kW 推土机 105.618 元/台时，8 t 自卸汽车 72.006 元/台时。

解：石方开挖定额采用《水利建筑工程概算定额》（2002）20002 子目，石渣运输采用 20458 子目，计算过程见表 6 - 10 和表 6 - 11。由表 6 - 10 可得石方开挖运输综合单价为 34.99 元/m³。

五、堆砌石工程单价编制

堆砌石工程包括堆石、砌石、抛石等。因其能就地取材、施工技术简单、造价低而在我国应用较普遍。

（一）堆石坝

堆石坝填筑受气候影响小，能大量利用开挖石渣筑坝，利于大型机械作业，工程进度快、投资省。随着设计理论的发展、施工机械化程度的提高和新型压实机械的采用，国内外的堆石坝从数量和高度上都有了很大的进展。

表 6-10 **建 筑 工 程 单 价 表**

定额编号 20002 一般石方开挖 定额单位：100m³（自然方）

施工方法：手风钻钻孔爆破，岩石级别 X 级

编号	名称及规格	单位	数量	单价（元）	合计（元）
一	直接工程费				2906.84
1	直接费				2607.03
①	人工费				341.51
	工长	工时	2	7.11	14.22
	中级工	工时	18.1	5.62	101.72
	初级工	工时	74.2	3.04	225.57
②	材料费				403.91
	合金钻头	个	1.74	50	87.00
	炸药	kg	34	4.5	153.00
	雷管	个	31	0.8	24.80
	导线	m	155	0.5	77.50
	其他材料费	主要材料费之和的 18%			61.61
③	机械使用费				216.33
	手持式风钻	台时	8.13	24.19	196.66
	其他机械费	主要材料费之和的 10%			19.67
④	石渣运输	m³	104	15.82	1645.28
2	其他直接费	其他直接费费率 2.5%			65.18
3	现场经费	现场经费费率 9%			234.63
二	间接费	间接费费率 9%			261.62
三	企业利润	企业利润率 7%			221.79
四	税金	税率 3.22%			109.17
五	单价合计				3499.42

注 石渣运输直接费由表 6-11 求得。

表 6-11 **建 筑 工 程 单 价 表**

定额编号 20458 石渣运输工程 定额单位：100m³（自然方）

施工方法：1m³ 挖掘机挖装，8t 自卸汽车运输，运距 2km

编号	名称及规格	单位	数量	单价（元）	合计（元）
一	直接工程费				
1	直接费				1582.10
①	人工费（初级工）	工时	18.7	3.04	56.85
②	零星材料费	人工费、机械费之和的 2%			31.02
③	机械使用费				1494.23
	挖掘机 1m³	台时	2.82	115.754	326.43
	推土机 88kW	台时	1.41	105.618	148.92
	自卸汽车 8t	台时	14.15	72.006	1018.88

1. 堆石坝施工

堆石坝施工主要为备料作业和坝上作业两部分。

(1) 备料作业。指堆石料的开采运输。石料开采前先清理料场覆盖层，开采时一般采用深孔阶梯微差挤压爆破。缺乏大型钻孔设备，又要大规模开采时，也可进行洞室大爆破。要重视堆石料级配，按设计要求控制坝体各部位的石料粒（块）径，以保证堆石体的密实程度。

石料运输同土坝填筑。由于堆石坝的铺填厚度大，填筑强度高，挖运应尽可能采用大容量、大吨位的机械。挖掘机或装载机装自卸汽车运输直接上坝方法是目前最为常用的一种堆石坝施工方法。

(2) 坝上作业。包括基础开挖处理、工作场地准备、铺料、填筑等。堆石铺填厚度，视不同碾压机具，一般为 0.5～1.5m。振动碾是堆石坝的主要压实机械，一般重 3.5～17t。碾压遍数视机具及层厚通过压实试验确定，一般为 4～10 遍。碾压时为使填料足够湿润，提高压实效率，须加水浇洒，加水量通常为堆料方量的 20%～50%。

2. 堆石单价

堆石单价包括备料单价、压实单价和综合单价。

(1) 备料单价。堆石坝的石料备料单价计算，同一般块石开采一样，包括覆盖层清理、石料钻孔爆破和工作面废渣处理。覆盖层的清理费用，以占堆石料的百分率，摊入计算。石料钻孔爆破施工工艺同石方工程。堆石坝分区填筑对石料有级配要求，主、次堆石区石料最大粒（块）径可达 1.0m 及以上，而垫层料、过渡层料仅为 0.08m、0.3m 左右，虽在爆破设计中尽可能一次获得级配良好的堆石料，但不少石料还须分级处理（如轧制加工等）。因此，各区料所耗工料相去甚远，而一般石方开挖定额很难体现这一因素，单价编制时要注意这一问题。

石料运输，根据不同的施工方法，套用相应的定额计算。现行概算定额的综合定额，其堆石料运输所需的人工、机械等数量，已计入压实工序的相应项目中，不在备料单价中体现。爆破、运输采用石方工程开挖定额时，须加计损耗和进行定额单位换算。石方开挖单位为自然方，填筑为坝体压实方。

(2) 压实单价。压实单价包括平整、洒水、压实等费用。同土方工程，压实定额中均包括了体积换算、施工损耗等因素，考虑到各区堆石料粒（块）径大小、层厚尺寸、碾压遍数的不同，压实单价应按过渡料、堆石料等分别编制。

(3) 综合单价。堆石单价计算有以下两种形式：①综合定额：采用现行概算定额编制堆石单价时，一般应按综合定额计算。这时，将备料单价视作堆石料（包括反滤料、过渡料）材料预算价格，计入填筑单价即可；②单项定额：采用其他定额，或施工方法与现行概算综合定额不同，需套用单项定额时，其备料单价换算方法与前述土方填筑相同。

(二) 砌筑工程

水利水电工程中的护坡、墩墙、洞涵等均有用块石、条石或料石砌筑的，地方工程中应用尤为广泛。砌筑单价包括干砌石和浆砌石两种。

1. 砌筑材料

砌筑材料包括石材、填充胶结材料等。

(1) 石材。可分为如下几种：

1) 卵石。指最小粒径在 20cm 以上的河滩卵石，呈不规则圆形。卵石较坚硬，强度高，常用其砌筑护坡或墩墙，定额按码方计量。

2) 块石。指厚度大于 20cm，长、宽各为厚度的 2～3 倍，上下两面平行且大致平整，无尖角、薄边的石块，定额以码方计量。

3) 片石。指厚度大于 15cm，长、宽各为厚度的 3 倍以上，无一定规则形状的石块，定额以码方计量。

4) 条料石。包括条石和料石。人工开采、形状规则、未经加工的称毛条石。料石根据其表面加工的精度，又可分为粗料石和细料石。定额计量单位为清料方。

(2) 填充胶结材料。可分为如下几种：

1) 水泥砂浆。强度高，防水性能好，多用于重要建筑物及建筑物的水下部位。

2) 混合砂浆。在水泥砂浆中掺入一定数量的石灰膏、粘土或壳灰（蛎贝壳烧制），适用于强度要求不高的小型工程或次要建筑物的水上部位。

3) 细骨料混凝土。用水泥、砂、水和 40mm 以下的骨料按规定级配配合而成，可节省水泥，提高砌体强度。

2. 砌筑单价

砌筑单价编制步骤如下：

(1) 计算备料单价。覆盖层及废渣清除费用计算同堆石料。套用砂石备料工程定额相应开采、运输定额子目计算（仅计算定额直接费）。如因施工方法不同，采用石方开挖工程定额计算块石备料单价时，须进行自然方与码方的体积换算。如为外购块石、条石或料石时，按材料预算价格计算。

(2) 计算胶结材料价格。如为浆砌石或混凝土砌石，则需先计算胶结材料的半成品价格。

(3) 计算砌筑单价。套用相应定额计算。砌筑定额中的石料数量，均已考虑了施工操作损耗和体积变化（码方、清料方与实方间的体积变化）因素。

（三）编制堆砌石工程单价应注意的问题

(1) 自料场至施工现场堆放点的运输费用应包括在石料单价内。施工现场堆放点至工作面的场内运输已包括在砌石工程定额内。编制砌石工程概算单价时，不得重复计算石料运输费。

(2) 编制堆砌石工程概算单价时，应考虑在开挖石渣中检集块（片）石的可能性，以节省开采费用，其利用数量应根据开挖石渣的多少和岩石质量情况合理确定。

(3) 浆砌石定额中已计入了一般要求的勾缝，如设计有防渗要求的开槽勾缝，应增加相应的人工费和材料费。

(4) 料石砌筑定额包括了砌体外露面的一般修凿，如设计要求作装饰性修凿，应另行增加修凿所需的人工费。

(5) 对于浆砌石拱圈和隧洞砌石定额，要注意是否包括拱架及支撑的制作、安装、拆除、移设的费用。

【例 6-4】　某河道节制闸 M7.5 浆砌块石挡土墙，所有砂石材料均需外购，其外购单价：砂 40 元/m³，块石 65 元/m³，计算节制闸 M7.5 浆砌块石挡土墙工程概算单价。

基本资料：M7.5 水泥砂浆配合比（每立方米）：32.5 级普通硅酸盐水泥 261.00kg，砂 1.11 m³，水 0.157m³；材料价格：32.5 级普通硅酸盐水泥 260 元/t，施工用水 0.40 元/m³，电价 0.6 元/（kW·h）。

解：根据砂浆材料配合比计算砂浆单价为

$$261.00×0.26+1.11×40+0.157×0.40=112.32（元/m³）$$

查《水利建筑工程概算定额》（2002），浆砌块石挡土墙定额子目为 30033。列表计算浆砌块石挡土墙单价见表 6-12。由表 6-12 可知，浆砌块石挡土墙单价为 182.76 元/m³。

表 6-12　　　　　　　　　　　　**建 筑 工 程 单 价 表**

定额编号 30033　　　　　　　　　　　浆砌块石挡土墙　　　　　　　　　　定额单位：100m³（砌体方）

施工方法：选石、修石、冲洗、拌制砂浆、砌筑、勾缝

编号	名称及规格	单位	数量	单价（元）	合计（元）
一	直接工程费				15181.06
1	直接费				13615.30
①	人工费				2405.11
	工长	工时	16.7	4.91	82.00
	中级工	工时	339.4	3.87	1313.48
	初级工	工时	478.5	2.11	1009.64
②	材料费				10938.23
	块石	m³	108.0	65	7020.00
	砂浆	m³	34.4	112.32	3863.81
	其他材料费		主要材料费之和的 0.5%		54.42
③	机械使用费				271.96
	砂浆拌和机 0.4m³	台时	6.38	19.89	126.90
	胶轮车	台时	161.18	0.9	145.06
2	其他直接费		其他直接费综合费率 2.5%		340.38
3	现场经费		现场经费费率 9%		1225.38
二	间接费		间接费费率 9%		1366.30
三	企业利润		企业利润率 7%		1158.31
四	税金		税率 3.22%		570.12
五	单价合计				18275.79

六、混凝土工程单价编制

混凝土具有强度高、抗渗性好、耐久等优点，在水利水电工程建设中应用十分广泛。混凝土工程投资在水利水电工程总投资中常常占有很大的比重。混凝土按施工工艺可分为现浇和预制两大类。现浇混凝土又可分为常规混凝土和碾压混凝土两种。

现浇混凝土的主要生产工序有模板的制作、安装、拆除，混凝土的拌制、运输、入仓、浇筑、养护、凿毛等。对于预制混凝土，还要增加预制混凝土构件的运输、安装工序。

原定额混凝土浇筑中含有模板用量，由于各工程模板含量不同，在定额子目不能满足需要时，无法进行调整，不能灵活使用。现行定额将模板制作、安拆定额单独计列，不再含在混凝土浇筑定额中，这样简化了混凝土定额子目，便于工程概、预算和招标标底及投标报价编制，也符合国际招标工程模板单独计量计价的惯例。

（一）现浇混凝土单价编制

1. 混凝土材料单价

混凝土材料单价指按级配计算的砂、石、水泥、水、掺和料及外加剂等每一立方米混凝土的材料费用的价格。不包括拌制、运输、浇筑等工序的人工、材料和机械费用，也不包含除搅拌损耗外的施工操作损耗及超填量等。

混凝土材料单价在混凝土工程单价中占有较大比重，编制概算单价时，应按本工程的混凝土级配试验资料计算。如无试验资料，可参照定额附录混凝土级配表计算混凝土材料单价。为节省工程材料消耗，降低工程投资，使用现行《水利建筑工程概算定额》时，须注意下列问题：

（1）编制拦河坝等大体积混凝土概算单价时，须掺加适量的粉煤灰以节省水泥用量，其掺量比例应根据设计对混凝土的温度控制要求或试验资料选取。如无试验资料，可根据一般工程实际掺用比例情况，按现行《水利建筑工程概算定额》附录7"掺粉煤灰混凝土材料配合表"选取。

（2）现浇水工混凝土标号的选取，应根据设计对不同水工建筑物的不同运用要求，尽可能利用混凝土的后期强度（60d、90d、180d、360d），以降低混凝土标号，节省水泥用量。现行定额中，不同混凝土配合比所对应的混凝土强度等级均以28d龄期的抗压强度为准，如设计龄期超过28d，应进行换算，当换算结果介于两种标号之间时，应选用高一级标号。各龄期标号换算为28d龄期标号的换算系数如表6-13所示。

表 6-13　　　　　　　　混凝土龄期与标号换算系数

设计龄期（d）	28	60	90	180	360
标号换算系数	1.00	0.83	0.77	0.71	0.65

按照国际标准（ISO3893）的规定，且为了与其他规范相协调，将原规范混凝土及砂浆标号的名称改为混凝土及砂浆强度等级。新强度等级与原标号对照见表6-14和表6-15。

表 6-14　　　　　　　　混凝土新强度等级与原标号对照

原用标号（kgf/cm²）	100	150	200	250	300	350	400
新强度等级 C	C9	C14	C19	C24	C29.5	C35	C40

表 6-15　　　　　　　　　砂浆新强度等级与原标号对照

原用标号（kgf/cm²）	30	50	75	100	125	150	200	250	300	350	400
新强度等级 M	M3	M5	M7.5	M10	M12.5	M15	M20	M25	M30	M35	M40

（3）现行《水利建筑工程概算定额》（2002）附录 7 列出了不同强度混凝土、砂浆配合比。表中混凝土配合比是卵石、粗砂混凝土，如改用碎石或中、细砂，需按表 6-16 系数换算。

表 6-16　　　　　　　　碎石或中、细砂配合比换算系数

项　目	水　泥	砂	石　子	水
卵石换为碎石	1.10	1.10	1.06	1.10
粗砂换为中砂	1.07	0.98	0.98	1.07
粗砂换为细砂	1.10	0.96	0.97	1.10
粗砂换为特细砂	1.16	0.90	0.95	1.16

埋块石混凝土，应按配合比表的材料用量，扣除埋块石实体的数量计算：

$$埋块石混凝土材料量＝配合表列材料用量×（1－埋块石率％） \qquad (6-4)$$
$$1 块石实体方＝1.67 码方$$

因埋块石增加的人工工时见表 6-17。

表 6-17　　　　　　　　埋块石混凝土人工工时增加量

埋块石率（％）	5	10	15	20
每 100m³ 埋块石混凝土增加人工工时	24.0	32.0	42.4	56.8

注　不包括块石运输及影响浇筑的工时。

2. 混凝土拌制单价

混凝土的拌制包括配料、运输、搅拌、出料等工序。混凝土搅拌系统布置视工程规模大小、工期长短、混凝土数量多少，以及地形位置条件、施工技术要求和设备拥有情况，采用简单的混凝土搅拌站（一台或数台搅拌机组成），或设置规模较大的搅拌系统（由搅拌楼和骨料、水泥系统组成的一个或数个系统）。一般定额中，混凝土拌制所需人工、机械都已在浇筑定额的相应项目中体现。如浇筑定额中未列混凝土搅拌机械，则须套用拌制定额编制混凝土拌制单价。在使用定额时，要注意以下两点：

（1）混凝土拌制定额按拌制常态混凝土拟定，若拌制加冰、加掺和料等其他混凝土，则应按定额说明中的系数对混凝土拌制定额进行调整。

（2）各节用搅拌楼拌制现浇混凝土定额子目中，以组时表示的"骨料系统"和"水泥系统"是指骨料、水泥进入搅拌楼之前与搅拌楼相衔接而必须配备的有关机械设备，包括自搅拌楼骨料仓下廊道内接料斗开始的胶带输送机及其供料设备；自水泥罐开始的水泥提升机械或空气输送设备，胶带运输机和吸尘设备，以及袋装水泥的拆包机械等。其组时费

用根据施工组织设计选定的施工工艺和设备配备数自行计算。当不同容量搅拌机械代换时，骨料和水泥系统也应乘相应系数进行换算。

3. 混凝土运输单价

混凝土运输是指混凝土自搅拌机（楼）出料口至浇筑现场工作面的运输，是混凝土工程施工的一个重要环节，包括水平运输和垂直运输两部分。由于混凝土拌制后不能久存，运输过程又对外界影响十分敏感，工作量大，涉及面广，故常成为制约施工进度和工程质量的关键。

水利工程多采用数种运输设备相互配合的运输方案。不同的施工阶段，不同的浇筑部位，可能采用不同的运输方式。在大体积混凝土施工中，垂直运输常起决定性作用。定额编制时，都将混凝土水平运输和垂直运输单列章节，以供灵活选用。但使用现行概算定额时须注意：

（1）由于混凝土入仓与混凝土垂直运输这两道工序，大多采用同一机械连续完成，很难分开，因此在一般情况下，大多将混凝土垂直运输并入混凝土浇筑定额内，使用时不要重复计列混凝土垂直运输。

（2）各节现浇混凝土定额中"混凝土运输"的数量，已包括完成每一定额单位有效实体所需增加的超填量和施工附加量等的数量。为统一表现形式，编制概算单价时，一般应根据施工设计选定的运输方式，按混凝土运输数量乘以每立方米混凝土运输直接费计入工程单价。

4. 混凝土浇筑单价

混凝土的浇筑主要子工序包括基础面清理，施工缝处理，入仓、平仓、振捣、养护、凿毛等。

影响浇筑工序的主要因素有仓面面积、施工条件等。仓面面积大，便于发挥人工及机械效率，工效高。施工条件对混凝土浇筑工序的影响很大。例如，隧洞混凝土浇筑的入仓、平仓、振捣的难度较露天浇筑混凝土要大得多，工效也低得多。

（1）现行混凝土浇筑定额中包括浇筑和工作面运输（不含浇筑现场垂直运输）所需全部人工、材料和机械的数量和费用。

（2）混凝土浇筑仓面清洗用水，地下工程混凝土浇筑施工照明用电，已分别计入浇筑定额的用水量及其他材料费中。

（3）平洞、竖井、地下厂房、渠道等混凝土衬砌定额中所列示的开挖断面和衬砌厚度按设计尺寸选取。定额与设计厚度不符，可用插入法计算。

（4）混凝土材料定额中的"混凝土"，系指完成单位产品所需的混凝土成品量，其中包括干缩、运输、浇筑和超填等损耗量在内。

以上介绍的是现浇常规混凝土。碾压混凝土在工艺和工序上与常规混凝土不同，碾压混凝土的主要工序有：刷毛、冲洗、清仓、铺水泥砂浆、模板制作、安装、拆除、修整、混凝土配料、拌制、运输、平仓、碾压、切缝、养护等，与常规混凝土有较大差异，故定额中碾压混凝土单独成节。

（二）混凝土温度控制措施费用的计算

为防止拦河坝等大体积混凝土由于温度应力而产生裂缝和坝体接缝灌浆后接缝再度开

裂，根据现行设计规程和混凝土设计及施工规范的要求，高、中拦河坝等大体积混凝土工程的施工，都必须进行混凝土温控设计，提出温控标准和降温防裂措施。根据不同地区的气温条件、不同坝体结构的温控要求、不同工程的特定施工条件及建筑材料的要求等综合因素，分别采取风或水预冷骨料，加冰或加冷水拌制混凝土，对坝体混凝土进行一期、二期通水冷却及表面保护等措施。

1. 编制原则及依据

为统一温控措施费用标准，简化费用计算办法，提高概算的准确性，在计算温控费用时，应根据坝址区月平均气温、设计要求温控标准、混凝土冷却降温后的降温幅度和混凝土浇筑温度，参照下列原则计算和确定混凝土温控措施费用。

（1）月平均气温在20℃以下。当混凝土拌和物的自然出机口温度能满足设计要求，不需采用特殊降温措施时，不计算温控措施费用。对个别气温较高时段，设计有降温要求的，可考虑一定比例的加冰或加冷水拌制混凝土的费用，其占混凝土总量的比例一般不超过20%。当设计要求的降温幅度为5℃左右，混凝土浇筑温度约18℃时，浇筑前须采用加冰或加冷水拌制混凝土的温控措施，其占混凝土总量的比例一般不超过35%；浇筑后尚需采用坝体预埋冷却水管，对坝体混凝土进行一、二期通水冷却及混凝土表面保护等措施。

（2）月平均气温为20～25℃。当设计要求降温幅度为5～10℃时，浇筑前须采用风或水预冷大骨料、加冰或加冷水拌制混凝土等温控措施，其占混凝土总量的比例，一般不超过40%；浇筑后须采用坝体预埋冷却水管，对坝体混凝土进行一、二期通低温水冷却及混凝土表面保护等措施。当设计要求降温幅度大于10℃时，除将风或水预冷大骨料改为风冷大、中骨料外，其余措施同上。

（3）月平均气温在25℃及以上。当设计要求降温幅度为10～20℃时，浇筑前须采用风和水预冷大、中、小骨料，加冰或加冷水拌制混凝土等措施，其占混凝土总量的比例，一般不超过50%；浇筑后必须采用坝体预埋冷却水管，对坝体混凝土进行一、二期通低温水冷却及混凝土表面保护等措施。

2. 混凝土温控措施费用的计算步骤

（1）基本参数的选定。

1）工程所在地区的多年月平均气温、水温、设计要求的降温幅度及混凝土的浇筑温度和坝体容许温差。

2）拌制每立方米混凝土需加冰或加冷水的数量、时间及相应措施的混凝土数量。

3）混凝土骨料预冷的方式，平均预冷每立方米骨料所需消耗冷风、冷水的数量，温度与预冷时间，每立方米混凝土需预冷骨料的数量，需进行骨料预冷的混凝土数量。

4）设计的稳定温度，坝体混凝土一、二期通水冷却的时间、数量及冷水温度。

5）各制冷或冷冻系统的工艺流程，配置设备的名称、规格、型号和数量及制冷剂的消耗指标等。

6）混凝土表面保护材料的品种、规格与保护方式及应摊入每立方米混凝土的保护材料数量。

（2）温控措施费用计算。分为如下两种：

1）温控措施单价的计算。包括风或水预冷骨料，制片冰，制冷水，坝体混凝土一、二期通低温水和坝体混凝土表面保护等温控措施的单价。一般可按各系统不同温控要求所配置设备的台时（班）总费用除以相应系统的台时（班）净产量计算，从而可得各种温控措施的费用单价。当计算条件不具备或计算有困难时，亦可参照2002《水利建筑工程概算定额》附录10"混凝土温控费用计算参考资料"计算。

2）混凝土温控措施综合费用的计算。混凝土温控措施综合费用，可按每立方米坝体或大体积混凝土应摊销的温控费计算。根据不同温控要求，按工程所需预冷骨料、加冰或加冷水拌制混凝土、坝体混凝土通水冷却及进行混凝土表面保护等温控措施的混凝土量占坝体等大体积混凝土总量的比例，乘以相应温控措施单价再相加，即为每立方米坝体或大体积混凝土应摊销的温控措施综合费用。其各种温控措施的混凝土量占坝体等大体积混凝土总量的比例，应根据工程施工进度、混凝土月平均浇筑强度、温控时段的长短等具体条件确定。其具体计算方法与参数的选用，亦可参照《水利建筑工程概算定额》（2002）附录10"混凝土温控费用计算参考资料"确定。

（三）预制混凝土单价

预制混凝土有混凝土预制、构件运输、安装三个工序。混凝土预制的工序与现浇混凝土基本相同。

混凝土预制构件运输包括装车、运输、卸车，应按施工组织设计确定的运输方式、装卸和运输机械、运输距离选择定额。

混凝土预制构件安装与构件重量、设计要求安装有关的准确度以及构件是否分段等有关。当混凝土构件单位重量超过定额中起重机械起重量时，可用相应起重机械替换，但台时量不变。

（四）钢筋制作安装单价编制

钢筋是水利工程的主要建筑材料之一，由普通碳素钢（3号钢）或普通低合金钢加热到塑性，再热轧而成，故又称热轧钢筋。常用钢筋多为直径6～40mm。建筑物或构筑物所用钢筋，一般须先按设计图纸在加工场内加工成型，然后运到施工现场绑扎安装。

1. 钢筋制作安装的内容

钢筋制作安装包括钢筋加工、绑扎、焊接及场内运输等工序。

（1）钢筋加工：加工工序主要为调直、除锈、画线、切断、弯制、整理等。采用手工或调直机、除锈机、切断机及弯曲机等进行。

（2）绑扎、焊接：绑扎是将弯曲成型的钢筋，按设计要求组成钢筋骨架。一般用18～22号铅丝人工绑扎。人工绑扎简单方便，无需机械和动力，是水利工程钢筋连接的主要方法。

由于人工绑扎劳动量大，质量不易保证，因而大型工程多用焊接方法连接钢筋。焊接有电弧焊（即通常称的电焊）和接触焊两类。电弧焊主要用于焊接钢筋骨架。接触焊包括对焊和点焊，对焊用于接长钢筋，点焊用于制作钢筋网。

钢筋安装方法有散装法和整装法两种。散装法是将加工成型的散钢筋运到工地，再逐根绑扎或焊接。整装法是在钢筋加工厂内制作好钢筋骨架，再运至工地安装就位。水利工程因结构复杂，断面庞大，多采用散装法。

2. 钢筋制作安装单价计算

水利水电工程除施工定额按上述各工序内容分部位编有加工、绑扎、焊接等定额外，概预算定额及投资估算指标大多不分工程部位和钢筋规格型号综合成一节"钢筋制作与安装"定额。

现行概算定额该节适用于现浇及预制混凝土的各部位，以"t"为计量单位。定额已包括切断及焊接损耗、截余短头废料损耗，以及搭接帮条等附加量。

七、模板工程单价

模板用于支撑具有塑流性质的混凝土拌和物的重量和侧压力，使之按设计要求的形状凝固成型。混凝土浇筑立模的工作量很大，其费用和耗用的人工较多，故模板作业对混凝土质量、进度、造价影响较大。

以往的定额都是把模板混在混凝土工程中，不利于定额子目的灵活使用，为满足国际招标工程的需要和向实物量法过渡，现行定额单独列出一章模板工程定额，因此可根据不同工程的实际计算模板工程单价。

（一）模板类型

模板按型式可分为平面模板、曲面模板、异形模板（如渐变段、厂房蜗壳及尾水管等）、针梁模板、滑模、钢模台车。

模板按材质可分为木模板、钢模板、预制混凝土模板。木模板的周转次数少、成本高、易于加工，大多用于异形模板。钢模板的周转次数多，成本低，广泛用于水利工程建设中。预制混凝土模板的优点是不需拆模，与浇筑混凝土构成整体，因成本较高，一般用于闸墩、廊道等特殊部位。

模板按安装性质可分为固定模板和移动模板。固定模板每使用一次，就拆除一次。移动模板与支撑结构构成整体，使用后整体移动，如隧洞中常用的钢模台车或针梁模板。使用这种模板能大大缩短模板安拆的时间和人工、机械费用，也提高了模板的周转次数，故广泛应用于较长的隧洞中。对于边浇筑边移动的模板称滑动模板或简称滑模，采用滑模浇筑具有进度快、浇筑质量高、整体性好等优点，故广泛应用于大坝及溢洪道的溢流面、闸（桥）墩、竖井、闸门井等部位。

模板按使用性质可分为通用模板和专用模板。通用模板制作成标准形状，经组合安装至浇筑仓面，是水利工程建设中最常用的一种模板。专用模板按需要制成后，不再改变形状，如上述钢模台车、滑模。专用模板成本较高，可使用次数多，故广泛应用于工厂化生产的混凝土预制厂。

（二）模板工程量计算

模板工程量应根据设计图纸及混凝土浇注分缝图计算。在初步设计之前没有详细图纸时，可参考现行定额附录9"水利工程混凝土建筑物立模面系数参考表"的数据进行估算。立模面系数是指每单位混凝土（100m³）所需的立模面积（m²）。立模面系数与混凝土的体积、形状有关，也就是与建筑物的类型和混凝土的工程部位有关。

（三）采用现行编制模板工程单价应注意的问题

模板单价包括模板及其支撑结构的制作、安装、拆除、场内运输及修理等全部工序的人工、材料和机械费用。

（1）模板制作与安装拆除定额，均以 100m² 立模面积为计量单位，立模面积即为混凝土与模板的接触面积。

（2）模板材料均按预算消耗量计算，包括了制作、安装、拆除、维修的损耗和消耗，并考虑了周转和回收。

（3）模板定额中的材料，除模板本身外，还包括支撑模板的立柱、围图、桁（排）架及铁件等。对于悬空建筑物（如渡槽槽身）的模板，计算到支撑模板结构的承重梁为止。承重梁以下的支撑结构应包括在"其他施工临时工程"中。

（4）隧洞衬砌钢模台车、针梁模板台车、竖井衬砌的滑模台车及混凝土面板滑模台车中，包括行走机构、构架、模板及支撑型钢、电动机、卷扬机、千斤顶的动力设备，均作为整体设备，以工作台时计入定额。但定额中未包括轨道及埋件，只有溢流面滑模定额中含轨道及支撑轨道的埋件、支架等材料。

（5）坝体廊道预制混凝土模板，按混凝土工程中有关定额子目计算。

（6）概算定额中列有模板制作定额，并将模板安装拆除定额子目中嵌套模板制作数量 100m²，这样便于计算模板综合工程单价。而预算定额中将模板制作和安装拆除定额分别计列，使用预算定额时将模板制作及安装拆除工程单价算出后再相加，即为模板综合单价。

（7）使用概算定额计算模板综合单价时，模板制作单价有两种计算方法：

若施工企业自制模板，按模板制作定额计算出直接费（不计入其他直接费、现场经费、间接费、企业利润和税金），作为模板的预算价格代入安装拆除定额，统一计算模板综合单价。

若外购模板，安装拆除定额中的模板预算价格计算公式为：

$$（外购模板预算价格-残值）÷周转次数×综合系数 \qquad (6-5)$$

公式中残值为 10%，周转次数为 50 次，综合系数为 1.15（含露明系数及维修损耗系数）。

（8）概算定额中凡嵌套有模板 100m² 的子目，计算"其他材料费"时，计算基数不包括模板本身的价值。

【例 6-5】 某枢纽的隧洞（平洞）混凝土衬砌，设计开挖直径 3.5m（不包括超挖），衬砌厚度 50cm，混凝土拌和地点距隧洞进口 50m，隧洞长 300m，采用钢模板单向衬砌作业。0.4m³ 拌和机拌制混凝土，人工推胶轮架子车运输至浇筑现场，混凝土泵入仓。试计算隧洞混凝土衬砌综合概算单价。

基本资料：设计混凝土强度为 C25，采用 42.5 级普通硅酸盐水泥二级配。人工预算单价为六类地区人工预算单价。材料价格：42.5 级普通硅酸盐水泥 280 元/t，粗砂 36 元/m³，卵石 48 元/m³，施工用水 0.40 元/ m³，施工用电 0.60 元/（kW·h），汽油 3.2 元/kg，施工用风 0.12 元/m³，锯材 1800 元/m³，组合钢模板 6.50 元/kg，型钢 3.45 元/kg，卡扣件 4.5 元/kg，铁件 6.5 元/kg，电焊条 7.0 元/kg，预制混凝土柱 328 元/m³。

解：（1）计算混凝土材料单价。

查水利部《水利建筑工程概算定额》（2002）附录 7，可知 C25 混凝土、42.5 级普通硅酸盐水泥二级配混凝土材料配合比（1m³）：42.5 级普通硅酸盐水泥 289kg，粗砂

733kg（0.49m³），卵石 1382kg（0.81m³），水 0.15m³。根据混凝土材料配合比计算混凝土材料单价为

$$289 \times 0.28 + 0.49 \times 36 + 0.81 \times 48 + 0.15 \times 0.40 = 137.5（元/m³）$$

（2）计算模板制作单价。

查水利部 2002《水利建筑工程概算定额》，直径小于 6m 的圆形隧洞钢模板制作定额子目为 50086。根据人工预算单价（第五章第 2 节）、材料单价和水利部 2002《水利工程施工机械台时费定额》列表计算钢模板制作单价见表 6－18。由表 6－18 可知圆形隧洞混凝土钢模板制作单价为 38.27 元/m²，其中直接费为 29.58 元/m²。

表 6－18　　　　　　　　　　　　建 筑 工 程 单 价 表

定额编号 50086　　　　　　　　　　　圆形隧洞钢模板制作　　　　　　　　　　定额单位：100m²

施工方法：模板、钢架及铁件制作、运输，隧洞开挖直径 3.5m

编号	名称及规格	单位	数量	单价（元）	合计（元）
一	直接工程费				3268.59
1	直接费				2958.00
①	人工费				145.24
	工长	工时	1.7	7.11	12.09
	高级工	工时	4	6.61	26.44
	中级工	工时	16.5	5.62	92.73
	初级工	工时	4.6	3.04	13.98
②	材料费				2664.14
	锯材	m³	0.8	1800	1440.00
	组合钢模板	kg	78	6.5	507.00
	型钢	kg	90	3.45	310.50
	卡扣件	kg	26	4.5	117.00
	铁件	kg	32	6.5	208.00
	电焊条	kg	4.2	7	29.40
	其他材料费	%	2		52.24
③	机械使用费				148.62
	圆盘锯	台时	0.77	19.37	14.91
	双面刨床	台时	0.76	14.97	11.38
	型钢剪断机 13kW	台时	0.78	28.24	22.03
	型材弯曲机	台时	1.74	16.58	28.85
	钢筋切断机 20kW	台时	0.04	20.8	0.83
	钢筋弯曲机 φ6～40	台时	0.08	13.13	1.05
	载重汽车 5t	台时	0.32	48.98	15.67
	电焊机 25kVA	台时	4.97	9.42	46.82
	其他机械费	%	5		7.08
2	其他直接费	其他直接费综合费率2.5%			73.95
3	现场经费	现场经费费率8%			236.64
二	间接费	间接费费率6%			196.12
三	企业利润	企业利润率7%			242.53
四	税金	税率3.22%			119.37
五	单价合计				3826.61

（3）计算钢模板制作、安装综合单价。

查水利部《水利建筑工程概算定额》（2002），直径小于 6m 的圆形隧洞钢模板安装定额子目为 50026。根据人工预算单价、材料单价和水利部《水利工程施工机械台时费定额》（2002），列表计算钢模板安装单价见表 6-19。由于模板制作是模板安装工程材料定额的一项内容，为避免后面重复计算，模板安装材料定额中只计入模板的制作直接费 29.58 元/m³。由表 6-19 可得模板制作、安装工程单价为 117.35 元/m²，再查水利部《水利建筑工程概算定额》（2002）附录 9，圆形混凝土隧洞立模面系数参考值为 1.45m²/m³，由此可得圆形混凝土隧洞钢模板制作安装综合单价为

$$117.35 \times 1.45 = 170.16 \ （元/m^3）$$

表 6-19   **建 筑 工 程 单 价 表**

定额编号 50026   圆形隧洞钢模板制作、安装   定额单位：100m²

施工方法：模板及钢架安装、除灰、刷脱模剂、维修、倒仓。隧洞开挖直径 3.5m

编号	名称及规格	单位	数量	单价（元）	合计（元）
一	直接工程费				10023.68
1	直接费				9071.20
①	人工费				3260.24
	工长	工时	28.3	7.11	201.21
	高级工	工时	79.2	6.61	523.51
	中级工	工时	445.1	5.62	2501.46
	初级工	工时	11.2	3.04	34.05
②	材料费				4816.13
	模板	kg	100	29.58	2958.00
	铁件	kg	249	6.5	1618.50
	预制混凝土柱	m³	0.4	328	131.20
	电焊条	kg	2.0	7	14.00
	其他材料费	%	2.0		94.43
③	机械使用费				994.83
	汽车起重机 5t	台时	15.71	59.074	928.05
	电焊机 25kVA	台时	2.06	9.42	19.41
	其他机械费	%	5		47.37
2	其他直接费	其他直接费综合费率 2.5%			226.78
3	现场经费	现场经费费率 8%			725.70
二	间接费	间接费费率 6%			601.42
三	企业利润	企业利润率 7%			743.76
四	税金	税率 3.22%			366.08
五	单价合计				11734.93

注 表中材料费中的模板预算价格采用表 6-18 中的模板制作直接费。

（4）计算混凝土拌制单价。

查水利部《水利建筑工程概算定额》（2002），0.4m³ 拌和机拌制混凝土定额子目为40171。列表计算混凝土拌制工程单价见表6－20。由表6－20可知：0.4m³ 拌和机拌制混凝土单价为 22.42 元/ m³，其中直接费为 17.49 元/ m³。

表 6－20　　　　　　　　　　　建 筑 工 程 单 价 表

定额编号 40171　　　　　　　　　　　混 凝 土 拌 制　　　　　　　　　　定额单位：100m²

工作内容：0.4 m³ 拌和机拌制混凝土

编号	名称及规格	单位	数量	单价（元）	合计（元）
一	直接工程费				1932.95
1	直接费				1749.28
①	人工费				1217.53
	中级工	工时	126.2	5.62	709.24
	初级工	工时	167.2	3.04	508.29
②	材料费				34.30
	零星材料费	人工费与机械之和的 2%			34.30
③	机械使用费				497.45
	搅拌机 0.4 m³	台时	18.90	22.17	419.01
	胶轮车	台时	87.15	0.9	78.44
2	其他直接费	其他直接费费率 2.5%			43.73
3	现场经费	现场经费费率 8%			139.94
二	间接费	间接费费率 5%			96.65
三	企业利润	企业利润率 7%			142.07
四	税金	税率 3.22%			69.93
五	单价合计				2241.60

（5）计算混凝土运输单价。

混凝土运输分洞内和洞外两种类型，其中洞外运输距离指混凝土拌和地点距离隧洞进口的距离即 50m；洞内运输距离与作业面个数和洞长有关，本工程隧洞长 300m，采用钢模板单向衬砌作业，因此混凝土洞内运输距离应按洞长的一半计算，即 150m。查水利部2002《水利建筑工程概算定额》，人工推胶轮架子车混凝土运输定额为洞外运输定额，洞内运输时，人工、胶轮车定额需乘以 1.5 的系数。由于洞内外运输是一个连续过程，在选用定额时，洞内运输段应采用洞内增运定额（每增运 50m），根据运距选用定额子目，本例洞内外综合运输定额为：洞外运输定额＋洞内增运定额，即 ［40180］ ＋ ［40185］×3×1.5。根据洞内外综合运输定额计算混凝土运输单价见表 6－21。由表 6－21 可知，人工胶轮架子车混凝土运输单价为 10.52 元/m³，其中直接费为 8.21 元/m³。

（6）计算混凝土浇筑单价。

由设计开挖直径 3.5m，可得设计开挖断面为 9.62m²，根据设计开挖断面和隧洞衬砌厚度，查水利部《水利建筑工程概算定额》（2002），圆形隧洞混凝土浇筑定额子目为40035。根据人工预算单价、材料单价和水利部 2002《水利工程施工机械台时费定额》列表计算圆形隧洞混凝土浇筑单价见表 6-22。由于混凝土拌制和运输是混凝土浇筑定额的内容，为避免重复计算，表中混凝土拌制和运输定额只计入定额直接费。由表 6-22 可知圆形隧洞混凝土浇筑单价为 404.61 元/m³。

表 6-21   **建 筑 工 程 单 价 表**

定额编号 40180、40185   混凝土运输   定额单位：100m³

工作内容：胶轮车运混凝土，洞外 50m，洞内 150m

编号	名称及规格	单位	洞外数量	洞内数量	单价（元）	合计（元）
一	直接工程费					906.85
1	直接费					820.68
①	人工费					630.95
	初级工	工时	76.6	29.1×3×1.5	3.04	630.95
②	材料费					46.45
	零星材料费		人工费与机械之和的 6%			46.45
③	机械使用费					143.28
	胶轮车	台时	58.8	22.31×3×1.5	0.9	143.28
2	其他直接费		其他直接费综合费率 2.5%			20.52
3	现场经费		现场经费费率 8%			65.65
二	间接费		间接费费率 5%			45.34
三	企业利润		企业利润率 7%			66.65
四	税金		税率 3.22%			32.81
五	单价合计					1051.65

表 6-22   **建 筑 工 程 单 价 表**

定额编号 40035   圆形隧洞混凝土浇筑   定额单位：100m³

工作内容：混凝土泵入仓浇筑，设计开挖断面 9.62m²，衬砌厚度 50cm

编号	名称及规格	单位	数量	单价（元）	合计（元）
一	直接工程费				34889.82
1	直接费				31574.49
①	人工费				4271.83
	工长	工时	27.1	7.11	192.68
	高级工	工时	45.1	6.61	298.11
	中级工	工时	487.3	5.62	2738.63
	初级工	工时	342.9	3.04	1042.42
②	材料费				20622.50
	混凝土	m³	149	137.5	20487.50
	水	m³	81	0.4	32.40
	其他材料费	%	0.5		102.60
③	机械使用费				2850.86

工作内容：混凝土泵入仓浇筑，设计开挖断面 9.62m²，衬砌厚度 50cm

编号	名称及规格	单位	数量	单价（元）	合计（元）
	混凝土泵 30m³/h	台时	17.52	82.72	1449.25
	振动器 1.1kW	台时	60.98	2.02	123.18
	风水枪	台时	44.94	26.6	1195.40
	其他机械费	%	3		83.04
④	混凝土拌制	m³	149	17.49	2606.01
⑤	混凝土运输	m³	149	8.21	1223.29
2	其他直接费	其他直接费综合费率 2.5%			789.36
3	现场经费	现场经费费率 8%			2525.96
二	间接费	间接费费率 5%			1744.49
三	企业利润	企业利润率 7%			2564.40
四	税金	税率 3.22%			1262.20
五	单价合计				40460.91

注 表中混凝土拌制和运输直接费单价见表 6-20、表 6-21。

（7）计算隧洞混凝土衬砌综合单价。

本工程圆形隧洞混凝土衬砌综合单价包括混凝土材料单价、模板制作及安装单价、混凝土拌制单价、混凝土运输单价和混凝土浇筑单价。本例混凝土材料、混凝土拌制及运输单价已计入混凝土浇筑单价中。

因此，隧洞混凝土衬砌综合单价为：170.16＋404.61＝574.77（元/m³）。

八、沥青混凝土工程单价编制

沥青是一种能溶于有机溶剂，常温下呈固体、半固体或液体状态的有机胶结材料。沥青具有良好的粘结性、塑性和不透水性，且有加热后融化、冷却后粘性增大等特点，因而被广泛用于建筑物的防水、防潮、防渗、防腐等工程中。在水利工程中，沥青常用于防水层、伸缩缝、止水及坝体防渗工程。

沥青有地沥青（包括天然沥青和石油沥青）和焦油沥青（烟煤炼制焦炭后的副产品，俗称"柏油"）两类。按针入度，道路石油沥青分为 200#、180#、140#、100 甲、100 乙、60 甲、60 乙等 7 个牌号，建筑石油沥青分为 30 甲、30 乙、10# 等 3 个牌号。

（一）沥青混凝土的分类

沥青混凝土是由粗骨料（碎石、卵石）、细骨料（砂、石屑）、填充料（矿粉）和沥青按适当比例配制的。水工常用的沥青混凝土为碾压式沥青混凝土，分开级配和密级配。

1. 按骨料粒径划分

（1）粗粒式沥青混凝土（最大粒径 35mm）。

（2）中粒式沥青混凝土（最大粒径 25mm）。

（3）细粒式沥青混凝土（最大粒径 15mm）。

（4）砂质沥青混凝土（最大粒径 5mm）。

2. 按施工方法划分

(1) 碾（夯）压式沥青混凝土（混合料流动性小）。

(2) 灌注式沥青混凝土（混合料流动性大）。

3. 按密实程度划分

(1) 开级配沥青混凝土，孔隙率大于5%，含少量或不含矿粉。适用于防渗斜墙的整平胶结层和排水层。

(2) 密级配沥青混凝土，孔隙率小于5%，级配良好，含一定量的矿粉。适用于防渗斜墙的防渗层沥青混凝土和岸边接头沥青混凝土。

（二）沥青混凝土单价

1. 半成品单价

沥青混凝土半成品单价，系指组成沥青混凝土配合比的多种材料的价格。其组成主要为：

(1) 沥青。按施工规范要求，北方地区采用低温抗裂性能较好的100甲沥青，南方地区可用60甲沥青。

(2) 粗骨料。须采用石灰石、大理石、白云石等轧制的碱性骨料。

(3) 细骨料。可用天然砂或人工砂。

(4) 石屑、矿粉。石屑为碱性料。矿粉指小于0.075mm的石灰石粉、磨细的矿渣、粉煤灰、滑石粉等。

应根据设计要求、工程部位选取配合比计算半成品单价。配合比的各项材料用量，应按试验资料计算。如无试验资料时，可参照现行《水利建筑工程概算定额》附录8"沥青混凝土材料配合表"确定。

2. 沥青混凝土运输单价

沥青混凝土运输单价计算同普通混凝土。根据施工组织设计选定的施工方案，分别计算水平运输和垂直运输单价，再按沥青混凝土运输数量乘以每立方米沥青混凝土运输费用计入沥青混凝土单价。这里，应注意包括垂直运输单价的计算（普通混凝土在现行概算浇筑定额中已含垂直运输因素，不单独计算），水平和垂直运输单价都只能计算直接费，以免重复。

3. 沥青混凝土铺筑单价

(1) 沥青混凝土心墙。沥青混凝土心墙铺筑内容，包括模板制作、安装、拆除、修理，配料、加温、拌和，铺筑、夯压及施工层铺筑前处理等工作。现行概算定额按心墙厚度、施工方法（夯压或灌注）、立模型式（木模或干砌石模）分列子目，以成品方为计量单位。

(2) 沥青混凝土斜墙。斜墙铺筑包括配料、加温、拌制、摊铺、碾压、接缝加热等工作内容。定额按开级配、密级配、岸边接头、人工摊铺和机械摊铺分列子目。

九、基础处理工程单价的编制

基础处理工程指为提高地基承载能力、改善和加强其抗渗性能及整体性所采取的处理措施。从施工角度讲，主要是开挖、回填、灌浆或桩（井）墙等几种方法的组合应用。其中灌浆是水利工程基础处理中最常用的有效手段，下面重点介绍。

（一）钻孔灌浆

灌浆就是利用灌浆机施加一定的压力，将浆液通过预先设置的钻孔或灌浆管，灌入岩石、土或建筑物中，使其胶结成坚固、密实而不透水的整体。

1. 灌浆的分类

按照灌浆材料分类，主要有水泥灌浆、水泥粘土灌浆、粘土灌浆、沥青灌浆和化学灌浆等。

按灌浆作用分类，主要有以下几种：

（1）帷幕灌浆。为在坝基形成一道阻水帷幕以防止坝基及绕坝渗漏，降低坝底扬压力而进行的深孔灌浆。

（2）固结灌浆。为提高地基整体性、均匀性和承载能力而进行的灌浆。

（3）接触灌浆。为加强坝体混凝土和基岩接触面的结合能力，使其有效传递应力，提高坝体的抗滑稳定性而进行的灌浆。接触灌浆多在坝体下部混凝土固化收缩基本稳定后进行。

（4）接缝灌浆。大体积混凝土由于施工需要而形成了许多施工缝，为了恢复建筑物的整体性，利用预埋的灌浆系统，对这些缝进行的灌浆。

（5）回填灌浆。为使隧道顶拱岩面与衬砌的混凝土面，或压力钢管与底部混凝土接触面结合密实而进行的灌浆。

2. 灌浆工艺流程

灌浆工艺流程一般为：施工准备→钻孔→冲洗→表面处理→压水试验→灌浆→封孔→质量检查。

（1）施工准备。包括场地清理、劳动组合、材料准备、孔位放样、电风水布置、机具设备就位、检查等。

（2）钻孔。采用手风钻、回转式钻机和冲击钻等钻孔机械进行。

（3）冲洗。用水将残存在孔内的岩粉和铁砂末冲出孔外，并将裂隙中的充填物冲洗干净，以保证灌浆效果。

（4）表面处理。为防止有压情况下浆液沿裂隙冒出地面而采取的塞缝、浇盖面混凝土等措施。

（5）压水试验。压水试验目的是确定地层的渗透特性，为岩基处理设计和施工提供依据。压水试验是在一定压力下将水压入壁四周缝隙，根据压入流量和压力，计算出代表岩层渗透特性的技术参数。规范规定，渗透特性用透水率表示，单位为吕容（Lu），定义为：压水压力为 1MPa 时，每米试段长度每分钟注入水量 1 L 时，称为 1 Lu。

（6）灌浆。按照灌浆时浆液灌注和流动的特点，可分为纯压式和循环式两种灌浆方式。

纯压式灌浆：单纯地把浆液沿灌浆管路压入钻孔，再扩张到岩层裂隙中。适用于裂隙较大、吸浆量多和孔深不超过 15m 的岩层。这种方式设备简单，操作方便，当吃浆量逐渐变小时，浆液流动慢，易沉淀，影响灌浆效果。

循环式灌浆：浆液通过进浆管进入钻孔后，一部分被压入裂隙，另一部分由回浆管返回拌浆筒。这样可使浆液始终保持流动状态，防止水泥沉淀，保证了浆液的稳定和均匀，提高灌浆效果。

按照灌浆顺序，灌浆方法有一次灌浆法和分段灌浆法。后者又可分为自上而下分段、自下而上分段及综合灌浆法。

一次灌浆法：将孔一次钻到设计深度，再沿全孔一次灌浆。施工简便，多用于孔深 10m 内、基岩较完整、透水性不大的地层。

分段灌浆法：①自上而下分段灌浆法：自上而下钻一段（一般不超过 5m）后，冲洗、压水试验、灌浆。待上一段浆液凝结后，再进行下一段钻灌工作。如此钻、灌交替，直至设计深度。此法灌浆压力较大，质量好，但钻、灌工序交叉，工效低。多用于岩层破碎、竖向节理裂隙发育地层。②自下而上分段灌浆法：一次将孔钻到设计深度，然后自下而上利用灌浆塞逐段灌浆。这种方法钻灌连续，速度较快，但不能采用较高压力，质量不易保证。一般适用于岩层较完整坚固的地层。③综合灌浆法：通常接近地表的岩层较破碎，越往下则越完整，上部采用自上而下分段，下部采用自下而上分段，使之既能保证质量，又可加快速度。

（7）封孔。人工或机械（灌浆及送浆）用砂浆封填孔口。

（8）质量检查。质量检查的方法较多，最常用的是打检查孔检查，取岩心、做压水试验检查透水率是否符合设计和规范要求。

3. 影响灌浆工效的主要因素

（1）岩石（地层）级别。岩石（地层）级别是钻孔工序的主要影响因素。岩石级别越高，对钻进的阻力越大，钻进工效越低，钻具消耗越多。

（2）岩石（地层）的透水性。透水性是灌浆工序的主要影响因素。透水性强（透水率高）的地层可灌性好，吃浆量大，单位灌浆长度的耗浆量大。反之，灌注每吨浆液干料所需的人工、机械台班（时）用量越少。

（3）施工方法。前述一次灌浆法和自下而上分段灌浆法的钻孔和灌浆两大工序互不干扰，工效高。自上而下分段灌浆法钻孔与灌浆相互交替，干扰大、工效低。

（4）施工条件。露天作业，机械的效率能正常发挥。隧洞（或廊道）内作业影响机械效率的正常发挥，尤其是对较小的隧洞（或廊道），限制了钻杆的长度，增加了接换钻杆次数，降低了工效。

（二）混凝土防渗墙

建筑在冲积层上的挡水建筑物，一般设置混凝土防渗墙，是有效的防渗处理方式。防渗墙施工包括造孔和浇筑混凝土两部分内容。

1. 造孔

防渗墙的成墙方式大多采用槽孔法。造孔采用冲击钻机、反循环钻、液压开槽机等机械进行。一般用冲击钻较多，其施工程序包括造孔前的准备、泥浆制备、造孔、终孔验收、清孔换浆等。冲击钻造孔工效不仅受地层土石类别影响，而且与钻孔深度大有关系。随着孔深的增加，钻孔效率下降较大。

2. 浇筑

防渗墙采用导管法浇筑水下混凝土。其施工工艺为浇筑前的准备、配料拌和、浇筑混凝土、质量验收。由于防渗墙混凝土不经振捣，因而混凝土应具有良好的和易性。要求入孔时坍落度为 18～22cm，扩散度 34～38cm，最大骨料粒径不大于 4cm。

3. 定额表现形式

一般都将造孔和浇筑分列，概算定额均以阻水面积（100m²）为单位，按墙厚分列子目；而预算定额中，造孔成槽定额单位为 100 折算米或 100m²，防渗墙浇筑定额单位为 100m³。混凝土用量均在浇筑定额中列示。

（三）桩基工程

桩基工程是地基加固的主要方法之一，目的是提高地基承载力、抗剪强度和稳定性。

1. 振冲桩

软弱地基中，利用能产生水平向振动的管状振冲器，在高压水流下边振边冲成孔，再在孔内填入碎石或水泥、碎石等坚硬材料成桩，使桩体和原来的土体构成复合地基，这种加固技术称振冲桩法。

（1）施工机具：振冲桩主要机具为振冲器、吊机（或专用平车）和水泵。振冲器是利用一个偏心体的旋转产生一定频率和振幅的水平向振动力进行振冲挤密或置换施工的专用机械。我国用于施工的振冲器型号主要有 ZCQ—30、ZCQ—55、ZCQ—75、ZGQ—150 等，其潜水电机功率分别为 30kW、55kW、75kW 和 150kW。起吊机械包括履带或轮胎吊机、自行井架或专用平车等。吊机的起吊能力须大于 100～200kN。水泵规格为出口水压 0.4～0.6MPa，流量 20～30m³/h。每台振冲器配一台水泵。

（2）制桩步骤：①振冲器对准桩位，开水、开电。②启动吊机，使振冲器徐徐下沉，并记录振冲器经各深度的电流值和时间。③当达设计深度以上 30～50cm 时，将振冲器提到孔口，再下沉，提起进行清孔。④往孔内倒填料，将振冲器沉到填料中振实，当电流达规定值时，认为该深度已振密，并记录深度、填料量、振密时间和电流量；再提出振冲器，准备做上一深度桩体；重复上述步骤，自下而上制桩，直到孔口。⑤关振冲器，关水、关电，移位。

（3）单价编制：振冲桩单价按地层不同分别采用定额相应子目。由于不同地层对孔壁的约束力不同，所以形成的桩径不同，因此耗用的填料（碎石或碎石、水泥）数量也不相同。

2. 灌注桩

灌注桩施工工艺类似于防渗墙的圆孔法，主要采用泥浆固壁成孔（另外还有干作业成孔、套管法成孔、爆扩成孔等）。

造孔设备有推钻、冲抓钻、冲击钻、回旋钻等。灌注混凝土一般采用导管法浇筑水下混凝土。定额一般按造孔和灌注分节。

（四）编制基础单价应注意的问题

1. 关于基础处理工程的项目、工程量

土石方、混凝土、砌石工程等均按几何轮廓尺寸计算工程量，其计算规则简单明了，而基础处理工程的工程量计算相对比较复杂，其项目设置、工程量数量及其单位均必须与概算定额的设置、规定相一致，如不一致，应进行科学的换算，才不致出现差错。例如：

（1）钻孔。有的定额按全孔计量，有的定额将不灌浆孔段（建筑物段）以钻灌比的形式摊入灌浆孔段，使用这种定额，就只能计算灌浆段长度，否则就会重复计量。

（2）灌浆。有的定额以灌浆孔的长度（m）为计量单位，有的定额以灌入水泥量（t）为计量单位，前者的工程量与后者显然是不一样的。

（3）混凝土防渗墙。概算定额用阻水面积（100m²）为单位，概算定额造孔用折算进尺（100折算米）为单位，防渗墙混凝土用100m³为单位，所以一定要按科学的换算方式进行换算。

2. 关于检查孔

钻孔灌浆属隐蔽工程，质量检查至关重要。常用的检查手段是打检查孔，取岩心，做压水（浆）试验。对于检查孔的钻孔、压水（浆）试验、灌浆等费用的处理，必须与定额的规定相适应。如定额中已摊入检查孔的上述费用，就不应再计算，如未摊入，则要注意不要漏掉上述费用。

3. 关于岩土的平均级别和平均透水率

岩土的级别和透水率分别为钻孔和灌浆两大工序的主要参数，正确确定这两个参数对钻孔灌浆单价有重要意义。由于水工建筑物的地基绝大多数不是单一的地层，通常多达十几层或几十层。各层的岩土级别、透水率各不相同，为了简化计算，几乎所有的工程都采用一个平均的岩石级别和平均的透水率来计算钻孔灌浆单价。在计算这两个重要参数的平均值时，一定要注意计算的范围要和设计确定的钻孔灌浆范围完全一致，也就是说，不要简单地把水文地质剖面图中的数值拿来平均，要注意把上部开挖范围内的透水性强的风化层和下部不在设计灌浆范围的相对不透水地层都剔开。

【例 6-6】 某水库坝基岩石基础固结灌浆，采用手风钻钻孔，一次灌浆法，灌浆孔深 6m，岩石级别为Ⅸ级，试计算坝基岩石固结灌浆综合概算单价。

基本资料：坝基岩石层平均单位吸水率 5Lu，灌浆水泥采用 32.5 级普通硅酸盐水泥。人工预算单价见第四章第一节。材料预算单价：合金钻头 50 元/个，空心钢 9.8 元/kg，32.5 级普通硅酸盐水泥 260 元/t，水 0.4 元/m³，施工用风 0.12 元/m³，施工用电 0.6 元/（kW·h）。

解：（1）计算钻孔单价。

查水利部《水利建筑工程概算定额》（2002），风钻钻岩石层固结灌浆孔、岩石级别Ⅸ级定额子目为 70018。根据人工预算单价、材料预算价格和水利部 2002《水利工程施工机械台时费定额》列表计算钻岩石层固结灌浆孔单价见表 6-23。由表 6-23 可知，钻岩石层固结灌浆孔概算单价为 17.26 元/m。

（2）计算基础固结灌浆概算单价。

查水利部《水利建筑工程概算定额》（2002），岩石层透水率为 5Lu 的基础固结灌浆定额子目为 70047。根据人工预算单价、材料预算价格和水利部 2002《水利工程施工机械台时费定额》（2002）列表计算基础固结灌浆单价见表 6-24。由表 6-24 可知，基础固结灌浆单价为 104.29 元/m。

（3）计算坝基岩石基础固结灌浆综合概算单价。

坝基岩石基础固结灌浆综合概算单价包括钻孔单价和灌浆单价，即

$$17.26 + 104.29 = 121.55 \text{（元/m）}$$

表 6-23　　　　　　　　建 筑 工 程 单 价 表

　　　　　　钻岩石层固结灌浆孔　　　　　　定额单位：100m

工作内容：孔位转移、接拉风管、钻孔、检查孔钻孔，施工方法：手风钻钻孔孔深 6m

编号	名称及规格	单位	数量	单价（元）	合计（元）
一	直接工程费				1460.22
1	直接费				1333.53
①	人工费				447.69
	工 长	工时	3	7.11	21.33
	中级工	工时	38	5.62	213.56
	初级工	工时	70	3.04	212.80
②	材料费				174.37
	合金钻头	个	2.72	50	136.00
	空心钢	kg	1.46	9.8	14.31
	水	m³	10	0.4	4.00
	其他材料费	%	13		20.06
③	机械使用费				711.48
	手持式风钻	台时	25.8	24.19	624.10
	其他机械费	%	14		87.37
2	其他直接费	其他直接费综合费率2.5%			33.34
3	现场经费	现场经费费率7%			93.35
二	间接费	间接费费率7%			102.22
三	企业利润	企业利润率7%			109.37
四	税金	税率3.22%			53.83
五	单价合计				1725.64

表 6-24　　　　　　　　建 筑 工 程 单 价 表

　　　　　　　基础固结灌浆　　　　　　　定额单位：100m

工作内容：冲洗、制浆、封孔、孔位转移、检查孔压水试验、灌浆，岩石层透水率为5Lu

编号	名称及规格	单位	数量	单价（元）	合计（元）
一	直接工程费				8825.00
1	直接费				8059.36
①	人工费				2079.08
	工 长	工时	24	7.11	170.64
	高级工	工时	50	6.61	330.50
	中级工	工时	145	5.62	814.90
	初级工	工时	251	3.04	763.04
②	材料费				1472.88

工作内容：冲洗、制浆、封孔、孔位转移、检查孔压水试验、灌浆，岩石层透水率为5Lu

编号	名称及规格	单位	数量	单价（元）	合计（元）
	水泥	t	4.1	260	1066.00
	水	m³	565	0.4	226.00
	其他材料费	%	14		180.88
③	机械使用费				4507.40
	灌浆泵 中压泥浆	台时	96	31.31	3005.76
	灰浆搅拌机	台时	88	14.4	1267.20
	胶轮车	台时	22	0.9	19.80
	其他机械费	%	5		214.64
2	其他直接费	其他直接费综合费率2.5%			201.48
3	现场经费	现场经费费率7%			564.16
二	间接费	间接费费率7%			617.75
三	企业利润	企业利润率7%			660.99
四	税金	税率3.22%			325.34
五	单价合计				10429.08

第三节　工程量计算

工程概算是以工程量乘工程单价来计算的，因此工程量是编制工程概算的基本要素之一，它是以物理计量单位或自然计量单位表示的各项工程和结构件的数量。其计算单位一般是以公制度量单位如长度（m）、面积（m²）、体积（m³）、重量（kg）等，以及以自然单位如"个"、"台"、"套"等表示。工程量计算准确与否，是衡量设计概算质量好坏的重要标志之一，所以概算人员除应具有本专业的知识外，还应当具有一定的水工、施工、机电、金属结构等专业知识，掌握工程量计算的基本要求、计算方法和计算规则。按照概算编制有关规定，正确处理各类工程量。在编制概算时，概算人员应认真查阅主要设计图纸，对各专业提供的设计工程量逐次核对，凡不符合概算编制要求的应及时向设计人员提出修正，切忌盲目照抄使用，力求准确可靠。

一、工程量计算的基本原则

（一）工程项目的设置

工程项目的设置必须与概算定额子目划分相适应。如：土石方开挖工程应按不同土壤、岩石类别分别列项；土石方填筑应按土方、堆石料、反滤层、垫层料等分列。再如钻孔灌浆工程，一般概算定额将钻孔、灌浆列为综合定额，而现行定额将钻孔、灌浆分列，因此在计算工程量时，钻孔、灌浆合并为一项计列，即只计算灌浆段的钢筋混凝土数量。

（二）计量单位

工程量的计量单位要与定额子目的单位相一致。有的工程项目的工程量可以用不同的计量单位表示，如喷混凝土，可以用"m²"表示，也可以用"m³"表示；混凝土防渗墙可以用阻水面积（m²），也可以用进尺（m）或混凝土浇筑方量（m³）来表示。因此，设计提供的工程量单位要与选用的定额单位相一致，否则应按有关规定进行换算，使其一致。

（三）工程量计算

（1）设计工程量。

工程量计算按照现行水利工程设计工程量计算规则执行。目前，可行性研究、初步设计阶段的设计工程量就是按照建筑物和工程的几何轮廓尺寸计算的数量乘以表 6-25 中不同设计阶段系数而得出的数量；而施工图设计阶段系数均为 1.00，即施工图设计工程量就是图纸工程量。新的工程量计算规则颁布后，按新规则计算。

表 6-25　　　　　　　　　不同设计阶段工程量折算系数

项目 设计阶段		钢筋混凝土	混凝土			土石方开挖			土石方填筑			钢筋	钢材	灌浆
			工程量（万 m³）											
			300以上	100~300	100以下	500以上	200~500	200以下	500以上	200~500	200以下			
永久建筑物	可行性研究	1.05	1.03	1.05	1.10	1.03	1.05	1.10	1.03	1.05	1.10	1.05	1.05	1.15
	初步设计	1.03	1.01	1.03	1.05	1.01	1.03	1.05	1.01	1.03	1.05	1.03	1.03	1.10
临时建筑物	可行性研究	1.10	1.05	1.10	1.10	1.05	1.10	1.15	1.05	1.10	1.15	1.10	1.10	
	初步设计	1.05	1.03	1.05	1.10	1.03	1.05	1.10	1.03	1.05	1.10	1.05	1.05	
金属结构	可行性研究												1.15	
	初步设计												1.10	

（2）施工超挖、超填量及施工附加量。

在水利工程施工中一般不允许欠挖，为保证建筑物的设计尺寸，施工中允许一定的超挖量；而施工附加量是指为完成本项工程而必须增加的工程量，如土方工程中的取土坑、试验坑，隧洞工程中为满足交通、放炮要求而设置的内错车道、避炮洞以及下部扩挖所需增加的工程量；施工超填量是指由于施工超挖及施工附加相应增加的回填工程量。

现行概算定额已按有关施工规范计入合理的超挖量、超填量和施工附加量，故采用概算定额编制概算时，工程量不应计算这三项工程量。

（3）施工损耗量。

施工损耗量包括运输及操作损耗、体积变化损耗及其他损耗。运输及操作损耗量指土石方、混凝土在运输及操作过程中的损耗。体积变化损耗量指土石方填筑工程中的施工期沉陷而增加的数量，混凝土体积收缩而增加的工程数量等。其他损耗量：包括土石方填筑工程施工中的削坡，雨后清理损失数量，基础处理工程中混凝土灌注桩桩头的浇筑凿除及混凝土防渗墙一、二期接头重复造孔和混凝土浇筑等增加的工程量。

现行概算定额对这几项损耗已按有关规定计入相应定额之中。因此，采用不同的定额编制工程单价时应仔细阅读有关定额说明，以免漏算或重算。

二、建筑工程量计算

（一）土石方工程量计算

土石方开挖工程量，应根据设计开挖图纸，按不同土壤和岩石类别分别进行计算，石方开挖工程应将明挖、槽挖、水下开挖、平洞、斜井和竖井开挖等分别计算。

土石方填筑工程量，应根据建筑物设计断面中的不同部位及其不同材料分别进行计算，其沉陷量应包括在内。

（二）砌石工程量计算

砌石工程量应按建筑物设计图纸的几何轮廓尺寸，以"建筑成品方"计算。砌石工程量应将干砌石和浆砌石分开。干砌石应按干砌卵石、干砌块石，同时还应按建筑物或构筑物的不同部位及型式，如护坡（平面、曲面）、护底、基础、挡土墙、桥墩等分别计列；浆砌石按浆砌块石、卵石、条料石，同时还应按不同的建筑物（浆砌石拱圈明渠、隧洞、重力坝）及不同的结构部位分项计列。

（三）混凝土及钢筋混凝土工程量计算

混凝土及钢筋混凝土工程量的计算应根据建筑物的不同部位及混凝土的设计标号分别计算。

钢筋及埋件、设备基础螺栓孔洞工程量应按设计图纸所示的尺寸并按定额计量单位计算，例如大坝的廊道、钢管道、通风井、船闸侧墙的输水道等，应扣除孔洞所占体积。

计算地下工程（如隧洞、竖井、地下厂房等）混凝土的衬砌工程量时，应以设计断面的尺寸为准。

预制构件根据设计图纸计算工程量时应考虑损耗量在内，包括废品损耗、运输堆放损耗。其损耗率：板类构件为 1.2%，其他构件为 0.7%。

（四）钻孔灌浆工程量

钻孔工程量按实际钻孔深度计算，计量单位为 m。计算钻孔工程量时，应按不同岩石类别分项计算，混凝土钻孔按 X 类岩石计算或按可钻性相应的岩石级别计算。

灌浆工程量从基岩面起计算，计算单位为 m 或 m^2。计算工程量时，应按不同岩层的不同单位吸水率或耗灰量分别计算。

隧洞回填灌浆，其工程量计算范围一般在隧洞顶拱中心角 90°～120°内，按设计的混凝土外缘面积计算，计量单位为 m^2。

混凝土防渗墙工程量。按设计的阻水面积计算其工程量，计量单位为 m^2。

第四节　建筑工程概算编制程序

一、主体建筑工程概算的编制

主体建筑工程项目分主体工程项目、内部观测工程项目和其他工程项目（又称细部结构工程）。

1. 主体工程项目概算

主体工程项目概算采用单价法计算，即采用工程量乘以单价来计算。

（1）工程项目划分。在按照工程项目划分的原则对工程项目进行划分时，有些项目在编制工程概算时可再划分为第四级、甚至第五级项目。如：

1）土方开挖工程，应将土方开挖与砂砾石开挖分开；

2）石方开挖工程，应将明挖与平洞、竖井开挖分开，或者按施工部位分进口石方开挖和出口石方等；

3）土石方回填工程，应将土方回填与石方回填分列；

4）混凝土工程，应按不同的施工部位不同设计标号划分，如，闸墩 250 号混凝土，闸底板 200 号混凝土等；

5）砌石工程，应将干砌石、浆砌石、抛石、铅丝笼块石分列等。

对于单个建筑物工程，项目划分中的二级项目可视为一级项目计列。具体工程项目划分可根据工程的具体特点，参照概算编制办法中规定的项目划分内容作必要的增删调整，并应与相应概算定额子目要求一致，力求简单明了，符合实际。

（2）工程量。在概算阶段均应按照建筑物的几何轮廓尺寸计算工程数量。并按水利设计工程量计算规定乘以不同设计阶段工程量折算系数作为工程概算的工程数量。施工中应增加的超挖、超填和施工附加量及各种损耗和体积变化，均已按现行施工规范和有关规定计入概算定额。设计工程量中不再另行计算。

（3）主体建筑工程概算表格的填写与计算。建筑工程概算表格采用概算编制办法规定的格式如表 6-26 所示。

表 6-26 中第 3 栏"工程或费用名称"，按照工程项目划分填至三级或四级项目，甚至五级，以能说清楚为止。计算时首先从最末一级即五级或四级项目开始，采用工程量乘单价的办法计算合计投资，合计以万元为单位，取两位小数，然后向上逐级合并汇总，即得主体建筑工程概算投资。

表 6-26　　　　　　　　　　　　建筑工程概（预）算表

编号	单价表序号	工程或费用名称	单位	数量	单价（元）	合计（万元）
1	2	3	4	5	6	7

2. 内部观测工程概算

内部观测工程指埋设在建筑物内部及固定于建筑物表面的观测设备仪器及安装等，主要包括变形观测、渗流观测、渗压观测等。内部观测设备及安装按建筑工程属性处理，列入相应的建筑工程项目内。

内部观测工程概算根据建筑物的不同型式按主体工程建筑工作量的百分比来计算，其百分率参考数值为，当地材料坝工程为 0.6%～0.8%，混凝土重力坝、重力拱坝工程为 0.8%～1.0%，混凝土轻型坝工程为 1.2%～1.4%，引水式电站为 0.8%～1.0%。工程以及地质条件复杂的，取大值或中值，反之取小值。

3. 其他工程项目概算（细部结构工程）

其他工程项目概算采用指标法的形式计算。在项目划分中，它与上述主体工程项目中的三级项目并列构成主要建筑工程概算项目内容（三级项目）。

（1）其他工程项目包括的主要内容。细部结构工程内容主要包括：止水、伸缩缝、接缝灌浆、灌浆管、冷却水管、灌浆及排水廊道模板、排水管、排水沟、排水井、减压井、渗水处理、通气管、消防、栏杆、坝顶、路面、照明、爬梯、建筑装修及其他细部结构等。

（2）综合指标的采用。在初步设计阶段，由于设计深度所限，不可能对上述繁多的细部结构项目提出具体的工程数量，在编制概算时，大多按建筑物本体的工程量乘以综合指标来计算。

采用综合指标时还应注意如下几个问题：

1）综合指标应视为直接费，采用时应按规定计入其他直接费、现场经费、间接费、计划利润和税金等有关费用。

2）细部结构项目的选取，应根据工程的具体情况而定，没有的子项目应删去，漏缺的子项目应添上。若内部观测设备及安装工程在概算中单独列出，在细部结构项目中应予删除。

3）砌石重力坝按混凝土重力坝指标选取。

4）这些指标的选取应考虑物价因素进行调整。

（3）其他工程项目概算的编制。按照单个建筑物的本体工程量乘以综合指标来计算。其本体工程量对坝体工程而言指坝体方量，对水闸、溢洪道、进水塔、隧洞厂房、变电站、船闸等工程指混凝土的总方量。

二、一般建筑工程（其他永久工程）概算的编制

一般建筑工程项目包括交通工程、房屋建筑工程和其他工程，其概算编制既可采用主体建筑工程的编制方法（工程量乘以单价），也可采用扩大单位指标进行编制。

1. 交通工程

系指水利水电工程的永久对外公路、铁路、桥梁、码头等工程，其主要工程投资应按设计提供的工程量乘以相应单价计算，也可按经审核的委托单位专项概算数列入。次要项目可按每公里、米、座的扩大指标计算。

2. 房屋工程

系指水利枢纽、水电站、水库等基本建设工程的永久辅助生产厂房、仓库、办公室、宿舍、住宅等生活及文化福利建筑，办公室、生活区内的道路和室外给排水、照明等室外工程，以及未包括在附属、辅助设备安装工程内的基础工程等。其投资按设计提供的建筑面积造价指标计算。室外工程及基础按占房屋建筑工程投资的百分比计算。

3. 其他工程

包括以下六项内容：

（1）厂坝区动力线路工程。指从发电厂至各生产用电的架空动力线路。电厂至各用电点的动力电缆应列入第二部分机电设备安装工程的电缆安装项内。

（2）厂坝区照明线路及设施工程。指厂坝区照明线路及其设施（户外变电站的照明也包括在本项内）。不包括应分别列入拦河坝、溢洪道、引永系统、船闸等水工建筑物其他工程项目内的照明设施。

（3）通信线路工程。包括对内、对外的架空线路和户外通信电缆工程（户内通信电缆包括在第二部分通信设备安装工程内）及枢纽至本电站（或水库）所属的水文站、气象站的专用通信线路工程等。

（4）厂坝区供水、供热、排水等公用设施工程。其中包括：①全厂生产及生活（或生产与生活相结合）用供水、供热、排水系统的泵房、水塔、锅炉房、烟囱、水井等建筑物和管路安装；②全厂生活用供水、供热、排水系统的水泵、锅炉等设备及安装。不包括发电厂和变电站的气、水、油系统的管路。

（5）厂坝区整理、美化设施及环保工程。具体包括：

1）工程竣工阶段，对建筑场地内无残值的临时构筑物的拆除、场地整理、垃圾的清理、运输以及处理等工作所需的费用，有残值的临时构筑物的拆除费应从回收费中扣除。

2）全厂的围墙、界桩、大门以及纪念碑亭、标牌等，不包括应列入第二部分第三项其他设备安装工程内的，为设备安全运行而专门设置的金属网、门、围栏等。

3）厂坝区的绿化，不包括应列入坝（堤）工程内的坝（堤）面的护坡植草。

4）环境保护工程，指为改善和补救由于兴建水利工程带来的不利环境影响和引起生态变化应采取的环境保护工程设施。如水库浸没区的排水、库区塌岸和渗漏的处理、人工景观的保护或迁建、珍稀动物的保护和迁移、污水废渣的治理等。不包括应列入水库淹没补偿费内特殊自然资源的保护处理以及库区环保所发生的费用。

（6）其他如水情测报系统建筑工程等。

上述（1）～（6）项工程投资按设计工程量乘以扩大单位指标计算。

可行性研究阶段编制投资估算时，上述（1）～（6）项可按占主体建筑工程投资的3％～5％计算。

一般建筑工程项目概算的编制方法同主体建筑工程项目一样，二者共同构成第一部分建筑工程概算。

水利工程概算编制案例见第八章第三节。

第五节　工　料　分　析

一、工料分析概述

工料分析就是对工程建设项目所需的人工及主要材料数量进行分析计算，进而统计出单位工程及分部分项工程所需的人工数量及主要材料用量。主要材料一般包括钢筋、钢材、水泥、木材、汽油、柴油、炸药、沥青、粉煤灰等种类。

工料分析的目的主要是为施工企业调配劳动力、做好备料及组织材料供应、合理安排施工及核算工程成本提供依据。它是工程概算的一项基本内容，也是施工组织设计中安排施工进度的不可缺少的重要工作。

二、工料分析计算

工料分析计算就是按照概算项目内容中所列的工程数量乘以相应单价中所需的定额人工数量及定额材料用量，计算出每一工程项目所需的工时、材料用量，然后按照概算编制的步骤逐级向上合并汇总。工时、材料计算表格式见表6-27。

表 6 - 27　　　　　　　　　　工 时、材 料 计 算 表

序号	单价编号	工程项目名称	单位	工程量	工时（个）		汽油（kg）			柴油（kg）			水泥（kg）		木材（m³）		钢筋（t）		钢材（kg）		炸药（kg）		沥青（kg）		粉煤灰（kg）	
					定额用工	合计	定额台时用量	台时用油	合计	定额台时用量	台时用油	合计	定额用量	合计	定额用量	合计	定额用量	合计	定额用量	合计	定额用量	合计	定额用量	合计	定额用量	合计

计算步骤及填写说明如下：

（1）填写工程项目及工程数量，按照概算项目分级顺序逐项填写表格中的工程项目名称及工程数量，对应填写所采用的单价编号。工程项目的填写范围为枢纽工程（主体建筑物）和施工导流工程。

（2）填写单位定额用工、材料用量，按照各工程项目所对应的单价编号，查找该单价所需的单位定额用工数量及单位定额材料用量、单位定额机械台时用量，逐项填写。对于汽油、柴油用量计算，除填写单位定额机械台时用量外，还要填写不同施工机械的台时用油数量（查施工机械台时费定额）。

这里要注意：单位定额用工数量，要考虑施工机械的用工数量，不能漏算。

（3）计算工时及材料数量。表 6 - 27 中的定额用量指单位定额用量，工时用量及水泥、钢筋、钢材、木材、炸药、沥青、粉煤灰等材料用量，按照单位定额工时、材料用量分别乘以本项工程数量即得本工程项目工时及材料合计数量；汽油、柴油材料用量，按照单位定额台时用量乘以台时耗油量，再乘以本项工程数量，即得本项汽油、柴油合计用量。

（4）按照上述第三项计算方法逐项计算，然后再逐级向上合并汇总，即得所需计算的工时、材料用量。

（5）按照概算表格要求填写主体工程工时数量汇总表及主体工程主要材料量汇总表。

第七章 水利水电设备及安装
工程概算编制

第一节 设备及安装工程项目划分

设备及安装工程包括机电设备及安装工程和金属结构设备及安装工程两部分，它们分别构成工程总概算的第二部分和第三部分。设备及安装工程的投资，在水利水电工程的总投资中占有相当大的比重。例如葛洲坝工程设备及安装工程投资占总投资的 20%，刘家峡工程为 24%，而盐锅峡工程则高达 43%。

一、机电设备及安装工程项目划分及内容组成

机电设备及安装工程指构成水电站或泵站固定资产的全部机电设备及安装工程，包括枢纽工程和引水及河道工程两部分。

（一）枢纽工程

枢纽工程包括发电设备及安装工程、升压变电设备及安装工程、公用设备及安装工程。

1. 发电设备及安装工程

发电设备及安装工程由水轮机、发电机、主阀、起重设备、水力机械辅助设备、电气、通信、通风采暖、机修设备等九项内容组成。

（1）水轮机设备及安装。指水轮机本体、调速器、油压装置、自动化元件、飞速转速限制器等。由于设备价格中未包括透平油但又属于成套供应，故透平油应列入本项设备费。定额充填以外的备用透平油，应包括在第五部分独立费用中备品备件购置费内。

（2）发电设备及安装工程。指水轮发电机本体、励磁机、副励磁机、永磁电机、励磁装置等设备及安装。

（3）主阀设备及安装。指防止水轮机飞逸，设置在蜗壳前进水流道上的主阀（常用的有蝴蝶阀、球形阀、楔形阀和针形阀等）。除主阀本体外，还包括操纵主阀的操作机构、油压装置及其额定充填的透平油。

（4）起重设备及安装。指发电厂内起吊水轮发电机组的桥式起重机设备及安装。包括桥式起重机本体、转子吊具、平衡梁、轨道、滑触线等。负荷试验所需的测力器（或试块）、吊具和辅助车间内的起重设备等不应列入本项。

（5）水力机械辅助设备及安装。指厂区（包括变电站）的压气、油、水系统设备及安装和各该项系统的管路安装。

1）压气系统。包括高压压气系统和低压压气系统。高压压气系统主要供油压装置、高压空气开关和高压电气设备等用气；低压压气系统主要供机组制动、调相压气、碟阀空气围带设备吹扫、防冻、检测的风动工具等用气。其设备一般有空压机、储气罐和表计等。

2）油系统。包括透平油系统、绝缘油系统和油化验室。它是为水电站用油设备服务的，用以完成油设备的给油、排油、添油及净化处理等工作。即用油箱接受新油、储备旧油；用油泵给设备充油、添油、扑出污油；用滤油机、烘箱来清净处理污油。其设备一般有滤油机、油泵、油化验设备、油再生设备及表计等。

3）水系统。包括供设备消防、冷却、润滑用水的供水系统，对厂房建筑物和设备的渗漏、设备冷却、机组检测等排水系统和监测电站水力参数所需的水力测量系统。其设备一般有水泵、滤水器、水力测量设备及表计等。厂房上下水工程属建筑工程，应列入第一部分内。

4）管路安装包括管子、管子附件和阀门等安装，应分别包括在相应压气系统、油系统、水系统项目内。

（6）电气设备及安装。电气设备及安装工程，可划分为发电电压设备、控制保护、直流系统，厂用电系统、电工试验、电缆和母线等设备。

1）发电电压设备。指发电机定子引出线至主变压器低压侧套管之间干支线上除厂用电以外的电气设备（含中性点设备）。一般有油断路器、消弧线圈、隔离开关、互感器等。

2）控制保护设备。指为厂区（包括变电站）进行控制、保护设备的电器及电子计算机监控设备。一般有保护、操作、信号等屏、盘、柜、台、计算机系统及接线端子箱等设备。

3）直流系统。指为操作、保护所需的直流电系统。一般有蓄电池、充电机和浮充电机、直流屏等。

4）厂用电系统。指厂区用电所需的变电、配电、保护等电气设备。一般分厂用动力系统和厂用照明系统两部分，其设备有厂用变压器、开关柜、配电盘、事故照明切换屏（照明分电箱）、动力箱、避雷器及其他低压电器等。不包括厂区以上各用电点（拦河坝、溢洪道、引水系统等）所需的变电、配电等电气设备，以及厂区至上述各用电点的馈电线路，前者应列入第二部分第三项中的坝区馈电设备及安装项内，后者属建筑工程，应列入第一部分第十项其他工程项内。

5）电工试验。指为电气试验而设置的各种设备、仪器、表计等。如变压器、直流漏泄及耐压试验设备、电桥电压互感器、电流互感器、感应移相器、滑线式变阻器等。

6）电缆。包括全厂的电力电缆、控制电缆以及相应的电缆架、电缆管等。不包括通信电缆和厂坝区通信线路工程。

7）母线。包括发电电压母线、厂用电母线。不包括直流系统母线、变电站母线和接地母线等。

8）其他。发电设备中除上述设备以外的其他设备。

2. 升压变电设备及安装工程

升压变电设备及安装工程由主变压器、高压电气设备、一次拉线及其他设备等项目组成。

（1）主变压器设备及安装，仅指主变压器及其轨道，不包括厂用变压器和其他变压器。定额充填的变压器油包括在变压器的出厂价格内。备用的变压器油应包括在第五部分中的第二项备品备件购置费内。

（2）高压电气设备及安装，指从主变压器高压侧出线套管起，到变电站出线架之间（含中性点设备）所有的电气设备。一般有高压断路器、电流互感器、电压互感器等，此外还包括隔离开关、避雷器、高频阻波器、耦合电容器等。

（3）一次拉线及其他设备安装，指从主变压器高压侧至变电站出线架之间的一次拉线、软（硬）母线、引下线、连接线、绝缘子串、避雷线及附属金具等安装。

3. 公用设备及安装

公用设备及安装包括以下内容：

（1）通信设备及安装。根据《工程项目划分》一般分为卫星通信、光缆通信、微波通信、载波通信等项目，其所包括的设备如下：

1）卫星通信。包括卫星接收天线及各种放大处理设备。

2）光缆通信。包括信号处理设备等。

3）微波通信。包括微波机、电源设备、保安配线架、铃流发生器分路滤波器、天线及表计等。

4）载波通信。包括载波机、放大器、交流稳压器、电源自动切换屏及表计等。

上述卫星、光缆、载波、微波通信设备，概算中只计算建筑项目终端处一侧的设备。220kV及以下电压等级的微波通信的送出工程，可单编概算，但投资数不应列入概算总投资之内。

5）生产调度通信。包括调度电话总机、分机、录音机、蓄电池、分线盒及表计等。

6）生产管理通信。包括交换机、电话分机、整流器、配电盘、蓄电池、配线架、配线箱、分线盒及表计等，生产管理室内通信电缆包括在本项内。厂坝区通信线路，对外通信线路和室外通信电缆、光缆工程，均属建筑工程，应列入第一部分内。高频阻波器和耦合电容器应列入变电站高压电气设备中。载波通信的电缆等属装置性材料。

（2）通风采暖设备及安装。指厂房内的通风、采暖设备，包括通风机、空调机和管路等项目。不包括生活建筑物的通风、采暖设备。

（3）机修设备及安装。指电站运行期间为机组、金属结构以及其他机械设备的检修所设置的车、刨、铣、锯、磨、插、钻等机床，以及电焊机、空气锤和小型起吊等设备。

（4）计算机监控系统、管理自动化系统。

（5）电梯设备及安装，指拦河坝和厂房等处的生产用电梯。

（6）坝区馈电设备及安装，指全厂用电系统供电范围以外的各用电点（拦河坝、溢洪道、引水系统等）独立设置的变配电系统设备及安装，如降压变压器、配电盘、动力箱、避雷器以及其他低压电器等。

（7）坝区供水、供热、排水设备及安装，指厂区以外各生产区的生产（或生产与生活相结合）用供水、排水、供热系统的设备，一般有水泵、锅炉等。供水、供热系统的建筑工程（包括管路）应列入第一部分建筑工程的第十项内。

（8）水文、泥沙、环保监测设备及安装，包括：①水文站、气象站、地震台网所需购置的设备、仪器设施，如测流用绞车、缆道、流速仪等，本项仅包括水库库尾坝下段的水文、气象设施；②在环保方面所需购置的设备，如水质监测仪、水化学分析仪器等。

（9）水情自动测报系统设备及安装，指遥测水位站、雨量站、接收站和中继站所需要的设备。

（10）外部观测设备，指按设计要求，对拦河坝、溢洪道等重要水工建筑物进行监测所需要的外部观测设备，如经纬仪、水准仪等。不包括设置在建筑物内部及表面的观测设备和设施（如应力仪、应变仪、温度仪、变位测点等），它们已分别列入第一部分建筑工程项内。

（11）消防设备，指消防栓、消防水龙头、消防带、消防水枪和灭火器、消防车等。

（12）交通设备，指工程竣工后，为保证建设项目初期正常生产、管理必须配备的生产、生活车辆和船只的购置费。

（13）全厂保护网，指全厂为保证设备安全运行而专门设置的金属网、门、围栏等，随设备配套供应的保护网应包括在相应的设备内。

（14）全厂接地，指全厂公用的和分散设置的接地网。包括接地板、接地母线、避雷针等的制作安装，以及相应的土石方开挖、回填和接地电阻测量。设备至接地母线的接地线不包括在本项，应包括在相应设备的安装费内。避雷针如设置在专用的金属塔架上，则金属塔架的制作安装应列入第一部分建筑工程中的升压变电工程构架项目内。

（二）引水及河道工程

引水及河道工程包括泵站设备及安装工程、小水电站设备及安装工程、供变电工程、公用设备及安装工程。

（1）泵站设备及安装工程。包括水泵、电动机、主阀、起重机、水力机械辅助设备、电气设备。

（2）小水电站设备及安装工程。

（3）供变电工程：包括变电站设备及安装。

（4）公用设备及安装工程。其中：

1）通信设备及安装。根据《工程项目划分》一般分为卫星通信、光缆通信、微波通信、载波通信等项目，其所包括的设备如下：

a. 卫星通信。包括卫星接收天线及各种放大处理设备。

b. 光缆通信。包括信号处理设备等。

c. 微波通信。包括微波机、电源设备、保安配线架、铃流发生器、分路滤波器、天线及表计等。

d. 载波通信。包括载波机、放大器、交流稳压器、电源自动切换屏及表计等。

上述卫星、光缆、载波、微波通信设备，概算中只计算建筑项目终端处一侧的设备。220kV 及以下电压等级的微波通信的送出工程，可单编概算，但投资数不应列入概算总投资之内。

e. 生产调度通信。包括调度电话总机、分机，录音机、蓄电池、分线盒及表计等。

f. 行政管理通信。包括交换机、电话分机、整流器、配电盘、蓄电池、配线架、配线箱、分线盒及表计等，生产管理室内通信电缆包括在本项内。厂坝区通信线路，对外通信线路和室外通信电缆、光缆工程，均属建筑工程，应列入第一部分内。高频阻波器和耦合电容器应列入变电站高压电气设备中。载波通信的电缆等属装置性材料。

2）通风采暖设备及安装。指厂房内的通风、采暖设备，包括通风机、空调机和管路等项目。不包括生活建筑物的通风、采暖设备。

3）机修设备及安装。指电站运行期间为机组、金属结构以及其他机械设备的检修所设置的车、刨、铣、锯、磨、插、钻等机床，以及电焊机、空气锤和小型起吊等设备。包括电梯、闸坝区馈电设备，厂坝（闸）区供水、供热设备，水文、环保设备，外部观测设备，消防设备，交通设备，全厂保护网，全厂接地等设备及安装。

4）计算机监控系统、管理自动化系统。

5）全厂保护网。

6）全厂接地。

7）坝（闸、泵站）区馈电设备及安装。

8）坝区供水、供热、排水设备及安装。

9）水文、泥沙、环保监测设备及安装。

10）水情自动测报系统设备及安装。

11）外部观测设备。

12）消防设备。

13）交通设备。

二、金属结构设备及安装工程项目划分及内容组成

金属结构设备及安装工程构成工程总概算的第三部分。该部分概算的一级项目与第一部分建筑工程相应的一级项目一致，其一级项目的取舍可根据工程的具体情况而定。

金属结构设备及安装包括枢纽工程和引水及河道工程两部分。主要包括闸门启闭机、拦污栅等设备及安装，以及引水工程的钢管制作及安装和航运过坝工程的升船机设备及安装等。

1. 闸门设备及安装工程

指平板闸门、弧形闸门和埋件。平板闸门又可分为定轮门、滑动门、叠梁门、人字门等，闸门也可视情况分闸门门叶和加重块等。

2. 启闭设备及安装

指门式启闭机、油压启闭机、卷扬式启闭机、螺杆式启闭机、电动葫芦等。

3. 拦污栅设备及安装

在有拦（清）污要求的进水口设置拦污栅，用以拦住杂草、树根和流冰等物，其设备有拦污栅、清污机等。

第二节　设备及安装工程单价计算

在编制工程概算时，应认真熟悉工程设计图纸，了解工程情况，收集有关资料，按照工程项目逐项计算设备及安装工程单价。

一、收集基本资料

需收集的基本资料有：

（1）工程的设计文件，设备型号，材料种类、数量、来源地、价格、运输费用等。

（2）现行设备及安装工程概预算定额、手册等。

（3）现行有关费用的计算办法及取费标准，包括其他直接费、现场经费、企业利润、税金等。

（4）其他有关的文件、政策、规定等。

二、设备费及安装工程单价计算方法

（一）设备费

设备费由设备原价、运杂费、运输保险费和采购保管费等项组成。

1. 设备原价

（1）国产设备。以出厂价为原价，非定型和非标准产品（如闸门、拦污栅、压力钢管等）采用与厂家签订的合同价或询价。

（2）进口设备。以到岸价和进口征收的税金、手续费、商检费及港口费等各项费用之和为原价。到岸价采用与厂家签订的合同价或询价计算，税金和手续费等按规定计算。

大型机组拆卸分装运至工地后的拼装费用，应包括在设备原价内。

在可行性研究和初步设计阶段，非定型和非标准产品，一般不可能与厂家签订价格合同，设计单位可按向厂家索取的报价资料和当年的价格水平，经认真分析论证后确定设备价格。

2. 运杂费

指设备由厂家运至工地安装现场所发生的一切运杂费用。主要包括运输费、调车费、装卸费、包装绑扎费、变压器充氮费，以及其他可能发生的杂费。设备运杂费，分主要设备和其他设备，均按占设备原价的百分率计算。

（1）主要设备运杂费率，主要设备运杂费率标准见表 7-1。

表 7-1　　　　　　　　　　　　主要设备运杂费率表　　　　　　　　　　　单位：%

设备分类	铁　路		公　路		公路直达基本费率
	基本运距	每增加	基本运距	每增加	
	1000km	500km	50km	10km	
水轮发电机组	2.21	0.40	1.06	0.10	1.01
主阀、桥机	2.99	0.70	1.85	0.18	1.33
主变压器：					
≥120000kVA	3.50	0.56	2.80	0.25	1.20
<120000kVA	2.97	0.56	0.92	0.10	1.20

设备由铁路直达或铁路、公路联运时，分别按里程求得费率后叠加计算；如果设备由公路直达，应按公路里程计算费率后，再加公路直达基本费率。

（2）其他设备运杂费率，其他设备运杂费率见表 7-2。

工程地点距铁路线近者费率取小值，远者取大者，新疆、西藏地区的费率在表 7-2中未包括，可视具体情况另行确定。

表 7-2 　　　　　　　　　　　　　　其他设备运杂费率表

类别	适 用 地 区	费率（%）
ⅰ	北京、天津、上海、江苏、浙江、江西、安徽、湖北、湖南、河南、广东、山西、山东、河北、陕西、辽宁、吉林、黑龙江等省、直辖市	4～6
ⅱ	甘肃、云南、贵州、广西、四川、重庆、福建、海南、宁夏、内蒙古、青海等省、自治区和直辖市	6～8

表 7-1、表 7-2 运杂费率适用于国产设备运杂费，在编制预算时可根据设备来源地、运输方式、运输距离等逐项进行分析计算。几项主要大件设备，如水轮发电机组、变压器等，在运输过程中应考虑超重、超高、超宽所增加的费用，如铁路运输的特殊车辆费、公路运输的桥涵加宽、路面拓宽所需费用。

（3）进口设备的国内段运杂费率，进口设备的国内段运杂费率按上述国产设备运杂费率，乘以相应国产设备原价占进口设备原价的比例系数，调整为进口设备国内段运杂费率。

3. 运输保险费

国产设备的运输保险费可按工程所在省、自治区、直辖市的规定计算。

进口设备的运输保险费按有关规定计算。

4. 采购及保管费

指建设单位和施工企业在负责设备的采购、保管过程中发生的各项费用。主要包括：

（1）采购保管部门工作人员的基本工资、辅助工资、工资附加费、劳动保险基金、劳动保护费、教育经费、办公费、差旅交通费、工具用具使用费等。

（2）仓库转运站等设施的检修费、固定资产折旧费、技术安全措施费和设备的检修、试验费等。

采购及保管费按设备原价、运杂费之和的 0.7% 计算。

5. 运杂综合费率

在编制设备安装工程概算时，一般将设备运杂费、运输保险费和采购及保管费合并，统称为设备运杂综合费，按设备原价乘以运杂综合费率计算。其中

运杂综合费率＝运杂费率＋（1＋运杂费率）×采购及保管费率＋运输保险费率

（二）安装工程单价

安装工程单价由直接工程费（包括：直接费、其他直接费、现场经费）、间接费、企业利润和税金组成。其中直接费由人工费、材料费（含装置性材料费）、机械使用费组成。

水利部《水利水电设备安装工程概算定额》（2002）、《水利水电设备安装工程预算定额》（2002）有安装实物量和安装费率两种形式。由于表现形式不同，其单价的计算方法也不尽相同。

1. 以实物量形式表示的单价计算

设备安装定额以实物量表示的，其安装工程单价计算方法与建筑工程单价计算方法相同，在此不再赘述。

注意：未计价装置性材料只计税金，不计其他直接费、现场经费、间接费和计划

利润。

2. 以安装费率形式表示的安装工程单价计算

以安装费率表示的定额子目在计算安装工程单价时即以设备原价为计算基础计算直接费，然后另计其他直接费、现场经费、间接费、企业利润和税金。定额中的人工费、材料费、机械使用费、装置性材料费都是以费率形式表示，根据设备安装概算定额规定，由于现行规定与当时的人工单价组成内容不同，只调整其中的人工费率，材料费（含装置性材料费）和机械使用费均不作调整。

（1）人工费调整，人工费调整就是将定额人工费乘以人工费调整系数，调整系数应根据定额主管部门当年发布的北京地区人工预算单价，与该工程设计概算采用的人工预算单价进行对比，测算其比例系数，据以调整人工费率指标，即

$$人工费调整系数 = \frac{工程所在地区安装人工预算单价}{北京地区安装人工预算单价} \qquad (7-1)$$

$$调整的人工费 = 定额人工费 \times 人工费调整系数 \qquad (7-2)$$

（2）进口设备的安装，由于它的设备原价一般较同类国产设备原价要高，不能直接采用定额的安装费率，应按定额给定的安装费率乘以相应同类型国产设备原价水平对该进口设备原价水平的比例系数，来换算设备安装费率。

（3）安装工程单价计算，以安装工程单价费率乘以被安装的设备原价即得该设备的安装费用。

以安装费率形式表示的安装工程单价计算方法见表7－3。

表7－3　　　　　　　　　以安装费率形式表示的安装工程单价计算表

序　号	费 用 名 称	计 算 方 法
一	直接工程费	（一）＋（二）＋（三）
（一）	直接费	1＋2＋3＋4
1	人工费	定额人工费率（％）×人工费调整系数×设备原价
2	材料费	定额材料费率（％）×设备原价
3	机械使用费	定额机械使用费率（％）×设备原价
4	装置性材料费	定额装置性材料费率（％）×设备原价
（二）	其他直接费	（一）×其他直接费率（％）
（三）	现场经费	（1）×现场经费费率（％）
二	间接费	（1）×间接费费率（％）
三	企业利润	［一＋二］×企业利润率（％）
四	税金	［一＋二＋三］×税率（％）
	安装工程单价合计	一＋二＋三＋四

（三）安装工程单价编制实例

【例7－1】　试编制某地区河道工程大型排涝泵站水泵安装工程单价。已知水泵自重18t，叶片转轮为半调节方式。人工预算单价：工长5.32元/工时，高级工4.84元/工时，中级工4.01元/工时，初级工2.52元/工时。工地材料预算价格：钢板3.70元/kg，型钢

172

3.45 元/kg，电焊条 7.00 元/kg，氧气 3.00 元/m³，乙炔气 12.80 元/m³，汽油 3.20 元/kg,油漆 15.60 元/kg，橡胶板 7.80 元/kg，木材 1500 元/m³，电 0.60 元/（kW·h）。

解：根据《水利工程设计概（估）算编制规定》（2002），查水利部《水利水电设备安装工程概算定额》（2002）、《水利工程施工机械台时费定额》（2002）列表计算见表 7-4。

表 7-4   **安 装 工 程 单 价 表**

定额编号 03002   水泵安装工程   定额单位：台

设备型号：轴流式水泵自重 18t，叶片转轮为半调节方式

编号	名称及规格	单位	数量	单价（元）	合计（元）
一	直接工程费				44793.23
1	直接费				33266.68
①	人工费				23618.56
	工长	工时	286	5.32	1521.52
	高级工	工时	1374	4.84	6650.16
	中级工	工时	3492	4.01	14002.92
	初级工	工时	573	2.52	1443.96
②	材料费				5257.98
	钢板	kg	108	3.7	399.60
	型钢	kg	173	3.45	596.85
	电焊条	kg	54	7	378.00
	氧气	m³	119	3	357.00
	乙炔气	m³	54	12.8	691.20
	汽油	kg	51	3.2	163.20
	油漆	kg	29	15.6	452.40
	橡胶板	kg	23	7.8	179.40
	木材	m³	0.4	1500	600.00
	电	kW·h	940	0.6	564.00
	其他材料费	%	20	4381.65	876.33
③	机械使用费				4390.14
	桥式起重机（20t）	台时	54	22.08	1192.32
	电焊机 20～30kVA	台时	60	9.42	565.20
	车床 φ400～600	台时	54	20.67	1116.18
	刨床 B650	台时	38	10.91	414.58
	摇臂钻床 φ50	台时	33	15.04	496.32
	其他机械费	%	16	3784.60	605.54
2	其他直接费	其他直接费综合费率2.7%			898.20

编号	名称及规格	单位	数量	单价（元）	合计（元）
3	现场经费		现场经费费率45%		10628.35
二	间接费		间接费费率50%		11809.28
三	企业利润		企业利润率7%		3962.18
四	税金		税率3.22%		1950.18
五	单价合计				62514.87

【例7-2】 试编制某地区水利枢纽工程主厂房发电电压设备（100kV）安装工程单价。已知设备原价为128万元，该地区人工费调整系数为1.1。

解：根据2002《水利工程设计概（估）算编制规定》，查水利部《水利水电设备安装工程概算定额》（2002）子目为06003，对定额人工费进行调整见表7-5，再根据调整后的定额编制发电电压设备安装工程单价，计算见表7-5。

表7-5   **安 装 工 程 单 价 表**

定额编号06003   发电电压设备安装工程   定额单位：台

电压100kV   设备原价128万元

编号	名称及规格	定额费率（%）	调整后的费率（%）	费用（元）
一	直接工程费			161644.80
1	直接费	10.1	10.5	134400.00
①	人工费	3.7	4.1	52480.00
②	材料费	2.2	2.2	28160.00
③	装置性材料费	3	3	38400.00
④	机械使用费	1.2	1.2	15360.00
2	其他直接费	其他直接费综合费率2.7%		3628.80
3	现场经费	现场经费费率45%		23616.00
二	间接费	间接费费率50%		26240.00
三	企业利润	企业利润率7%		13151.94
四	税金	税率3.22%		6473.38
五	单价合计			207510.12

（四）使用设备安装工程概算定额需要说明的几个问题

1. 装置性材料

定额中的"装置性材料"是个专用名词，它本身属材料，但又是被安装的对象，安装后构成工程的实体。装置性材料可分为主要装置性材料和次要装置性材料。凡在概算定额项目中作为安装对象单列的材料，即为主要装置性材料，如轨道、管路、电缆、母线、滑触线等；其余的即为次要装置性材料，如轨道的垫板、螺栓、电缆支架、母线金具等。主要装置性材料设备安装概算定额一般作为未计价材料，应按设计提供的规格数量和材料实际预算价格计算，其材料用量应计入表7-6所列装置性材料操作损耗部分。

表7-6　　　　　　　　　　装置性材料操作损耗率表

材　料　名　称	操作损耗率（％）	材　料　名　称	操作损耗率（％）
钢板（齐边）压力钢管直管	5	控制电缆	1.5
压力钢管弯管、叉管、渐变管	15	硬母线 铜、铝、钢质的带形、管形及槽形母线	2.3
钢板（毛边）压力钢管	17	裸软导线 铜、铝、钢及钢芯铝线	1.3
镀锌钢板 通风管	10	压接式线夹	2
型钢	5	金具	1
管材及管件	3	绝缘子	2
电力电缆	1	塑料制品	5

次要装置性材料的品种多，规格杂，且价值也较低，故在概算定额中均已计入其费用，所以次要装置性材料又叫已计价装置性材料（或叫定额装置性材料，又叫一般的装置材料）。

2. 设备与材料的划分

（1）制造厂成套供货范围的部件、备品备件、设备体腔内定量填充物（如透平油、变压器油、六氟化硫气体等）均作为设备。

（2）不论成套供货、现场加工或零星购置的贮气罐、贮油罐、闸门、通用仪表、机组本体上的梯子、平台和栏杆等均作为设备，不能因供货来源不同而改变设备性质。

（3）管道和阀门构成设备本体部件时，应作为设备，否则应作为材料。

（4）随设备供应的保护罩、网门等，凡已计入相应设备出厂价格时，应作为设备，否则应作为材料。

（5）电缆、电缆头、电缆和管道用的支吊架、母线、金具、滑触线和支架、屏、盘、柜的基础型钢、钢轨、石棉板、穿墙隔板、绝缘子、一般用保护网、罩、门、梯子、平台、栏杆和蓄电池木支架等均作为材料。

（6）设备喷锌费用应列入设备费。

3. 按设备重量划分的定额子目

当所求设备的重量介于同型设备的子目之间时，可按插入法计算安装费。

第三节　设备及安装工程概算表的编制

设备及安装工程概算包括"机电设备及安装工程概算"和"金属结构设备及安装工程概算"两部分，分别构成工程总概算的第二部分和第三部分。

一、设备及安装工程工程量计算

（一）金属结构工程量计算

各种钢闸门配套的门槽埋件及各种启闭机均按重量以吨为单位计算。钢闸门的重量，在可行性研究阶段，可参照《水工闸门技术特性手册》或已建工程资料用类比法加以确定；在初步设计阶段应按《水利水电工程钢闸门设计规范》（SDJ13—78）中各种门型的自重计算公式算出，并按已建工程资料用类比法综合研究确定。

与各种钢闸门配套的门槽埋件及各种启闭机的重量，无论在可行性或初步设计阶段，均可参考上述手册及现行启闭机系列标准的有关资料类比选用。

（二）机电设备需要量的计算

可行性研究报告阶段，机电设备及安装工程量按四大主要机电设备系统计算；水轮发电机组按台吨计算；厂内桥式起吊设备按台吨计算；主变压器按台（组）计算；升压站高压设备按台（间隔）计算。对属于发电厂的工程、升压变电工程和其他机电设备，根据可行性研究报告并按已建工程资料用类比法综合研究选择。

初步设计阶段，发电设备、升压变电站设备的设备及安装工程量，应根据不同的型号分别计算其设备及安装工程量。对其他机电设备及安装工程量，按其归属范围，分别按发电设备及安装工程量或升压变电设备及安装工程量计算。

二、设备及安装工程概算表编制方法

与建筑工程概算表相比，设备及安装工程概算表，应增加"设备费"栏，见表7-7。

表7-7 设备及安装工程概算表

编号	名称及规格	单位	数量	单价（元）		合计（元）	
				设备费	安装费	设备费	安装费
1	卷扬式起闭机	台	2	4940	7837.20	9880	15674.40
2	平板焊接闸门	吨	1.76	5000	1011.36	8800	1779.99
…	…						

表格填写计算中应注意的几个问题：

（1）"名称及规格"一栏应按项目划分的规定填写，金属结构设备及安装工程的一级项目与第一部分建筑工程对应一致，二级项目按一级项目下设计的设备与安装项目选定。

（2）设备数量及单位的填写与设备和安装工程单价相一致。如设备费单价与安装费单价为费率形式，则设备数量一栏应为相应费率的取费基数；若设备安装工程单价为"元/台"，则设备数量应为同型号设备的台数。

第八章　施工临时工程概算与设计总概算编制

第一节　施工临时工程概算编制

一、施工临时工程概述

在水利水电工程建设中，为保证主体工程施工的顺利进行，按施工进度要求，需建造一系列的临时性工程，不论这些工程结构如何，均视为临时工程。包括导流工程、施工交通工程、施工现场供水供电工程、施工房屋建筑工程以及其他施工临时工程等。施工临时工程的概算应单独编制，其他小型临时工程则以现场经费的形式直接进入工程单价。

由于水利水电工程建设项目本身的特点，决定了其临时工程规模大、投资多，各水利水电工程之间相差大。施工临时工程投资是水利水电工程建设项目总投资的重要组成部分，一般占工程总投资的 8%～17%。因此，对于临时工程，必须按永久工程的概算编制方法进行编制。

二、施工临时工程项目的组成

施工临时工程项目主要包括以下五项内容。

（一）施工导流工程

导流工程包括导流明渠、导流洞、土石围堰工程、混凝土围堰工程、蓄水期下游供水工程、金属结构制作及安装等。有关土石方开挖、混凝土及钢筋混凝土工程、金属结构的制作及安装工程等内容，与建筑工程及设备安装工程内容基本一致。

（二）施工交通工程

施工交通工程包括为工程建设服务的临时铁路、公路、桥梁、码头、施工支洞、架空索道、施工通航建筑、施工过木、通航整治等工程项目。

（三）施工场外供电工程

包括从现有电网向施工现场供电的高压输电线路和施工变配电设施工程。

（四）施工房屋建筑工程

施工房屋建筑工程项目包括为工程建设服务的施工仓库和办公生活及文化福利建筑两部分。施工仓库，指为施工而兴建的设备、材料、工器具等全部仓库建筑工程；办公、生活及文化福利建筑指为施工单位、建设单位及设计单位建造的在工程建设期所需的办公室、宿舍、招待所和其他文化福利设施等。

（五）其他施工临时工程

指除施工导流、施工交通、施工场外供电、施工房屋建筑、缆机平台以外的施工临时工程。主要包括施工供水、砂石料加工系统、混凝土拌和浇筑系统、大型机械安拆、防汛、防冰、施工排水、施工通信、施工临时支护设施等工程。

三、施工临时工程费用计算

（一）导流工程

导流工程费用计算同主体建筑工程编制方法一样，采用工程量乘单价计算。

按照施工组织设计确定的施工方法及施工程序，用相应的工程定额计算单价，概算表格与建筑工程概算相同，按项目划分规定填写具体的工程项目，对项目划分中的三级项目根据需要可进行必要的再划分。

（二）施工交通工程

交通工程费既可按设计工程量乘单价计算，也可根据工程所在地区造价指标或有关实际资料采用扩大单位指标编制。在概算编制阶段，由于受设计深度限制，常采用单位造价指标进行编制。

（三）施工场外供电工程

根据设计的电压等级、供电线路长度及所配备的变配电设施要求，采用工程所在地区造价指标及有关实际资料计算。

（四）施工房屋建筑工程

房屋建筑工程费包括施工仓库和办公生活及文化福利建筑两部分费用。

1. 施工仓库

施工仓库的建筑面积和建筑标准由施工组织设计确定，其单位造价指标根据办公生活及文化福利建筑的相应水平确定。

2. 办公生活及文化福利建筑

（1）枢纽工程和大型引水工程，按下列公式计算为：

$$I = \frac{AUP}{NL} k_1 k_2 k_3 \qquad (8-1)$$

式中　I——房屋建筑工程投资；

　　　A——建安工作量，按工程一至四部分建安工作量（不包括办公生活及文化福利建筑和其他施工临时工程）之和乘以（1＋其他施工临时工程百分率）计算；

　　　U——人均建筑面积综合指标，按 $12\sim15\mathrm{m}^2/$人标准计算（大型水利水电枢纽工程可取大者，其他工程取小值或中值）；

　　　P——单位造价指标，按工程所在省、自治区、直辖市规定的该地区的永久房屋造价指标计算；

　　　N——施工年限，按施工组织设计确定的合理工期计算；

　　　L——全员劳动生产率，一般为 6 万～10 万〔元／（人·年）〕；施工机械化程度高取大值，反之取小值；

　　　k_1——施工高峰人数调整系数，可取 1.10；

　　　k_2——室外工程系数，取 1.10～1.15，地形条件较差的取大值；

　　　k_3——单位造价指标调整系数，按施工年限采用表 8-1 的调整系数。

表 8-1　　　　　　　　　　单位造价指标调整系数表（k_3）

工期	2 年以内	2～3 年	3～5 年	5～8 年	8～11 年
调整系数	0.25	0.40	0.55	0.70	0.80

（2）河道治理工程、灌溉工程、堤防工程、改扩建与加固工程，按第一至第四部分建安工作量的百分率计算。合理工期小于等于 3 年，取 1.5%～2.0%；大于 3 年，取 1.0%～1.5%。

（五）其他施工临时工程

其他施工临时工程投资，按第一至第四部分建安工作量（不包括其他施工临时工程）之和的百分率计算。

各类工程的百分率规定如下：①枢纽工程和引水工程为 3.0%～4.0%；②河道治理工程为 0.5%～1.0%。

第二节　设计总概算编制

一、设计总概算编制的程序

水利工程设计总概算由两部分构成，第一部分为工程部分概算，包括建筑工程概算、机电设备及安装工程概算、金属结构设备及安装工程概算、施工临时工程概算和独立费用概算五项组成。第二部分为移民和环境部分概算，由水库移民征地补偿、水土保持工程概算和环境保护工程概算三项组成，概算编制执行《水利工程建设征地移民补偿投资概（估）算编制规定》、《水利工程环境保护概（估）算编制规定》和《水土保持工程环境保护概（估）算编制规定》。以下主要介绍工程部分总概算的编制。设计总概算编制的程序如下：

1. 编制准备工作

收集、整理工程设计图纸，初步设计报告，工程枢纽布置，工程地质、水文地质，水文气象等资料；掌握施工组织设计内容，如砂石料开采方法，主要水工建筑物施工方案、施工机械、对外交通、场内交通等；向上级主管部门、工程所在地有关部门收集税务、交通运输、基建、建筑材料等各项资料；现行水利水电概预算定额和有关水利水电工程设计概预算费用构成及计算标准；各种有关的合同、协议、决定、指令、工具书等。

2. 工程项目划分

参照水利水电工程项目划分表（见附录）进行工程项目划分，详细列出各级项目内容。

3. 编制基础单价和工程单价

根据有关规定和施工组织设计，编制基础单价和工程单价。

4. 计算工程量

根据工程量计算规则，按分项工程计算工程量。

5. 计算分项概算及总概算

利用 3、4 的结果，计算各分项概算表及总概算表。

6. 复核、编制说明、整理成果

对以上成果进行整理复核并编制说明。

二、设计总概算的编制

（一）分部工程概算编制

1. 第一部分　建筑工程

建筑工程分主体建筑工程和一般建筑工程。主体建筑工程在枢纽工程中由七部分组成。分别为挡水工程、泄洪工程、引水工程、发电厂工程、升压变电站工程、航运工程、和鱼道工程；在引水工程及河道工程中由供水灌溉渠（管）道、河湖整治与堤防工程、建筑物工程（水源工程除外）。一般建筑工程在枢纽工程中由交通工程、房屋建筑工程和其他建筑工程组成。在引水工程及河道工程中由交通工程、房屋建筑工程、供电设施工程和其他建筑工程组成。

本部分按主体建筑工程、交通工程、房屋建筑工程、外部供电线路工程及其他建筑工程分别采用不同的方法进行编制。

（1）主体建筑工程。主体建筑工程投资等于设计工程量乘以工程单价；主体建筑工程的项目划分的一级项目应执行水利水电工程项目划分的有关规定，二级、三级项目可根据水利水电工程初步设计编制规程的工作深度要求及工程情况增减项目；主体建筑工程量应该遵照"水利工程设计工程量计算规则"，按项目划分的要求，计算到三级项目；当设计对主体建筑工程混凝土施工有温控要求时，应根据设计温控措施，计算温控措施费用，也可以经过分析确定指标后，按建筑的混凝土方量进行计算；细部结构工程其投资指标参照水利部水总〔2002〕116号文"水利工程设计概（估）算编制办法"中"水工建筑工程细部结构指标表"确定，按建筑物本体方量计算。

（2）交通工程。交通工程投资按设计工程量乘以单价进行计算，也可根据工程所在地区造价指标或有关实际资料，采用扩大单位的指标编制。

（3）房屋建筑工程。用于生产和办公的永久房屋建筑投资由设计单位根据工程规模按有关规定计算；生活文化福利建筑工程投资，在考虑国家现行房改政策的情况下，按主体建筑工程的百分率计算：

枢纽工程分：

1）投资≤50000万元　　　　　　　　　　　1.5%～2%

2）50000万元＜投资≤1000000万元　　　　1.1%～1.5%

3）投资＞1000000万元　　　　　　　　　　0.8%～1.1%

引水工程及河道工程　　　　　　　　　　　0.5%～0.8%

投资小或工程偏远者取大值，否则，取小值。

室外工程投资按房屋建筑工程投资的10%～15%计算。

（4）供电线路工程。根据工程所在地区造价指标或有关实际资料计算。

（5）其他建筑工程。内外部观测工程项目按设计提供的资料计算，如果难以提供资料时，可根据水利部水总〔2002〕116号文规定，根据坝型或其他工程型式，按主体建筑工程的百分率计算：

1）当地材料坝　　　　　　　　　　　　　0.9%～1.1%

2）混凝土坝　　　　　　　　　　　　　　1.1%～1.3%

3）引水式电站（引水建筑物）　　　　　　1.1%～1.3%

4）堤防工程　　　　　　　　　　　　　　0.2%～0.3%

动力线路、照明线路、通信线路等三项按设计工程量乘以单价，或采用扩大单位指标编制，其余各项按设计要求分析计算。

2. 第二部分　机电设备及安装工程

机电设备及安装工程指构成工程固定资产的全部机电设备及安装工程。

（1）设备费。包括设备原价、运杂费、运输保险费和采购及保管费四项。交通工具购置数量应根据水利部水总〔2002〕116号文规定确定。

（2）安装工程费。安装工程投资按设计工程量乘以安装工程单价进行计算。

3. 第三部分　金属结构设备及安装工程

金属结构设备及安装工程概算编制方法和深度，同第二部分机电设备及安装工程。

4. 第四部分　施工临时工程

施工临时工程包括施工导流工程、施工交通工程、施工场外供电工程、施工房屋建筑工程、其他施工临时工程等五部分。

（1）导流工程。编制方法同主体建筑工程，采用工程量乘以单价计算。

（2）施工交通工程。根据工程所在地区造价指标乘以工程量计算。也可根据工程所在地区造价指标或有关实际资料、采用扩大单位的指标编制。

（3）施工场外供电工程。根据工程所在地区造价指标或有关实际资料计算。

（4）临时房屋建筑工程

参见本章第一节施工临时工程概算编制方法编制。

（5）其他施工临时工程。其他大型临时工程投资，按第一至第四部分建安工作量（不包括其他大型临时工程）之和的百分率计算。

5. 第五部分　独立费用

由建设单位管理费、生产准备费、科研勘测设计费、建设及施工场地征用费和其他费用组成，可按其费用构成和标准计算。

（二）分年度投资及资金流量编制

1. 分年度投资根据施工组织设计总进度安排进行编制

（1）建筑工程。对主要工程按施工进度安排的各单项工程分年度完成的工程量和相应的工程单价进行计算。对于次要的和其他工程，可根据施工进度按每年所占完成投资的比例，摊入分年度投资表。

（2）机电和金属结构设备及安装工程。按施工进度安排和各单项工程分年度完成的工程量计算设备费和安装费。

（3）独立费用。根据费用的性质、发生的先后与施工时段的关系，按相应施工年度分摊计算投资。

2. 资金流量的计算

资金流量表的编制以分年度投资表为依据，依照工程建设资金的投入时间计算各年度使用的资金量，分别按建筑安装工程、永久设备工程和独立费用三种类型计算，以下资金流量计算方法主要适用于初步设计概算。

（1）建筑及安装工程资金流量。在分年度投资的基础上，将预付款、预付款的扣回、保留金和保留金的偿还等计入后的分年度投资安排。

1）预付款。预付款分为工程预付款和工程材料预付款两种：① 工程预付款的数量按建安工作量的 10％～20％计算，需要购置特殊施工机械设备或者项目施工难度较大者取大值，其他项目取中值或小值；工程预付款的时间，工期在 3 年以内的，全部在第一年安排，工期在三年以上的安排在前两年；工程预付款扣回，时间上从完成建安工作量的 30％开始，数量为已完成建安工作量的 20％～30％，直至预付款全部收回为止；② 工程材料预付款按分年度投资中次年建安工作量的 20％在本年支取，并于次年扣回，依次类推，直至本项目竣工。河道工程和灌溉工程不计此项。

2）保留金。保留金的扣留数量按分年度完成的 5％，截止时间为完成建安工程量的 50％时，总的数量为建安工作量的 2.5％（5％×50％）。保留金的返回全部计入该工程终止后一年，如果该年已超过总工期，则计入工程的最后一年。

（2）永久设备工程资金流量。永久设备工程资金流量分主要设备和一般设备两种类型计算。其中：

1）主要设备指水轮发电机组、大型水泵、大型电机、主阀、主变压器、桥机、门机、高压断路器或高压组合电器、金属结构闸门启闭设备等。其资金流量计算按设备到货周期确定各年资金流量比例，具体比例见表 8－2。

表 8－2　　　　　　　　　　　　各年资金流量比例　　　　　　　　　　　　单位：％

到货周期＼年份	第 1 年	第 2 年	第 3 年	第 4 年	第 5 年	第 6 年
1 年	15	75	10			
2 年	15	25	50	10		
3 年	15	25	10	40	10	
4 年	15	25	10	10	30	10

2）其他设备资金流量。到货前一年预付 15％的定金，到货年支付 85％的剩余价款。

（3）独立费用资金流量。独立费用资金流量主要是在勘测设计费的支付方式上应考虑质量保证金的要求，其他项目均按分年投资表的资金安排计算。

1）可行性研究和初步设计阶段勘测设计费按工期平均分配。

2）技施阶段勘测设计费的 95％按工期平均分配，勘测设计费的 5％作为设计保证金。计入最后一年的资金流量表内。

（三）总概算编制

总概算按下列顺序进行编制。

（1）基本预备费。根据规定的费率，按上述分部工程概算第一部分至第五部分（以下简称一至五部分）投资合计数（依据分年度投资表）的百分率计算。

（2）价差预备费。按照合理建设工期和资金流量表的静态投资（合基本预备费）根据国家发改委发布的物价指数按有关公式进行计算。

（3）建设期融资利息。根据合理建设工期、资金流量表、建设融资利率及有关公式进行计算。

（4）静态总投资。一至五部分投资与基本预备费之和构成静态总投资。

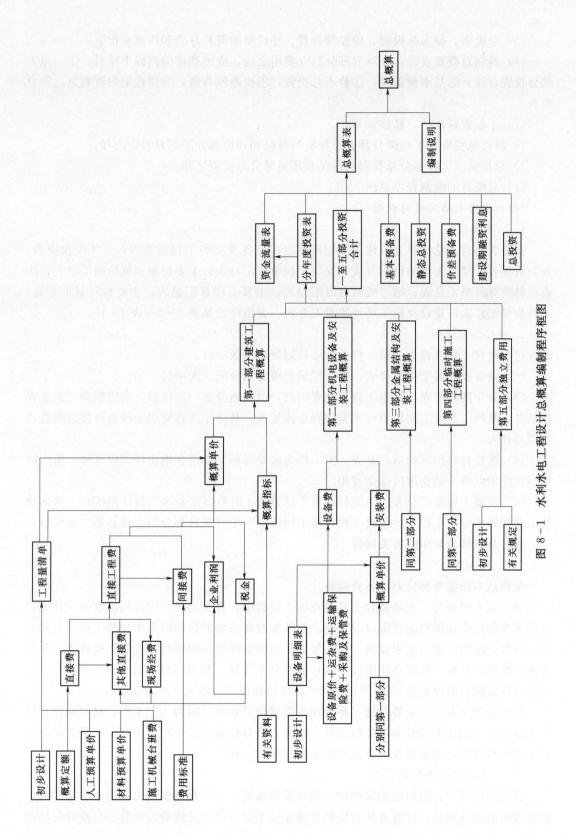

图 8－1　水利水电工程设计总概算编制程序框图

（5）总投资。静态总投资、价差预备费、建设期融资利息之和构成总投资。

（6）编制总概算表时，在第五部分独立费用之后，应按顺序编列以下项目：①一至五部分投资合计；②基本预备费；③静态总投资；④价差预备费；⑤建设期融资利息；⑥总投资。

（7）工程投资总计。具体如下：

1）静态总投资。工程部分静态总投资与移民和环境部分静态总投资之和。

2）总投资。工程部分总投资与移民和环境部分总投资之和。

设计总概算的编制程序见图 8-1。

（四）主要表格及填写说明

1．主要表格

主要表格有：总概算表；建筑工程概算表；设备及安装工程概算表；分年度投资表；资金流量表；建筑工程单价汇总表；安装工程单价汇总表；主要材料预算价格汇总表；次要材料预算价格汇总表；施工机械台时汇总表；主要工程量汇总表；主要材料量汇总表；工时数量汇总表；建设及施工场地数量汇总表。表格样式见表 2-2～表 2-15。

2．表格填写说明

（1）建筑工程概算表：第 2 栏填至项目划分第三级项目。

（2）设备及安装工程概算表：第 2 栏填至项目划分第三级项目。

（3）分年度投资表：枢纽工程按此表编制，项目划分至一级项目，为编制资金流量表作准备。某些工程施工期较短可不编制资金流量表，其分年度投资表的项目可按总概算表的项目列入。

（4）次要材料预算价格汇总表：第 4 栏为次要材料工程所在地市场供应价格；第 5 栏列由供应地点至工地仓库的运杂费用。

（5）主要工程量汇总表、主要材料量汇总表和工时数量汇总表：统计范围均为主体建筑工程和施工导流工程；各表第 2 栏可按不同情况，填列项目划分第一级和第二级项目。

三、总概算编制中的有关问题

（一）预备费

包括基本预备费和价差预备费两部分。

（1）基本预备费。主要是为了解决在施工过程中，经过上级主管部门批准的设计变更和国家政策性变动增加的投资以及为解决意外事故而采取的措施所需增加的工程项目和费用。计算方法为：根据工程规模、施工年限和地质条件等不同情况，按工程概算第一至第五部分投资合计数（依据分年度投资表）的百分率计算。初步设计概算为 5.0%～8.0%，可行性研究阶段的投资估算为 10%～12%，项目建议书阶段为 15%～18%。

（2）价差预备费。主要是为了解决在工程建设过程中，因为人工工资、材料和设备价格上涨以及费用标准调整而增加的投资。计算方法是根据施工年限、以资金流量表的静态投资为计算基数，按国家发改委发布的年物价指数计算。

（二）建设期融资利息

建设期融资利息指根据国家财政金融政策的规定，工程在建设期内需偿还并应计入工程总投资的融资利息。计算方法为根据合理建设工期，以资金流量表的静态总投资与价差预备费之和为计算基数，按建设期融资利率计算。

（三）主要经济技术指标表

水利工程无统一格式，根据工程具体情况拟定，反映出主要经济技术指标即可。

（四）分年度投资计算

基本建设工程的分年度投资，是根据概预算总投资和施工组织设计确定的施工总工期及施工进度计划，计算分年度投资额。它是计算基本预备费、资金流量的依据。

分年度投资计算，可按下列方法进行：

（1）根据施工总进度，以相应年度不同项目工程量乘以概预算单价的办法计算。

（2）施工临时工程的分年度投资，除施工导流工程应在工程施工进度安排的相应时段计算外，其余工程，一般均应在工程施工准备期内计算。

（3）独立费用，根据费用的性质、用途及费用发生的先后与施工时段的关系，按相应施工年度分摊计算。费用包括：

1）项目建设管理费，应在工程总工期内分摊计算；联合试运转费可在第一台机组发电前半年至工程竣工的时段内分摊计算。

2）生产准备费，可在主体工程开工至第一台机组发电或水库蓄水前的施工时段内分摊计算。

3）科研勘测设计费，可按工程总工期分摊，但都向前平移一个年度使用，其中第一个超前年度的投资计入第一个施工年度内。

4）建设及施工场地征用费可在工程施工准备期内分摊计算。

四、水力发电工程总概算编制

水力发电工程总概算编制说明和主要表格与水利水电工程基本相同，现就其主要内容介绍如下：

（一）总概算构成

工程总概算的构成如图 8-2 所示。

（二）工程总概算编制

在枢纽建筑物概算及水库淹没处理补偿概算分别编制完成之后，编制工程总概算。工程总概算按图 8-2 进行编制。

（三）概算表格

1. 概算表

概算表包括工程总概算表、枢纽建筑物概算表、永久工程综合概算表、施工辅助工程概算表、建筑工程概算表、机电设备及安装工程概算表、金属结构设备及安装工程概算表、费用概算表、分年度投资汇总表、资金流量汇总表共十个表，应作为编报设计概算的基本表格。

2. 概算附表

概算附表包括建筑工程单价汇总表、安装工程单价（费率）汇总表、主要材料预算价格汇总表、其他材料预算价格汇总表、施工机械台时费汇总表、主体工程主要工程量汇总表、主体工程主要材料用量汇总表、主体工程工时数量汇总表、主体及施工辅助工程占地汇总表共九个表，应作为编报设计概算的基本表格。

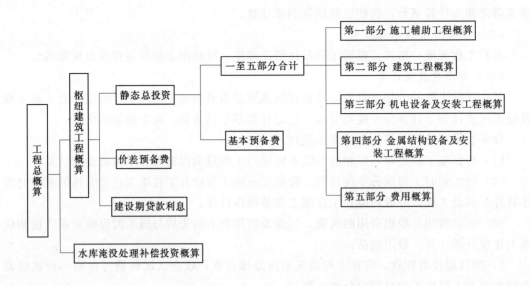

图 8-2 水力发电工程总概算构成

3. 概算附件

概算附件包括人工预算单价计算表、主要材料运输费用计算表、主要材料预算价格计算表、施工用电价格计算书、施工用水价格计算书、施工用风价格计算书、补充定额计算书、补充施工机械台时费计算书、砂石料单价计算书、混凝土材料单价计算表、建筑工程单价计算表、安装工程材料费调差系数计算表、安装工程机械使用费调差系数计算表、安装工程单价计算表、主要设备运杂费率计算书、费用计算书（按独立项目分项计算）、分年度投资计算表、资金流量计算表、工程建设期贷款利息计算书、生产单位定员计算书，其中附表共十个，应作为编报设计概算的基本表格。

4. 主要技术经济指标简表

（1）本表是总概算编制说明的组成部分，列入编制说明文字部分之后。

（2）主体工程量统计范围为建筑工程和施工导流工程。主要材料用量和全员人数两项统计范围为工程总量。

第三节　工程设计总概算编制案例

一、工程概况

某水库地处某市南约 35km 的洪水河上，对外交通便利、总库容 4715 万 m^3，为中型水利水电工程。主要建筑物包括沥青心墙砂砾石坝、排砂泄洪洞、输水洞、发电站等。（发电站本阶段未作设计，投资为框算值）工程建设期 4 年。施工总工日为 144 万工日，高峰人数 1638 人。

主体建筑工程量：混凝土 10.18 万 m^3，土石方明挖 144.19 万 m^3，石方洞挖 6.67 万 m^3，坝体填筑 661 万 m^3，帷幕灌浆 4.87 万 m^3，固结灌浆 2.58 万 m^3。

项目资金来源为：国家拨款 60％，地方自筹 40％（其中 50％贷款利率为 5.76％）。

二、设计概算编制说明

（一）编制原则及依据

1. 编制原则

本工程为中型水利基本建设项目，按国家水利基本建设项目编制本工程投资概算。执行水利部水总（2002）116 号文颁发的《水利工程设计概（估）算费用构成及计算标准》。

2. 编制依据

建筑工程采用水利部水总（2002）116 号文颁发的《水利建筑工程概算定额》；安装工程采用水利部水建管（1999）523 号文颁发的《水利工程机电设备安装概算定额》；施工机械台班费定额执行水利部水总（2002）116 号文颁发的《水利工程施工机械台时费定额》。

（二）基础单价

1. 人工预算单价

依据水利部水总（2002）116 号颁发的《水利工程设计概（估）算费用构成及计算标准》规定，经分析计算人工工时预算价格为（按十一类地区计算）：工长 8.22 元/工时、高级工 7.64 元/工时、中级工 6.49 元/工时、初级工 3.52 元/工时。

2. 主要材料价格

该工程材料原价均按该市 2002 年第三季度市场调节价。主要材料价格见表 8-3。

表 8-3   主要材料预算价格表

材料名称	单 位	材料原价	材料名称	单 位	材料原价
钢 筋	元/t	2300	钢板	元/t	2410.13
425♯普通硅酸盐水泥	元/t	280	型钢	元/t	2451.33
525♯普通硅酸盐水泥	元/t	295	板枋材	元/m³	1407.66
钢模板	元/t	3400	炸药	元/kg	5.09
柴油	元/t	3354	汽油	元/t	3704.09

材料运杂费按当地运输部门规定计算，采购保管费按运到工地价格（不含运输保险费）的 3％计算。

3. 风、水、电、砂石料及块石预算单价

根据施工组织设计工艺流程分析计算，计算结果见表 8-4。

表 8-4   风、水、电、砂石料及块石单价表

材料名称	单 位	预算价格	材料名称	单 位	预算价格
风	元/m³	0.14	砂	元/m³	45.27
水	元/m³	0.55	石	元/m³	47.71
电	元/m³	0.6	块石	元/m³	62.38

4. 设备预算价格

设备价格按2002年上半年价格及工程类比确定原价，其主要设备价格见表8-5。

表 8-5   主要机电设备价格表

设备名称	单　　位	设备原价	设备名称	单　　位	设备原价
弧形闸门	万元/t	1.1	油压起闭机	万元/t	2.4
平板闸门	万元/t	0.9	卷扬式启闭机	万元/t	1.5
埋件	万元/t	0.8			

（三）取费

1. 其他直接费

计算基础为直接费，建筑工程费率为4％，安装工程费率为4.7％。

2. 现场经费费率

现场经费费率按表4-1确定。

3. 间接费费率

间接费费率按表4-3确定。

4. 企业（计划）利润

按直接费与间接费之和的7％计算。

5. 税金

按直接费、间接费与计划利润之和的3.22％计算（工程地点为市区与城镇之外）。

（四）建筑工程及临时工程

主要建筑工程依据工程数量、施工组织设计的施工方法，结合相应的单项工程定额指标和工地人工、材料、机械台班费逐项分析计算编制；一般建筑工程按单位扩大指标编制，其他永久工程费用按主体建筑工程投资的5％计列。

临时工程共分以下各项编制：

（1）导流工程：依据导流工程量及施工方法分析单价，逐项列入。

（2）交通工程：按实物工程量及单位扩大指标列入。

（3）临时房屋建筑工程：临时仓库按实际需要每平方米造价列入，生活福利建筑按公式计算。

（4）其他临时工程：除35kV输电线路架设另列费用外，施工供电、供风、供水，砂石料系统，混凝土拌和系统，施工通讯，辅助企业，基坑排水，施工防汛，道路养护及场地平整等其他全部临时工程按建安工作量的3％列入。

（五）其他费用（独立费用）

执行水利部水总（2002）116号文颁发的《水利工程设计概（估）算费用构成及计算标准》中独立费用标准分别计算。

（六）预备费

基本预备费按一至五部分投资合计的15％计算。

三、投资概算表

投资概算表见表8-6～表8-16。

表 8 - 6			总 概 算 表			单位：万元
编号	工程或费用名称	建安工程费	设备购置费	其他费用	投资合计	所占比例（%）
Ⅰ	工程部分投资				59344.09	
	第一部分：建筑工程	38810.92			38810.92	77.6
一	主体建筑工程	36014.68			36014.68	
二	交通工程	110.00			110.00	
三	房屋建筑工程	745.50			745.50	
四	供电工程	140.00			140.00	
五	其他永久工程	1800.73			1800.73	
	第二部分：机电设备及安装工程	43.06	291.84		334.90	0.7
一	供电设备及安装工程	23.06	19.94		43.00	
二	通讯设备及安装工程	2.00	21.75		23.75	
三	公用设备及安装工程	18.00	250.15		268.15	
	第三部分：金属结构设备安装工程	71.46	458.46		529.92	1.1
一	泄洪工程	42.26	242.14		284.40	
二	输水工程	29.20	216.32		245.52	
	第四部分：施工临时工程	3164.48			3164.48	6.3
一	导流工程	1009.75			1009.75	
二	交通工程	128.00			128.00	
三	房屋建筑工程	800.81			800.81	
四	其他临时工程	1225.92			1225.92	
	第五部分：独立费用				7171.26	14.3
一	建设管理费				1808.90	
二	生产准备费				290.56	
三	科研勘测设计费				4714.03	
四	建设及施工场地征用费				1.00	
五	其他			356.77	356.77	
	一至五部分投资合计	42089.91	750.30	7171.26	50011.47	100.0
	基本预备费				7501.72	
	静态总投资				57513.20	
	建设期还贷利息				1830.89	
	总投资				59344.09	
Ⅱ	移民环境投资				1408.00	
一	水库淹没处理补偿费				253.00	
	农村移民补偿费				201.00	
	乡镇迁建补偿费					
	专业项目复建补偿费					

编号	工程或费用名称	建安工程费	设备购置费	其他费用	投资合计	所占比例（%）
	库底清理费				9.00	
	其他费用				20.00	
	基本预备费10%				23.00	
	有关税费					
	静态总投资				253.00	
	总投资				253.00	
二	环境保护工程				115.00	
三	水土保护工程				1040.00	
Ⅲ	发电站				2475.00	
Ⅳ	工程总投资合计				63227.09	
	静态总投资				61396.20	
	建设期还贷利息				1830.89	
	工程总投资				63227.09	

表 8-7　　　　　　　　　　　分 年 度 投 资 表　　　　　　　　　　单位：万元

编号	工程或费用名称	投资合计	第1年	第2年	第3年	第4年
Ⅰ	水库工程	59344.09	12881.60	18350.58	18441.18	9670.73
一	建筑工程	41975.40	9344.42	13756.94	12894.16	5979.88
（一）	第一部分：建筑工程	38810.92	7762.18	12807.60	12419.49	5821.65
（二）	第四部分：施工临时工程	3164.48	1582.24	949.34	474.67	158.23
二	安装工程	114.52			57.26	57.26
三	设备工程	750.30		187.58	525.21	37.51
四	独立费用	7171.26	1792.82	1792.82	1792.81	1792.81
	合计	50011.48	11137.24	15737.34	15269.44	7867.46
	基本预备费 15%	7501.72	1670.59	2360.60	2290.42	1180.12
	建设期还贷利息	1830.89	73.77	252.64	881.32	623.15
	静态总投资	57513.20	12807.83	18097.94	17559.86	9047.58
	总投资	59344.09	12881.60	18350.58	18441.18	9670.73
Ⅱ	发电站	2475.00		742.50	1237.50	495.00
Ⅲ	环境保护工程	115.00	28.75	28.75	28.75	28.75
Ⅳ	水土保护工程	1040.00	208.00	312.00	416.00	104.00
Ⅴ	水库费用	253.00	101.20	101.20	50.60	
	Ⅰ～Ⅴ总投资	63227.09	13219.55	19535.03	20174.03	10298.48

表 8-8　　　　　　　　　　　建 筑 工 程 概 算 表

编号	工程或费用名称	单　位	数　量	单价（元）	合计（万元）
	第一部分：建筑工程				38810.92
一	主体建筑工程				36014.68
（一）	大坝工程				30149.51
	砂砾石开挖	m³	1172808	15.15	1776.80

编号	工程或费用名称	单 位	数 量	单价（元）	合计（万元）
	一般石方开挖	m³	50816	38.36	194.93
	基础石方开挖	m³	76224	48.61	370.52
	坝壳料	m³	6240087	28.56	17821.69
	反滤料	m³	178710	46.22	826.00
	过渡料	m³	186480	40.04	746.67
	沥青混凝土心墙	m³	34848	988.2	3443.68
	防浪墙模板	m³	1044	57.25	5.98
	基座混凝土模板	m³	6993	57.25	40.03
	块石排水体	m³	23520	109.95	258.60
	干砌块石护坡	m³	97125	148.7	1444.25
	C20 混凝土防浪墙	m³	1305	318.05	41.51
	C15 混凝土基座	m³	29138	264.65	771.14
	帷幕灌浆	m	48731	375.19	1828.34
	固结灌浆	m	5241	204.35	107.10
	钢筋制作及安装	t	96	5117.06	49.12
	温控费用	m³	9940	25	24.85
	其他工程	m³	331918	1.2	398.30
（二）	排砂泄洪洞				3458.67
1	进口段				111.63
	石方开挖	m³	2714	39.98	10.85
	护坡喷混凝土	m³	198	659.56	13.06
	洞进口混凝土钢模	m³	621	75.62	4.70
	洞进口 C20 混凝土	m³	570	397.72	22.67
	钢筋制安	t	108	5117.06	55.26
	其他工程	m³	2544	20	5.09
2	洞身段				2799.81
	岩石洞挖	m³	43752	99.64	435.94
	泄洪洞衬砌钢模	m²	17101	122.12	208.84
	渐变段 C20 混凝土	m³	879	465.83	40.95
	洞身现浇 C30 混凝土	m³	14810	588.9	872.16
	回填灌浆	m²	7897	59.21	46.76
	固结灌浆	m	15391	110.24	169.67
	钢筋制安	t	1883	5117.06	963.54
	钢拱架制作及安装	t	67	5500	36.85
	其他工程	m³	15689	16	25.10

编号	工程或费用名称	单 位	数 量	单价（元）	合计（万元）
3	竖井闸室段				342.93
	石方开挖	m³	11212	38.36	43.01
	岩石开挖	m³	2694	143.6	38.69
	竖井衬砌钢模	m²	1850	135.79	25.12
	竖井 C25 混凝土	m³	1711	439.91	75.27
	闸室 C25 混凝土	m³	373	390.75	14.57
	竖井闸室 C25 钢筋混凝土板梁柱	m³	90	408.14	3.67
	钢筋制安	t	235	5117.06	120.25
	钢材制安	t	24	5500	13.20
	闸室及管理房	m²	80	600	4.80
	其他工程	m³	2174	20	4.35
4	出口段				204.30
	碎石土开挖	m³	9177	15.15	13.90
	石方开挖	m³	10188	39.98	40.73
	抛块石	m³	594	109.95	6.53
	出口混凝土模板	m²	780.15	92.9	7.25
	基础 C10 混凝土	m³	54	182.39	0.98
	闸室 C20 混凝土	m³	616	391.27	24.10
	陡坡及鼻坎 C20 混凝土	m³	536	336.96	18.06
	C25 钢筋混凝土板梁柱	m³	77	408.14	3.14
	C40 硅粉混凝土底板	m³	165	425.89	7.03
	钢筋制安	t	151	5117.06	77.27
	闸室及管理房	m²	40	600	2.40
	其他工程	m³	1448	20	2.90
（三）	输水洞工程				2406.50
1	进口段				121.84
	碎石土开挖	m³	33606	15.15	50.91
	石方开挖	m³	4455	39.98	17.81
	护坡喷混凝土	m³	144	659.56	9.50
	洞进口混凝土钢模	m²	594	75.62	4.49
	洞进口 C20 混凝土	m³	550	397.72	21.87
	钢筋制安	t	31	5117.06	15.86
	其他工程	m³	694	20	1.39
2	洞身段				1538.54
	洞身石方开挖	m³	18543	133.58	247.70

编号	工程或费用名称	单 位	数 量	单价（元）	合计（万元）
1	衬砌钢模	m²	11419	122.12	139.45
	渐变段 C20 混凝土	m³	496	493.15	24.46
	洞身 C30 混凝土衬砌	m³	7379	617.12	455.37
	回填灌浆	m²	4826	59.21	28.57
	固结灌浆	m	5128	126.45	64.84
	钢筋制作及安装	t	1059	5117.06	541.90
	钢拱架制作及安装	t	43	5500	23.65
	其他工程	m³	7875	16	12.60
3	竖井闸室段				406.98
	一般石方开挖	m³	29735	38.36	114.06
	竖井石方开挖	m³	2605	160.41	41.79
	竖井衬砌钢模	m²	1783	135.79	24.21
	竖井 C20 混凝土衬砌	m³	1770	451.26	79.87
	闸室 C25 混凝土	m³	271	390.75	10.59
	竖井闸室 C25 钢筋混凝土板梁柱	m³	56	408.14	2.29
	钢筋制作及安装	t	220	5117.06	112.58
	钢材制安	t	24	5500	13.20
	闸室面积	m²	70	600	4.20
	其他工程	m³	2097	20	4.19
4	出口段				339.14
	碎石土开挖	m³	27352	15.15	41.44
	一般石方开挖	m³	13045	38.36	50.04
	碎石土夯填	m³	330	23.63	0.78
	模板	m²	2662	66.41	17.68
	C10 埋石混凝土基础	m³	2178	194.28	42.31
	C10 埋石混凝土堰体	m³	1634	184.37	30.13
	C15 渠道混凝土	m³	1238	339.74	42.06
	C20 钢筋混凝土交通桥	m³	15	357.36	0.54
	C20 钢筋混凝土锥型阀室	m³	148	343.89	5.09
	C20 钢筋混凝土消能箱	m³	736	343.89	25.31
	C25 钢筋混凝土板梁柱	m³	17	408.14	0.69
	C40 硅粉混凝土底板	m³	176	425.89	7.50
	钢筋制作及安装	t	119	5117.06	60.89
	闸室面积	m²	40	600	2.40
	其他工程	m³	6142	20	12.28

编号	工程或费用名称	单 位	数 量	单价（元）	合计（万元）
二	交通工程				110.00
（一）	公路工程				110.00
1	场内永久道路（新建）	km	2	200000	40.00
2	对外永久道路				70.00
	改建道路 四级公路	km	14	50000	70.00
三	房屋建筑工程				745.50
（一）	永久房屋建筑工程	元	1	6482642.5	648.26
（二）	室外工程	元	1	972396.38	97.24
四	供电工程				140.00
（一）	10kV 线路架设	km	20	70000	140.00
五	其他永久工程	元	1	18007340.27	1800.73

表 8-9　　　机电设备及安装工程概算表

编号	工程或费用名称	单 位	数 量	单价（元）		合计（万元）	
				设备	安装	设备	安装
	第二部分：机电设备及安装工程					291.84	43.06
一	供电设备及安装工程					19.94	23.06
（一）	供电设备					19.94	
	变压器 SL7—160/10	台	1	30000		3.00	
	跌落式熔断 RW4—10/50	台	3	320		0.10	
	避雷器 FS4—10	台	3	450		0.14	
	低压配电屏 PGL1—28	面	4	12000		4.80	
	照明配电屏 XM（R）—7	面	4	2000		0.80	
	动力配电箱 X（F）14—9	面	5	5000		2.50	
	照明灯具	项	1	70000		7.00	
	小计					18.33	
	综合运杂费用（8.76%）					1.61	
（二）	电缆						23.06
	动力电缆	km	4				22.00
	控制电缆	km	0.5				0.50
	移动电缆	km	0.2				0.56
二	通讯设备及安装工程	项	1	200000	20000	21.75	2.00
	小计					20.00	
	综合运杂费用（8.76%）					1.75	
三	公用设备及安装工程					250.15	18.00

编号	工程或费用名称	单位	数量	单价（元）		合计（万元）	
				设备	安装	设备	安装
（一）	外部观测设备	项	1	500000	50000	54.38	5.00
	小计					50.00	
	综合运杂费用（8.76%）					4.38	
（二）	计算机监控系统	项	1	300000	30000	32.63	3.00
	小计					30.00	
	综合运杂费用（8.76%）					2.63	
（三）	交通设备	项	1	500000		54.38	
	小计					50.00	
	综合运杂费用（8.76%）					4.38	
（四）	其他设备	项	1	1000000	100000	108.76	10.00
	小计					100.00	
	综合运杂费用（8.76%）					8.76	

表 8 - 10　　　　　　　　　　金属结构设备及安装工程概算表

编号	工程或费用名称	单位	数量	单价（元）		合计（万元）	
				设备	安装	设备	安装
	第三部分：金属结构设备及安装工程					458.46	71.46
一	泄洪工程					242.14	42.26
（一）	排砂泄洪洞					128.01	27.02
	闸门设备及安装					128.01	27.02
	弧形闸门（1扇）	t	50	11000	2202.38	55.00	11.01
	（平板闸门）（1扇）	t	51	9000	1819.18	45.90	9.28
	埋件（弧）（1孔）	t	5	8000	3354.16	4.00	1.68
	埋件（平）（1孔）	t	16	8000	3157.04	12.80	5.05
	小计					117.70	
	综合运杂费用（8.76%）					10.31	
（二）	启闭设备及安装					110.94	15.24
	液压启闭机 2×750kN（25t/台）	台	1	600000	95335.4	60.00	9.53
	QP 启闭机 2×1200kN（28t/台）	台	1	420000	57100.76	42.00	5.71
	小计					102.00	
	综合运杂费用（8.76%）					8.94	
（三）	闸门喷锌	m²	266	120		3.19	
二	输水工程					216.32	29.20
（一）	输水洞					216.32	29.20
1	闸门设备及安装					178.80	26.32

编号	工程或费用名称	单位	数量	单价（元）		合计（万元）	
				设备	安装	设备	安装
	平板闸门（1扇）	t	42	9000	1819.18	37.80	7.64
	锥型阀（1扇）	t	60	18000	2202.38	108.00	13.21
	埋件（1孔）	t	12	8000	3157.04	9.60	3.79
	锥型阀埋件（1孔）	t	5	18000	3354.16	9.00	1.68
	小计					164.40	
	综合运杂费用（8.76%）					14.40	
2	启闭设备及安装					37.52	2.88
	QP启闭机 2×1000kN（22t/台）	台	1	330000	27270	33.00	2.73
	LQ螺杆式 50kN	台	1	15000	1500	1.50	0.15
	小计					34.50	
	综合运杂费用（8.76%）					3.02	

表 8-11　　　　　　　　　临 时 工 程 概 算 表

编号	工程或费用名称	单位	数量	单价（元）	合计（万元）
	第四部分：施工临时工程				3164.48
一	导流工程				1009.75
（一）	围堰工程				1009.75
	碎石土开挖	m³	3746	15.15	5.68
	截流体填筑	m³	850	186.8	15.88
	砂砾石填筑	m³	349854	27.3	955.10
	土工膜防渗	m²	15950	20.75	33.10
二	交通工程				128.00
（一）	新修道路				128.00
	砂碎石路面	km	16	80000	128.00
三	房屋建筑工程				800.81
	施工仓库	m²	5800	220	127.60
	生活福利房屋	项	1	6732066.4	673.21
四	其他临时工程	项	1	12259199	1225.92

表 8-12　　　　　　　　　独 立 费 用 概 算 表

编号	工程或费用名称	单位	数量	单价（元）	合计（万元）
	第五部分：独立费用				7171.26
一	建设管理费				1808.90
（一）	建设项目管理费				1469.78
1	建设单位开办费				194.00
2	建设单位经常费				1275.78
（1）	建设单位人员经常费				886.72
（2）	工程管理经常费				339.06
（二）	工程建设监理费				339.12

编号	工程或费用名称	单位	数量	单价（元）	合计（万元）
二	生产准备费				290.56
（一）	生产及管理单位提前进厂费				126.27
（二）	生产职工培训费				126.27
（三）	管理用具购置费				33.67
（四）	备品备件购置费				3.75
（五）	工器具及生产家具购置费	％		0.8	0.60
三	科研勘测设计费				4714.03
（一）	工程科学研究试验费	％		0.5	210.45
（二）	勘测设计费				4503.58
1	勘测费				2438.35
2	设计费				2065.23
四	建设及施工场地征用费				1.00
（一）	永久征地				0.40
	荒地及河滩地	亩	40		0.40
（二）	临时占地				0.60
	荒地及河滩地	亩	60		0.60
五	其他				356.77
（一）	定额编制管理费	％	0.08		33.67
（二）	工程质量监督费	％	0.1		42.09
（三）	工程保险费	％	0.45		192.78
（四）	地区高原补贴				88.23

表 8-13　　　　　　　　　　建筑工程单价汇总表　　　　　　　　　　单位：元

序号	工程项目及名称	单位	单价	其中							
				人工费	材料费	机械使用费	其他直接费	现场经费	间接费	企业利润	税金
一	土石方工程										
	碎石土（砂砾石）开挖	m³	15.15	2.77	1.87	6.74	0.44	1.02	1.02	0.87	0.42
…											
	岩石洞挖	m³	99.64	29.8	27.89	17.06	2.98	6.71	6.71	5.69	2.8
二	砂石备料工程										
	坝壳料	m³	28.56	1.64	17.77	3.82	0.92	0.46	1.39	1.72	0.84
…	…										
三	模板工程										
	基座混凝土模板	m²	57.25	4.32	23.34	16.74	1.76	3.54	2.66	3.28	1.61
…	…										
四	混凝土工程										
	基础 C10 混凝土	m³	182.39	28.78	98.44	15.23	5.70	11.43	7.15	10.5	5.16
…	…										
	闸室 C25 混凝土	m³	390.75	35.45	215.54	54.36	12.21	24.43	15.27	22.44	11.05
…	…										
五	钻孔灌浆及锚固工程										
	帷幕灌浆	m	375.19	139.21	72.61	78.62	11.62	20.33	20.33	21.76	10.71
…	…										

表 8 - 14 主要材料预算价格汇总表 单位：元

编号	名称及规格	单 位	预算价格	其中			
				原价	运杂费	保险费	采保费
M0030	砂	m³					
M0080	汽油	t	3704.09	3580.00	16.20		107.89
M0090	柴油	t	3471.31	3354.00	16.20		101.11
M0120	钢筋		2399.83	2300.00	29.93		69.90
M0204	板枋材	m³	1407.66	1350.00	16.66		41.00
M0254	水泥 425♯	t	315.35	280.00	26.17		9.19
M0256	水泥 525♯	t	428.80	295.00	121.31		12.49
M0322	2♯岩石铵梯炸药	kg	5.09	4.51	0.43		0.15
M0323	4♯抗水岩石铵梯炸药	kg	5.51	4.91	0.43		0.16
M2570	型钢	t	2451.33	2350.00	29.93		71.40
M2571	钢板 8～12mm	t	2410.13	2310.00	29.93		70.20
M2572	钢模板	t	3593.23	3400.00	88.57		104.66
M2573	组合钢模板	t	3696.23	3500.00	88.57		107.66

表 8 - 15 其他材料预算价格汇总表

编号	名称及规格	单位	预算价格	编号	名称及规格	单位	预算价格
M0032	砂	m³	45.27	M0153	钢垫板	kg	6.05
M0040	石子	m³	47.71	M0154	钢轨 38kg	kg	3.10
M0050	块石	m³	62.38	M0154	钢轨 43kg	kg	2.95
M0058	堆料石	m³	9.39	M0174	钢钎	kg	4.25
M0060	反滤料及过渡料	m³	4.36	M0178	空心钢	kg	7.75
M0063	石英砂	m³	103.00	M0203	圆木	m³	1150.16
M0077	粘土	t	50.00	M0250	水泥	t	
M0078	粘土	m³	10.96	M0308	导爆管	m	0.25
M0079	砖	千块	190.00	M0310	导电线	m	0.26
M0102	沥青	kg	1.80	M0312	导火线	m	0.60
M0103	沥青	t	1780.00	M0314	电雷管	个	0.83
M0106	煤	kg	0.25	M0316	非电毫秒雷管	个	0.94
M0112	透平油	kg	6.80	M0318	火雷管	个	0.40
M0113	变压器油	kg	5.40	M0533	泵用混凝土 C30 2级配	kg	
M0141	钢管	kg	3.20	M1012	白铁皮	个	4.00
M0151	钢棒	kg	5.50	M1027	管件	kg	5.95
M0152	钢导管	kg	3.80	M1039	卡扣件	kg	5.50

编号	名称及规格	单位	预算价格	编号	名称及规格	单位	预算价格
M1042	螺栓	kg	6.40	M2084	硅粉	kg	2.80
M1054	锚杆附件	kg	6.00	M2085	减水剂	kg	10.00
M1063	铁钉	kg	5.55	M2104	预制混凝土柱	m³	350.00
M1072	铁件及预埋铁件	kg	4.50	M2226	复合土工膜	m²	11.00
M1073	铁丝	kg	5.45	M2250	PVC板 厚6mm	m²	50.00
M1076	铜材	kg	25.00	M2265	波纹管 φ90	m	11.00
M1077	铜电焊条	kg	40.00	M2293	垫铁	kg	6.05
M1091	DH6 冲击器	套	2500.00	M2302	镀锌角钢	kg	5.50
M1096	灌浆钢管 φ25mm	m	13.10	M2305	镀锌螺栓 M10~16×70~140	套	8.80
M1098	灌浆盒	m	11.60				
M1099	灌浆盒	个	6.00	M2365	钢筋 φ22	kg	2.35
M1104	合金钻头	个	45.00	M2366	钢筋 φ25	kg	2.35
M1112	金钢石钻头	个	1000.00	M2368	钢筋 φ30	kg	2.35
M1119	扩孔器	个	500.00	M2466	铅丝 #8	kg	5.45
M1120	潜孔钻钻头 100 型	个	350.00	M2473	乳化炸药	kg	4.83
M1121	潜孔钻钻头 150 型	个	390.00	M2478	石棉布	m²	27.80
M1122	潜孔钻钻头 80 型	个	230.00	M2487	速凝剂	t	2300.00
M1129	岩芯管	m	85.60	M2510	塑性填料 PVC	t	6500.00
M1137	钻杆	m	40.30	M2514	碳精棒	根	4.00
M1141	钻杆接头	个	15.50	M2532	无缝钢管	kg	4.50
M1163	橡胶止水带	m	90.00	M2543	枕木	根	60.00
M1164	橡皮板	kg	8.00	M2550	紫铜片 厚1mm	kg	25.00
M1169	草袋	个	2.00	M2554	钻头 φ102	个	2500.00
M1175	电焊条	kg	7.80	M2555	钻头 φ45	个	1500.00
M1239	碱粉	kg	1.30	M2566	钢铰线	kg	9.50
M1275	酚醛层压板	kg	4.50	M3001	进出口、竖井	元	14.00
M1278	绝缘子	个	0.75	M3002	隧洞指标	元	11.20
M1294	油漆	kg	13.29	M2388	黑铁管 φ25mm	m	20.00
M1306	电石	kg	2.30	M2416	矿粉	t	120.00
M1311	滤油纸	张	0.93	M2428	氯丁橡胶棒 φ25mm	m	23.00
M1325	探伤材料	张	9.30	M2429	氯丁橡胶管 φ50mm	m	55.00
M1327	氧气	m³	3.50	M2436	锚具 OVM15—12	套	306.00
M1329	乙炔气	m³	12.00	M2440	棉纱头	kg	1.80
M1342	混凝土预制块	m³	400.00	M2451	木柴	t	300.00
M1500	粉煤灰	kg	0.24	M2374	工程胶	kg	19.30
M1501	添加剂	kg	3.00				

表 8 - 16　　　　　　　　　　施工机械台时费汇总表　　　　　　　　　单位：元

| 编号 | 机 械 名 称 | 台时费 | 其 中 | | |
			一类费用	二类费用	三类费用
P1011	单斗挖掘机　液压 2m³	234.92	147.30	87.62	
P1014	单斗挖掘机　液压 4m³	492.84	320.21	172.63	
P1028	装载机　轮胎式 1m³	64.13	21.69	42.44	
P1031	装载机　轮胎式 3m³	180.2	89.52	90.68	
P1042	推土机　59kW	69.03	24.31	44.72	
P1043	推土机 74kW	95.03	42.67	52.36	
P1044	推土机　88kW	116.15	56.85	59.30	
P1047	推土机　132kW	170.66	89.50	81.16	
P1062	拖拉机　履带式 74kW	71.5	21.57	49.93	
P1084	振动碾　凸块 13~14t	181.89	107.81	74.08	
P1088	羊脚碾 8~12t	2.92	2.92		
P1094	刨毛机	60.87	19.62	41.25	
P1095	蛙式夯实机　2.8kW	15.66	1.18	14.48	
P1096	风钻　手持式	27.81	2.43	25.38	
P1097	风钻　气腿式	38.28	3.28	35.00	
P1098	风镐（铲）手持式	12.59	2.16	10.43	
P1101	潜孔钻　150 型	201.27	79.38	121.89	
P1114	凿岩台车　液压三臂	670.66	528.47	142.19	
P1117	液压平台车	116.84	43.80	73.04	
P1137	吊斗（桶）0.2~0.6m³	1.22	1.22		
P1138	吊斗（桶）2m³	2.2	2.20		
P2003	混凝土搅拌机 0.8m³	31.28	12.04	19.24	
P2005	强制式混凝土搅拌机 0.25m³	22.9	8.40	14.50	
P2024	混凝土输送泵 30m³/h	337.03	216.24	120.79	
P2032	混凝土喷射机 4~5m³/h	84.81	53.21	31.60	
P2041	振捣器　插入式 1.1kW	96.23	5.31	90.92	
P2047	振捣器　插入式 1.5kW	2.02	1.54	0.48	
P2048	变频机组 8.5kVA	2.97	2.31	0.66	
P2052	变频机组 8.5kVA	15.28	11.44	3.84	
P2058	混凝土振动碾 BW90AD	51	34.58	16.42	
P2073	摊铺机 DF130C	457.37	368.08	89.29	
P2080	风（砂）水枪 6m³/min	31.27	0.66	30.61	
P2107	滑模台车　竖井衬砌后直径 18m	755.25	675.26	79.99	
P3004	载重汽车 5t	53.71	18.63	35.08	
P3009	载重汽车 15t	108.28	62.02	46.26	
P3012	自卸汽车 5t	56.11	16.10	40.01	
P3013	自卸汽车 8t	79.97	36.14	43.83	
P3014	自卸汽车（保温）8t	81.78	37.95	43.83	
P3017	自卸汽车 15t	126.43	72.54	53.89	

编号	机 械 名 称	台时费	其 中		
			一类费用	二类费用	三类费用
P3019	自卸汽车 20t	148.02	83.37	64.65	
P3022	自卸汽车 32t	330.36	233.44	96.92	
P3074	胶轮车	0.9	0.90		
P3176	胶带输送机 固定式 800mm×30m	25.17	13.43	11.74	
P4025	门座式起重机 10/30t 高架 10～30t	216.33	136.54	79.79	
P4030	塔式起重机 10t	100.9	61.36	39.54	
P4085	汽车起重机 5t	64.32	25.34	38.98	
P4087	汽车起重机 8t	79.8	35.56	44.24	
P4088	汽车起重机 10t	86.77	42.53	44.24	
P4091	汽车起重机 20t	132.86	75.08	57.78	
P4092	汽车起重机 25t	175.5	114.95	60.55	
P4143	卷扬机 单筒慢速 5t	17.36	4.18	13.18	
P4156	卷扬机 双筒快速 5t	35.8	10.08	25.72	
P4163	绞车 单筒 1.2m×1.0m30kV	31.34	9.88	21.46	
P5041	砂石洗选机 单螺旋 XL—914mm	30.01	16.77	13.24	
P5056	圆振动筛 1500×3600mm	35.31	21.65	13.66	
P5091	给料机 重型槽式 1100×2700mm	33.47	20.23	13.24	
P6002	地质钻机 150 型	39.97	14.73	25.24	
P6021	灰浆搅拌机	15.53	3.31	12.22	
P6024	灌浆泵 中低压泥浆	33.4	9.90	23.5	
P6025	灌浆泵 中低压砂浆	32.8	11.16	21.64	
P9065	轴流通风机 37kW	33.58	12.24	21.34	
P9066	轴流通风机 55kW	49.31	19.81	29.50	
P9126	对焊机 交流 25kVA	9.42	0.72	8.70	
P9136	对焊机 电弧型 150	64.4	5.01	59.39	
P9143	钢筋弯曲机 φ6～40	14.26	2.22	12.04	
P9146	钢筋切断机 20kW	21.93	3.17	18.76	
P9147	钢筋调直机 4～14kW	17.49	4.73	12.76	
P9148	型钢剪断机 13kW	29.37	14.87	14.50	
P9150	型材弯曲机	17.71	4.59	13.12	
P9180	摇臂钻床 φ35～50mm	18.45	7.19	11.26	
P9202	圆盘锯	21.46	1.62	19.84	
P9204	双面刨床	16.1	2.26	13.84	
PB010	胶带输送机 B＝500	0.47	1.00		
PB011	胶带输送机 B＝650	0.53	1.00		
PB014	骨料沥青系统	68.76	1.00		

第九章 投资估算、施工图预算
和施工预算的编制

第一节 投资估算

一、概述

1. 投资估算的概念

水利水电工程投资估算，是指在可行性研究阶段，按照国家和主管部门规定的编制方法，估算指标、各项取费标准，现行的人工、材料、设备价格，以及工程具体条件编制的技术经济文件。

投资估算是可行性研究报告的重要组成部分，是建设项目进行经济评价及投资决策的依据，是前期工作的关键性环节。可行性研究报告是基本建设程序中决策的前期工作阶段，是建设项目是否可行的重要论证依据。可行性研究报告经批准后，是进行初步设计或施工图设计（采用一阶段设计）的依据。投资估算的准确性将直接影响国家对项目选定的决策。

2. 投资估算的作用

由于投资决策过程可进一步划分为规划阶段、项目建议书阶段、可行性研究阶段、编制设计任务书等四个阶段，所以，投资估算工作也相应分为四个阶段。不同阶段所具备的条件和掌握的资料不同，因此投资估算的准确程度不同，进而每个阶段投资估算所起的作用也不同。总的来说，投资估算是前期各个阶段工作中，作为论证拟建项目是否经济合理的重要文件。它具有下列作用：

（1）它是国家决定拟定建设项目是否继续进行研究的依据。

规划阶段的投资估算，是国家根据国民经济和社会发展的要求，制定区域性、行业性发展规划阶段而编制的经济文件，是国家决策部门判断拟建项目是否继续进行研究的依据之一。仅作为一项参考的经济指标。

（2）它是国家审批项目建议书的依据。

项目建议书阶段的投资估算，是国家决策部门领导审批项目建议书的依据之一。用以判断拟建项目在经济上是否列为经济建设的长远规划基本建设前期工作计划。项目建议书阶段的估算，在决策过程中，也是一项参考性的经济文件。

（3）它是国家批准设计任务书的重要依据。

可行性研究的投资估算，是研究分析拟建项目经济效果和各级主管部门决定立项的重要依据。因此，它是决策性质的经济文件。可行性研究报告被批准后，投资估算就作为控制设计任务书下达的投资限额，对初步设计概算编制起控制作用，也可作为筹集资金和向银行贷款的计划依据。

（4）它是国家编制中长期规划，保持合理比例和投资结构的重要依据。

拟建项目的投资，是编制固定资产长远投资规划和制定国民经济中长期发展计划的重要依据。根据各个拟建项目的投资估算，可以准确核算国民经济的固定资产投资需要量，确定国民经济积累的合理比例，保持适度的投资规模和合理的投资结构。

二、投资估算的内容及编制依据

（一）投资估算的内容

整个建设项目的投资估算总额，是指工程从筹建、施工直到建成投产的全部建设费用，其包括的内容应视项目的性质和范围而定。

可行性研究投资估算与初步设计概算在组成内容、项目划分和费用构成上基本相同，但两者设计深度不同。投资估算可根据《水利水电工程可行性研究报告编制规程》的有关规定，对初步设计概算规定中部分内容进行适当简化、合并和调整。

投资估算按照 2002 年水利部《水利水电工程设计概（估）算编制规定》的办法编制。

1. 编制说明

（1）工程概况。包括：河系、兴建地点、对外交通条件、水库淹没耕地及移民人数、工程规模、工程效益、工程布置形式、主体建筑工程量、主要材料用量、施工总工期和工程从开工至开始发挥效益工期、施工总工日和高峰人数等。

（2）投资主要指标。投资主要指标为：工程静态总投资和总投资，工程从开工至开始发挥效益静态投资，单位千瓦静态投资和投资，单位电度静态投资和投资，年物价上涨指数，价差预备费额度和占总投资百分率，工程施工期贷款利息和利率等。

2. 投资估算表

投资估算表（与概算基本相同）包括：总投资表；建筑工程估算表；设备及安装工程估算表；分年度投资表。

3. 投资估算附表

投资估算附表包括：建筑工程单价汇总表；安装工程单价汇总表；主要材料预算价格汇总表；次要材料预算价格汇总表；施工机械台班费汇总表；主要工程量汇总表；主要材料量汇总表；工时数量汇总表；建设及施工征地数量汇总表。

4. 附件

附件材料包括：人工预算单价计算表；主要材料运输费用计算表；主要材料预算价格表；混凝土材料单价计算表；建筑工程单价表；安装工程单价表；资金流量计算表；主要技术经济指标表。

（二）投资估算的编制依据

投资估算编制的主要依据：

（1）经批准的项目建议书投资估算文件。

（2）水利部《水利水电工程可行性研究投资估算编制办法（规程）》。

（3）水利部《水利工程设计概（估）算费用构成及计算标准》。

（4）水利部《水利工程设计概（估）算标准和水利水电工程施工机械台班费定额的补充规定》。

（5）可行性研究报告提供的工程规模、工程等级、主要工程项目的工程量等资料。

（6）投资估算指标、概算指标。

（7）建设项目中的有关资金筹措的方式、实施计划、贷款利息、对建设投资的要求等。

（8）工程所在地的人工工资标准、材料供应价格、运输条件、运费标准及地方性材料储备量等资料。

（9）当地政府有关征地、拆迁、安置、补偿标准等文件或通知。

（10）编制可行性研究报告的委托书、合同或协议。

三、投资估算的计算方法

水利水电工程中的主体建筑工程以及主要设备及安装工程是永久工程的主体，在工程总投资中占有举足轻重的份额，所以为了保证投资估算的基本精度，采用与概算相同的项目划分，并以工程量乘工程单价的方法计算其投资。永久工程中的次要工程，由于项目繁多，工程量及投资相对较小，在可行性研究阶段由于受设计深度限制，难以提出各分项工程的数量，所以在估算中采用合并项目，用粗略的方法（指标或百分率）估算其投资。

1. 建筑工程

建筑工程由主体建筑工程、交通工程、房屋建筑工程和其他建筑工程组成。

（1）主体建筑工程。包括水利枢纽、水电站、水库工程、水闸、泵站、灌溉渠系、防洪堤以及河湖疏浚工程等，是构成总投资的重要组成部分，也是编制其他项目投资估算的基础，因此，必须做深入细致的工作，尽可能接近实际。

主体建筑工程投资的计算方法，采用主体建筑工程的工程量乘以相应单价。一般均采用概算定额编制投资估算单价，则要乘以扩大系数，现行规定扩大系数为1.10。

（2）交通工程。包括上坝、进厂、对外等场内一切永久性铁路、公路、桥涵、码头等，以及对地方原有公路、桥梁等进行改建加固工程。

交通工程的投资按设计交通工程量乘以公里及延长米指标计算。铁道工程可根据地形、地区经济状况，按每公里造价指标估算。

（3）房屋建筑工程。包括辅助生产厂房、仓库、办公室、生活及文化福利建筑和室外工程，编制方法与概算基本相同。

（4）其他建筑工程。指除主体建筑工程和交通工程以外的永久性建筑物，建筑工程中的其他工程（动力线路、照明线路、通信线路工程，厂坝区及生活区供水、供热、排水等公用设施工程，厂坝区整理、美化设施及环保工程等），全部合并在一起，采用占主体建筑工程投资的百分率估算其投资。

2. 机电设备及安装工程

由主要机电设备及安装工程和其他机电设备及安装工程两项组成。

（1）主要机电设备及安装工程。包括发电设备及安装工程、升压变电设备及安装工程、公用设备及安装工程；泵站设备及安装工程、小水电设备及安装工程、供变电工程、公用设备及安装工程。

主要设备及安装工程投资、包括设备出厂价、运杂费和安装费。

设备出厂价，对于定型产品，执行市场价；非定型产品，采用厂家报价。

设备运杂费，按占设备出厂价的一定百分数计算。

安装费，按设备安装费概算定额乘以 10％。

（2）其他机电设备及安装工程。其投资估算可根据装机台数、电压等级、输电电线回数以及接线复杂程度，按装机总容量乘以单位千瓦指标（元/kW）估算，也可按主要设备投资的百分率计算。

将水力机械辅助设备、电气设备、通信设备、通风采暖设备、机电设备及安装等发电厂辅助设备及安装工程合并，用指标（元/kV）。将电梯、坝区馈电、供水、供热、水文、环保、外部观测、交通等设备及安装，以及全厂保护网、全厂接地等其他工程全部合并，以占主要机电设备（水轮机、发电机、主阀、桥机、主变等）的百分率估算其投资。

初步设计概算采用定额编制建安工程单价，而估算则采用综合性更强的投资估算指标编制建安工程单价。

估算指标的项目划分比概算定额的项目划分粗、估算指标的分项一般是概算定额中若干个分项的综合，并在此基础上综合扩大。因此，如采用概算定额编制估算的工程单价时，考虑投资工作深度和精度，应乘以 10％扩大系数。

由于可行性研究阶段的设计深度较初步设计浅，对有些问题的研究还不够深入，为了避免估算的总投资失控，故在编制投资估算时考虑的预留额度较初步设计概算要大。估算为 10％，概算为 5％～6％。

将电梯、坝区馈电、供水、供热、水文、环保、外边观测、交通等设备及安装，以及全厂保护网、全厂接地等其他工程全部合并，以占主要机电设备及安装工程投资的百分率来估算其投资。

3. 金属结构设备及安装工程

金属结构设备及安装工程由水工建筑物各单项工程及灌溉渠道等工程中的金属结构及安装工程组成，包括闸门、启闭机、拦污栅、升船机和压力钢管等。其投资估算按各单项工程金属结构数量和每台（套）单位重量估算，与概算的计算方法基本相同。

4. 施工临时工程

施工临时工程由导流工程、施工交通工程、房屋建筑工程、施工供电工程和其他施工临时工程组成。估算编制方法及计算标准与概算相同。

（1）导流工程。采用工程量乘以单价计算，其他难以估量的项目，可按计算出的导流投资的 10％增列。

（2）施工交通工程。参照主体建筑工程中交通工程的方法编制。

（3）房屋建筑工程。按估算编制办法的有关规定估算。

（4）施工供电工程。依据设计电压等级、线路架设要求和长度，参考表 9-1 指标计算。

（5）其他施工临时工程。一般可按工程项目一至四部分的建安工作量的百分率计算，枢纽工程和引水工程取 3.0％～4.0％，河道工程取 0.5％～1.0％。

表 9-1　　　　施工供电线路估算指标

单位：万元/km

地区	电压等级	
	110kV	220kV
平原	4.5～5.5	7.0～9.0
丘陵	5.5～6.0	9.0～11.0
山岭	6.0～7.0	11.0～13.0

5. 独立费用

编制方法及计算标准基本与概算相同。

(1) 建设管理费。按全部建安工作量的一定百分率估算。

(2) 生产准备费。按全部建安工作量的一定百分率估算。

(3) 科研勘测设计费。按部颁标准计算。

(4) 建设及施工场地征地费。按照国务院关于《国家建设征用土地条例》规定和地方文件规定计算。

(5) 其他费用。一般按全部建安工作量的一定百分率计算。其中,技术准备费按建安工作量的 2.5%~6%计算;施工企业基地建设补贴费按建安工作量的 1%~2.5%计算。

6. 预备费、建设期还贷利息、静态总投资和总投资

预算费可分为基本预备费和价差预备费,计算方法见第四章第四节。

静态总投资和总投资的计算方法同概算编制,见第八章第三节。

第二节 施 工 图 预 算

一、概述

1. 施工图预算的概念

施工图预算是指在施工图纸已设计完成后,设计单位根据施工图纸计算的工程量,施工组织设计和现行的水利建筑工程预算定额、单位估价表及各项费用的取费标准,基础单价,国家及地方有关规定,进行编制的反映单位工程或单项工程建设费用的经济文件。施工图预算应在已批准的初步设计概算控制下进行编制。

2. 施工图预算的作用

(1) 是确定单位工程造价的依据。预算比主要起控制造价作用的概算更为具体和详细,因而可以起确定造价的作用。

(2) 是签订工程承包合同,实行投资包干和办理工程价款结算的依据。因预算确定的投资较概算准确,故对于不进行招投标的特殊或紧急工程项目,常采用预算包干。按照规定程序,经过工程量增减,价差调整后的预算可以作为结算依据。

(3) 是施工企业内部进行经济核算和考核工程成本的依据。施工图预算确定的工程造价,是工程项目的预算成本,其与实际成本的差额即为施工利润,是企业利润总额的主要组成部分。这就促使施工企业必须加强经济核算,提高经济管理水平,以降低成本,提高经济效益。

(4) 是进一步考核设计经济合理性的依据。施工图预算的成果,因其更详尽和切合实际,可以进一步作为考核设计方案技术先进性和经济合理程度。施工图预算,也是编制固定资产的依据。

二、施工图预算的编制内容和编制依据

1. 施工图预算的编制内容

施工图预算有单位工程预算、单项工程预算和建设项目总预算。单位工程预算是根据施工图设计文件、现行预算定额、单位估价表、费用标准以及人工、材料、机械台班

（时）等预算价格资料，以一定方法，编制单位工程的施工图预算。然后汇总所有各单位工程施工图预算，成为单项工程施工图预算，再汇总所有各单项工程施工图预算，便是一个建设项目建筑安装工程的总预算。

2. 施工图预算的编制依据

（1）已批准的施工图设计及其说明书。经审定的施工图纸是计算工程量和进行预算列项的主要依据。

（2）现行的水利水电工程预算定额、工程所在地的有关补充规定、地方政府公布的关于基本建设其它各项费用的取费标准等。现行的预算定额（或单位估价表）是编制预算时确定分项工程单价，计算工程量直接费，确定人工、材料和机械等实物消耗量的主要依据。预算定额中所规定的工程量计算规则，计量单位，分项工程内容及有关说明，都是编制预算时计算工程量的主要依据。地区材料预算价格是定额换算与补充不可缺少的依据。

（3）工程所在地人工预算单价和材料预算单价的计算资料。

（4）现行水利水电工程机械台班费用定额及有关部门公布的其他与机械有关的费用取费标准。

（5）施工组织设计或施工方案。

施工组织设计是确定单位工程进度计划，施工方法或主要技术措施，以及施工现场平面布置等内容的文件。

（6）工程量计算规则。

3. 施工图预算与工程概算的区别

施工图预算与设计概算的项目划分、编制程序、费用构成、计算方法都基本相同。施工图是工程实施的蓝图，所以据此编制的施工图预算，较概算编制要精细，具体表现在以下几个方面。

（1）主体工程。施工图预算与概算都采用工程量乘单价的方法计算投资，但深度不同。

概算根据概算定额和初步设计工程量编制，其三级项目经综合扩大、概括性强，而预算则依据预算定额和施工图设计工程量编制，其三级项目较为详细。如概算的闸、坝工程，一般只套用定额中的综合项目计算其综合单价，而施工图预算根据预算定额中按各部位划分为更详细的三级项目（如水闸工程的底板、垫层、铺盖、闸墩、胸墙等），分别计算单价。

（2）非主体工程。概算中的非主体工程以及主体工程中的细部结构采用综合指标（如道路以"元/km"）或百分率乘二级项目工程量的方法估算投资，而预算则均要求按三级项目工程单价的方法计算投资。

（3）造价文件的结构。概算是初步设计报告的组成部分，与初步设计阶段一次完成，概算完整地反映整个建设项目所需要的投资；施工图预算通常以单位工程为单位编制的，各单项工程单独成册，最后汇总成总预算。

三、施工图预算的编制方法

1. 预算单价法

用预算单价法编制施工图预算，是根据地区统一单位估价表中的各分项工程的预算单价，乘以相应的各分项工程的工程量，汇总得到单位工程的直接费（即定额直接费），再以直接费为基础计算其他直接费、现场经费、间接费、利润和税金等其他费用，即可得到单位工程预算价格。因各地区单位估价表和有关政策不同，所以有些工程费用的计取程序和方法也有不同，计算时应根据当地的具体要求执行。

2. 实物单价法

用实物单价法编制施工图预算与用预算单价法编制施工图预算的方法步骤相似，所不同的是实物单价法是先用计算出的各分项工程的工程量分别套用预算定额或预算实物量定额中的人工、材料、机械台班消耗量，将各分项工程的人工、材料、机械的消耗量相加汇总得出单位工程所需的各种人工、材料、机械总的消耗量，然后分别乘以当地现行的人工、材料、机械的实际单价，得出单位工程的人工费、材料费、机械费，汇总得出直接费，再以直接费为基础计算其他直接费、现场经费、间接费、利润和税金等其他费用，各项费用之和为单位工程预算价格。由此可以看出，用实物单价法编制施工图预算与用预算单价法编制施工图预算的本质区别就在于直接费的确定方法不同。

3. 综合单价法

综合单价法是将建筑工程预算费用中的一部分费用进行综合，形成分项综合单价。由于地区的差别，有的地区综合价格中综合了直接费和间接费，有的地区综合价格中综合了直接费、间接费和利润。如采用清单计价方法，其综合单价则可能综合了单位工程量清单项目所需的人工费、材料费、机械使用费、管理费、利润、税金等各项费用（也称完全单价法）。

四、施工图预算编制程序

1. 收集资料

收集资料是指与编制施工图预算应有的资料，如会审通过的施工图设计资料，初步设计概算，修正概算，施工组织设计，现行与本工程相一致的预算定额，各类费用取费标准，人工、材料、机械价格资料，施工地区的水文、地质情况资料。

2. 熟悉施工图设计资料

全面熟悉施工图设计资料、了解设计意图、掌握工程全貌是准确、迅速地编制施工预算的关键。

3. 熟悉施工组织设计

施工组织设计是指导拟建工程施工准备、施工各现场空间布置的技术文件，同时施工组织设计亦是设计文件的组成部分之一。根据施工组织设计提供的施工现场平面布置、料场、堆场、仓库位置、资源供应及运输方式、施工进度计划、施工方案等资料才能准确地计算人工、材料、机械台班单价及工程数量，正确地选用相应的定额项目，从而确定反映客观实际的工程造价。

4. 了解施工现场情况

主要包括：了解施工现场的工程地质和水文地质情况；现场内需拆迁处理和清理的构造物情况；水、电、路情况；施工现场的平面位置、各种材料、生活资源的供应等情况。这些资料对于准确、完整地编制施工图预算有着重要的作用。

5. 计算工程量

工程量的计算是一项即简单、又繁杂，并且是十分关键的。由于建筑实体的多样性和预算定额条件的相对性，为了在各种条件下保证定额的正确性，各专业、各分部分项工程都视定额制定条件的不同，对其相应项目的工程量作了具体规定。在计算工程量时，必须严格按工程量计算规则执行。

6. 明确预算项目划分

水利水电工程概、预算的编制应按预算项目表的序列及内容进行划分（见第二章第三节）。

7. 编制预算文件

预算文件是设计文件的组成部分，由封面、目录、编制说明及全部预算计算表格组成。

五、施工图预算编制案例

下面是根据某省的水利水电工程预算定额及概预算编制规定编制的两个河道建筑物的工程预算实例。

（一）编制依据

（1）招标单位提供的招标文件、图纸、技术条款说明、招标文件补充通知。

（2）××省《水利水电工程设计概算编制办法》、《水利水电建筑工程预算定额》、《关于水利水电工程概预算编制过程中一些问题的说明及规定》及有关补充文件。

（3）缺项部分参照相关定额或估算。

（二）工程单价组成及取费

单价组成分七项，即人工费、材料费、机械费、其他直接费、间接费、利润、税金。

（1）人工费：本报价中各类工程人工费分别为：土方工程：13.53元/工日；石方工程：14.16元/工日；混凝土工程：14.79元/工日；安装工程：14.79元/工日。

（2）其他直接费：安装工程按基本直接费的5.2%计算，其他工程类型按基本直接费的4%计算。

（3）间接费：人工土方工程按人工费的25%计算；人工石方工程按人工费30%计算；机械土方工程按直接费的14%计算；机械石方工程按人工费的17%计算；砌石工程按人工费的50%计算；混凝土工程按人工费的80%（部分采用人工费的120%）计算；安装工程按人工费的110%计算。

（4）利润：按直接费与间接费之和的5%计算。

（5）税金：按直接费、间接费与计划利润之和的3.22%计算。

（三）基础单价计算原则

（1）主要及辅助材料价格按当地市场价格计取。

（2）建筑工程机械台班费按《水利水电工程施工机械台班费定额》计算，并将一类费用的小计乘以1.1系数，二类费用据实计算；安装工程按《中小型水利水电设备安装工程预算定额》（1993）计算。

（四）本工程预算总价为 517671＋166954＝684625（元）

（五）预算表格

预算表格见表9-2～表9-6。

工程单价组成表（表9-4）中的人工费、材料费，机械费系直接采用该省预算定额基价中的人工费、材料费、机械费。

材料价差的产生：该省水利预算定额基价中的人工费、材料费，机械费系按照取定的水泥、砂、碎石、块石、钢筋、柴油、汽油、木材八大材料的价格计算的，市场价与定额取定的价格不同时，采用材料价差的方式进行调整。材料价差在材料价差计算表进行，见表9-5、表9-6。

某种材料的材料价差＝该种材料的定额用量×（该种材料的实际预算价－该种材料的定额取定价）

表 9-2 　　　　　　　　　　　　××桥工程预算表

序号	单价号	工程费用名称	单位	数量	单价（元）	合计（元）
一		第一部分　建筑工程				421652
（一）		西河流桥				404472
1	1	土方开挖	m³	80.00	1.21	97
2	2	土方回填（人工挖运50m＋蛤蟆夯夯实）	m³	30.00	8.41	252
3	3	桩柱土方运输	m³	90.00	6.57	591
4	4	砌体拆除外运（弃渣）	m³	150.00	14.43	2165
5	5	桩柱混凝土现浇 C25	m³	89.70	339.48	30451
6	6	井柱桩回旋钻机钻孔	m	258.00	395.24	101972
7	7	桥墩混凝土现浇 C25	m³	22.60	401.60	9076
8		预制系梁混凝土安装 C25	m³	18.10	453.38	8206
9	11	台帽、墩帽混凝土现浇 C25	m³	44.30	387.02	17145
10		预制混凝土桥板安装 C25	m³	118.72	404.50	48022
11	15	桥面铺装混凝土 C25	m³	43.00	261.35	11238
12	16	现浇湿接缝 C25	m³	3.45	597.94	2063
13		预制混凝土护栏安装 C25	m³	22.05	674.07	14863
14	19	三毡四油伸缩缝	m²	55.00	74.49	4097
15	20	桥头搭板及枕梁混凝土现浇 C25	m³	25.54	401.21	10247
16	21	钢筋制安（机械加工）	t	28.00	4079.31	114221
17	22	预埋钢板制安	t	0.64	6218.00	3980
18	22	栏杆、泄水管制安	t	2.90	6218.00	18032
19	23	浆砌砖拆除（旧桥）	m³	150.00	51.69	7754
（二）		混凝土引道				17180
1	1	土方开挖	m³	75.00	1.21	91
2	24	碎石垫层	m³	24.00	67.77	1626
3	25	路面混凝土铺设	m²	240.00	49.91	11978
4	26	沥青木板伸缩缝	m²	6.30	69.70	439

序号	单价号	工程费用名称	单位	数量	单价（元）	合计（元）
5		路缘石混凝土	m³	1.50	674.07	1011
6	27	石灰稳定土垫层	m²	240.00	8.48	2035
四		第四部分　临时工程费用				40719
1	28	围堰填筑	m³	250.00	14.16	3540
2	29	围堰拆除	m³	250.00	8.02	2005
3		排水涵管 DN500	m	10.00	108.50	1085
4		施工仓库	m²	50.00	100.00	5000
5		生活及福利房屋	元			13453
6		其他临时工程	元			15636
六		第六部分　其他费用				55300
1		材料差价	元			42080
2		艰苦岗位津贴	工日	5046	1.2	6055
3		物价补贴	工日	5046	1.42	7165
		总投资				517671

表 9 - 3　　　　　　　　　　　　××跌水工程预算表

序号	单价号	工程费用名称	单位	数量	单价（元）	合计（元）
一		第一部分　建筑工程				139321
（一）		跌水维修				139321
1	30	清基土方	m³	125.00	1.41	176
2	2	土方回填	m³	308.00	8.41	2590
3	31	浆砌石	m³	198.00	150.15	29730
4	32	反滤层	m³	74.40	67.84	5047
5	33	抛石	m³	388.00	59.12	22939
6	34	浆砌石拆除	m³	202.70	47.44	9616
7	35	消力池混凝土 C25	m³	293.00	231.70	67888
8		钢筋制安	t	0.21	4079.31	857
9	36	混凝土底板凿孔	m³	4.00	119.44	478
四		第四部分　临时工程费用				14981
1	28	围堰填筑	m³	125.00	14.16	1770
2	29	围堰拆除	m³	125.00	8.02	1003
3		施工仓库	m²	25.00	100.00	2500
4		生活及福利房屋	元			4490
5		其他临时工程	元			5218
六		第六部分　其他费用				12652
1		材料差价	元			7761
2		艰苦岗位津贴	工日	1867	1.2	2240
3		物价补贴	工日	1867	1.42	2651
		总投资				166954

表 9-4　　　　　　　　　　　　　**工 程 单 价 组 成 表**

序号	项目名称	人工费	材料费	机械费		其他直接费	间接费	其它费用	利润	税金	合计
				一类	二、三类						
1	土方开挖	0.76	0.13			0.04	0.19		0.05	0.04	1.21
2	土方回填	4.14	0.33	0.48	1.52	0.26	1.04		0.39	0.26	8.41
3	土方运输	1.95	0.13	0.82	2.47	0.21	0.49		0.30	0.21	6.58
4	弃渣外运	4.91	0.27	1.55	4.65	0.46	1.47		0.66	0.45	14.43
5	桩柱混凝土 C25	48.07	192.34	4.85	18.95	10.57	38.45		15.66	10.59	339.48
6	固旋钻机钻孔	63.45	22.03	49.66	166.71	12.07	50.76		18.23	12.33	395.24
7	桥墩混凝土 C25	52.40	242.01	6.11	15.47	12.64	41.92		18.53	12.53	401.60
8	预制混凝土梁 C25	36.01	184.85	16.53	17.48	10.19	28.81		14.69	9.94	318.51
9	预制混凝土梁运输	2.56	1.70	10.55	7.12	0.88	2.05		1.24	0.84	26.94
10	预制混凝土梁安装	10.84	33.33	5.45	37.79	3.50	8.67		4.98	3.37	107.93
11	现浇墩帽 C25	55.61	211.68	13.54	19.75	12.02	44.49		17.86	12.07	387.02
12	预制混凝土桥板 C25	46.14	172.43	2.39	9.51	9.22	36.92		13.83	9.35	299.79
13	预制桥板安装	7.12	24.58	10.33	18.32	2.41	5.69		3.42	2.31	74.19
14	预制桥板运输	2.84	3.50	9.71	8.84	1.00	2.27		1.41	0.95	30.52
15	桥面铺装混凝土 C25	43.48	138.03	3.60	13.30	7.94	34.79		12.06	8.15	261.35
16	现浇湿接缝	196.12	179.11		4.40	15.18	156.89		27.59	18.65	597.94
17	预制混凝土护栏	142.13	249.52		1.00	15.71	113.71		26.10	17.65	565.82
18	预制护栏安装及运输	32.98	8.10	15.45	14.13	2.83	26.39		4.99	3.38	108.25
19	三毡四油伸缩缝	5.28	54.69	0.02		2.40	6.34		3.44	2.32	74.49
20	搭板及枕梁现浇	89.04	197.82	0.60		11.50	71.23		18.51	12.52	401.21
21	钢筋制安	229.25	2613.88	25.27	486.18	134.18	275.10		188.19	127.26	4079.31
22	预埋钢板制安	281.01	5090.00	11.04	369.60	47.58	309.11		65.42	44.24	6218.00
23	浆砌石拆除	30.87	0.15			1.24	15.43		2.38	1.61	51.69
24	碎石垫层	9.97	44.95	0.42		2.21	4.98		3.13	2.11	67.77
25	路面混凝土铺设	3.88	31.27	1.02	2.67	1.55	5.66		2.30	1.56	49.91
26	沥青木板伸缩缝	5.00	51.05	0.02		2.24	6.00		3.22	2.17	69.70
27	石灰稳定土垫层	0.87	5.62	0.04	0.07	0.26	0.96		0.39	0.26	8.48
28	围堰填筑	9.63	1.39			0.44	1.61		0.65	0.44	14.16
29	围堰拆除	6.09	0.15			0.25	0.91		0.37	0.25	8.02
30	清基土方	0.07	0.20	0.32	0.51	0.04	0.16		0.07	0.04	1.41
31	浆砌石	29.15	89.37	0.67		4.77	14.58		6.93	4.68	150.15
32	反滤层	9.97	44.95	0.48		2.21	4.98		3.13	2.12	67.84
33	抛石	4.33	41.35	0.33		1.84	6.70		2.73	1.84	59.12
34	浆砌石拆除	28.32	0.15			1.14	14.16		2.19	1.48	47.44
35	消力池混凝土 C15	23.41	152.46	3.86	7.82	7.50	18.73		10.69	7.23	231.70
36	混凝土底板凿孔	20.66	49.00	3.44	16.97	3.60	16.53		5.51	3.73	119.44

表 9-5 ××桥工程主要材料差价表

材料名称及规格	单位	数量	定额取定价	实际预算价	差价	合计（元）
水泥 32.5	t	175.31	250.00	255.00	5.00	877.00
中砂	m³	242.38	40.00	40.00	0.00	0.00
碎石	m³	414.44	40.00	44.00	4.00	1658
块石	m³	0.17	40.00	48.00	8.00	1
钢筋	t	28.66	2500.00	3700.00	1200.00	34392
柴油	t	0.86	1800.00	4200.00	2400.00	2064
汽油	t	0.47	2000.00	4500.00	2500.00	1175
板枋材	m³	1.50	1100.00	1500.00	400.00	600
小计	元					40767
税金	元					1313
总计	元					42080

表 9-6 ××跌水工程主要材料差价表

材料名称及规格	单位	数量	定额取定价	实际预算价	差价	合计（元）
水泥 32.5	t	130.56	250.00	255.00	5.00	653
中砂	m³	254.42	40.00	40.00	0.00	0
碎石	m³	314.64	40.00	44.00	4.00	1259
块石	m³	633.28	40.00	48.00	8.00	5066
钢筋	t	0.21	2500.00	3700.00	1200.00	252
柴油	t	0.03	1800.00	4200.00	2400.00	72
汽油	t	0.01	2000.00	4500.00	2500.00	25
板枋材	m³	0.48	1100.00	1500.00	400.00	192
小计	元					7519
税金	元					242
总计	元					7761

第三节 施 工 预 算

一、概述

1. 施工预算的概念

施工预算是施工企业内部根据施工图纸、施工措施及施工定额编制的惟一能够确定建筑安装工程在施工过程中所需要控制的人工、材料、施工机械台班消耗限额的数据文件。一般来说，这个消耗的限额不能超过施工图预算所限定的数额，这样企业的经营才能收到效益。

2. 施工预算的作用

（1）施工预算是编制施工作业计划的依据。施工作业计划是施工企业计划管理的中心环节，也是计划管理的基础和具体化。编制施工作业计划，必须依据施工预算计算的单位工程或分部分项工程的工程量、构配件、劳力等进行有计划管理。

（2）施工预算是施工单位向施工班组签发施工任务单和限额领料的依据。施工任务单是把施工作业计划落实到班组的计划文件，也是记录班组完成任务情况和结算班组工人工资的凭证。

（3）施工预算是计算超额奖和计算计件工资、实行按劳分配的依据。施工预算是企业进行劳动力调配，物资技术供应，组织队伍生产，下达施工任务单和限额领料单，控制成本开支，进行成本分析和班组经济核算以及"二算"对比的依据。施工预算和建筑安装工程预算之间的差额，反映了企业个别劳动量与社会劳动量之间的差别，能体现降低工程成本计划的要求。

施工预算所确定的人工、材料、机械使用量与工程量的关系是衡量工人劳动成果，计算应得报酬的依据。它把工人的劳动成果与劳动报酬联系起来，很好地体现了多劳多得，少劳少得的按劳分配原则。

（4）施工预算是施工企业进行经济活动分析的依据。进行经济活动分析是企业加强经营管理，提高经济效益的有效手段，经济活动分析，主要是应用施工预算的人工、材料和机械台班数量等与实际消耗量对比，同时与施工图预算的人工、材料和机械台班数量进行对比，分析超支、节约的原因，改进操作技术和管理手段，有效地控制施工中的消耗、节约开支。

通常把施工预算、施工图预算和竣工结算统称为施工企业进行施工管理的"三算"。

二、施工预算的编制依据

1. 施工图纸

施工图纸和说明书必须是经过建设单位、设计单位和施工单位会审通过的，不能采用未经会审通过的图纸。

2. 施工定额及补充定额

包括全国建筑安装工程统一劳动定额和各部、各地区颁发的专业施工定额。凡是已有施工定额可以参照使用的，应参考施工定额编制施工预算中的人工、材料及机械使用费。在缺乏施工定额的情况下，可按有关规定自行编排补充定额。施工定额是编制施工预算的基础，也是施工预算与施工图预算的主要差别之一。

3. 施工组织设计或施工方案

由施工单位编制详细的施工组织设计，据以确定应采取的施工方法、进度以及所需的人工材料和施工机械，作为编制施工预算的基础。

4. 有关的手册、资料

例如，建筑材料手册，人工、材料、机械台班费用标准等。

三、施工预算的编制方法

编制施工预算的方法有实物法和实物金额法。

1. 实物法

实物法的应用比较普遍。它是根据施工图和说明书按照劳动定额或施工定额规定计算工程量，汇总、分析人工和材料数量，向施工班组签发施工任务单和限额领料单。实行班组核算，与施工图预算的人工和主要材料进行对比，分析超支、节约原因，以加强企业管理。

2. 实物金额法

实物金额法是根据实物法编制施工预算的人工和材料数量分别乘以人工和材料单价，求得直接费，或根据施工定额规定计算工程量、套用施工定额单价，计算直接费。其实物量用于向施工班组签发施工任务单和限额领料单，实行班组核算。直接费与施工图预算的直接费进行对比，以改进企业管理。

四、编制施工预算的注意事项

编制施工预算和编制施工图预算的步骤相似。首先应熟悉设计图纸及施工定额，对施工单位的人员、劳力、施工技术等有大致了解；对工程的现场情况，施工方式、方法要比较清楚；对施工定额的内容，所包括的范围一般了解。为了便于与施工图预算相比较，标准施工预算时，应尽可能与施工图预算的分部分项项目相对应。在计算工程量时所采用的计算单位要与定额的计量单位相适应。具备施工预算所需的资料，并已熟悉了基础资料和施工定额的内容后，就可以编制施工预算。

表 9-7   施工图预算和施工预算的区别

序号	项 目	施工图预算	施工预算
1	编制时间不同	施工图设计阶段	施 工 阶 段
2	依据的定额不同	预算定额	施工定额
3	用途不同	①是编制施工计划的依据 ②是用来签订承包合同 ③是工程价款结算的依据 ④是进行经济核算和考核依据	①是施工企业内部管理的依据 ②是下达施工任务和限额领料的依据 ③是劳动力、施工机械调配的依据 ④是进行成本分析和班组经济核算的依据
4	编制单位不同	设计单位编制	施工单位编制
5	投资额不同	＜ 概算 ＞ 施工预算	＜ 施工图预算
6	预备费大小不同	基本预备费率为 3％～5％	不列预备费或按合同列部分预备费
7	编制精度不同	按施工图工程量计算（不用细部结构指标）	按施工图工程量计算（不用细部结构指标）

五、施工预算和施工图预算区别与对比

施工预算和施工图预算是两个不同概念性的预算，前者属于企业内部生产管理系统，后者属于对外经营管理系统。它们所表示的内容也不一样，前者是以分部分项所消耗的人工、材料、机械的数量来表示的，而后者则以货币形式直接表示的。施工预算、施工图预算不同之处，详见表 9-7。施工预算和施工图预算对比是建筑企业加强经营管理的手段，通过对比分析，找出节约、超支的原因，研究解决措施，防止人工、材料和机械费的超支，避免发生计划成本亏损。

第十章　水利水电工程竞争性投标报价的编制

第一节　建设工程招标与投标

一、招标投标的基本概念

所谓招标投标，是在市场经济条件下进行大宗货物的买卖、工程建设项目的发包与承包，以及服务项目的采购与提供时，所采用的一种交易方式。招标与投标是一种商品交易行为，是交易的两个方面。招标是招标人在招标过程中的行为，投标则是投标人在招投标过程中的行为，最终的行为结果是产生招标人与投标人之间的合同关系。

在招投标过程中，除"招标"、"投标"的概念外，"开标"、"评标"和"中标"也是较为重要的概念。

开标是指招标人在规定的地点和时间，在有投标人出席的情况下，当众拆开标书，宣读投标人的名称、投标价格和投标价格的有效修改等主要内容的过程。

评标是指招标人按照招标文件的要求，由招标小组或专门的评标委员会，对各投标人所报的投标资料进行全面审查、择优选定中标人的过程。评标是一项比较复杂的工作，要求有生产、质量、检验、供应、财务、计划等各方面的专业人员参加，对投标人的投标方案从质量、价格、工期等方面进行综合分析和评比。

中标是指招标人以中标通知书的形式，正式通知投标人已被择优录取。这对于投标人来说就是中了标；就招标人来说，就是接受了投标人的标。

为了规范招标投标活动，保护国家利益、社会公共利益和招标投标活动当事人的合法权益，我国颁布了《中华人民共和国招标投标法》，并于2000年1月1日开始施行。

二、招标投标的特征

1. 平等性

招标投标的平等性，应从商品经济的本质属性来分析，商品经济的基本法则是等价交换。招标投标是独立法人或其他组织之间的经济活动。按照平等、自愿、互利的原则和规范的程序进行，双方享有同等的权利和义务，受到法律的保护和监督。招标方应为所有投标者提供同等的条件，让他们展开平等的竞争。

2. 竞争性

招投标的核心是竞争，按规定每一次招标必须有三家以上投标，这就形成了投标者之间的竞争，他们以各自的实力、信誉、服务、报价等优势，战胜其他的投标者。此外，在招标人与投标者之间也展开了竞争，招标人可以在投标者中间"择优选择"，有选择就有竞争。

3. 开放性

正规的招标投标活动，必须在公开发行的报刊杂志上刊登招标广告，打破行业、部门、地区甚至国别的限制，打破所有制的封锁、干扰和垄断，在最大限度的范围内让所有符合条件的投标者前来投标，进行自由竞争，招标活动具有较高的透明度。

三、招标类型

（一）按项目招标的方式分

1. 公开招标

公开招标又称为无限竞争性招标，是指招标人以招标公告的方式邀请非特定法人或者其他组织投标。即招标人按照法定程序，在国内外公开出版的报刊或通过广播、电视、网络等公共媒体发布招标广告，凡有兴趣并符合广告要求的供应商、承包商，不受地域、行业和数量的限制均可以申请投标，经过资格审查合格后，按规定时间参加投标竞争。

这种招标方式的优点是：招标人可以在较广的范围内选择承包商或供应商，投标竞争激烈，择优率更高，有利于招标人将工程项目交予可靠的供应商或承包商，并获得有竞争性的商业报价，同时也可以在较大程度上避免招标活动中的贿标行为。因此，在国际上政府采购通常采用这种方式。但其缺点是：准备招标、对投标申请者进行资格预审和评标的工作量大，招标时间长，费用高。同时，参加竞标的投标者多，每个参加者中标的机会越少，风险越大，损失的费用也就越多，而这种费用的损失必然反映在标价上，最终由招标人承担。而且有可能出现故意压低投标报价的投机，承包商以底价挤掉对报价严肃认真而报价较高的承包商。因此采用这种招标方式时，业主要加强资格预审，认真评标。

2. 邀请招标

邀请招标也称有限竞争性招标，是指招标人以投标邀请书的形式邀请特定的法人或者其他组织投标。招标人向预先确定的若干家供应商、承包商发出投标邀请函，就招标工程的内容、工作范围和实施的条件等作出简要的说明，请他们来参加投标竞争。被邀请的单位同意参加投标后，从招标人处获取招标文件，并在规定的时间内投标报价。

采用邀请招标方式时，邀请对象应以 5～10 家为宜，至少不应少于 3 家，否则就失去了竞争意义。与公开招标相比，其优点是不发招标广告，不进行资格预审，简化了招标程序，因此，节约了招标费用和缩短了招标时间。而且由于招标人对投标人以往的业绩和履约能力比较了解，从而减少了合同履行过程中的承包商违约的风险。邀请招标不履行资格预审程序，但为了体现公平竞争和便于招标人对各投标人的综合能力进行比较，仍要求投标人按招标文件中的有关要求，在投标书内报送有关资质资料，在评标时以资格后审的形式作为评审的内容之一。

邀请招标的缺点是：由于投标竞争的激烈程度较差，有可能提高中标的合同价；也有可能排除了某些在技术上或报价上有竞争力的供应商、承包商参与投标。与公开招标相比，邀请招标耗时短，花费少，对于采购标的额较少的招标来说，采用邀请招标比较有利。另外，有些项目专业性强，有资格承接的潜在投标人较少，或者需要在短时间内完成投标任务等，也不宜采用公开招标的方式，而应采用邀请招标的方式。

3. 议标

议标亦称非竞争性招标或称指定性招标。这种方式是业主邀请一家，最多不超过两家承包商来直接协商谈判。实际上是一种合同谈判的形式。这种方式适用于工程造价较低，工期紧，专业性强或军事保密工程。其优点是可以节约时间，容易达成协议，迅速开展工作。缺点是无法获得有竞争力的报价，而且易出现幕后交易。我国的招标投标法未将议标作为一种招标方式予以规定。

各种招标方式在选择承包商的程序上有较大差异。公开招标与邀请招标在程序上的差异：一是使承包商获得招标信息的方式不同；二是对投标人资格审查的方式不同。但均要通过招标、开标、评标、定标程序选择实施单位，最后与之签定承包合同。而议标则没有开标、评标程序。

（二）按工程建设业务范围分

1. 工程建设全过程招标

是从项目建议书开始，包括可行性研究，设计任务书，勘测设计，设备和材料的询价与采购，工程施工，生产准备，投料试车，直到竣工和交付使用，这一建设全过程实行招标。其前提是项目建议书已获批准，所需资金已经落实。

2. 勘测设计招标

是工程建设项目的勘测设计任务向勘测设计单位招标。其前提是设计任务书已获批准，所需资金已经落实。

3. 材料、设备供应招标

是工程建设项目所需全部或主要材料、设备向专门的采购供应单位招标。其前提是初步设计已获批准，建设项目已被列入计划，所需资金已落实。

4. 工程施工招标

是工程建设项目的施工任务向施工单位招标。其前提是工程建设计划已被批准，设计文件已经审定，所需资金已落实。

（三）按工程的施工范围分

（1）全部工程施工招标。全部工程施工招标就是招标单位把建设项目的全部施工任务作为一个"标底"进行招标。这样，建设单位只与一个承包单位（或集团）发生关系，合同管理工作较为简单。

（2）单项或单位工程招标。

（3）分部工程招标。

（4）专业工程招标。

上述后三种招标方式是把整个工程分成若干单位工程、分部工程或专业工程分别进行招标和发包。这样可以发挥各承包单位的专业特长，合同比第一种方式容易落实，风险小。即使出现问题，也是局部的，容易纠正和补救。

（四）按照招标的区域分

按招标的区域可分为国际招标、国内招标和地方招标三种。

国际招标需要有外汇支付手段。利用外资和世界银行贷款的工程就具有国际招标的必要条件。而且，世界银行也规定必须实行国际招标。

国际招标是通过向世界银行一百多个成员国及瑞士的承包商发出招标通告，挑选世界上技术管理水平高、实力雄厚、信誉好的承包商来参加工程的建设。例如，我国云南鲁布革水电站引水隧洞工程采用国际招标，有13个国家的23家厂商提交了资格预审申请，经预审后有8家外国承包商单独与我国施工企业组成联营公司参加竞争投标，结果日本大成公司因标价比标底还低44％而中标。

我国绝大多数工程建设项目，都实行国内招标。根据工程大小和技术难度的不同，可以在国内、省内、地区内甚至市县范围内招标。

第二节　竞争性投标报价

一、竞争性投标报价编制的基本思路

在编制工程的竞争性投标报价时，一般都要用下面的概念公式进行计算：

工程报价 = 本企业完成拟建项目实际成本的估计 + 加价

准确的估计本企业完成招标工程项目的实际成本是正确报价的基础。成本估计过高报价没有竞争力，而估价过低则高出部分的成本只能用加价来补偿，在竞争激烈加价较低的情况下很容易造成工程亏损。

企业的盈利是靠报价中的加价来体现的，很显然，加价过高会失去中标的机会，而加价过低，即使中标也不会产生很大的利润。如果一个公司承揽了大量的工程而不能盈利，这样的公司很难发展，甚至会走向倒闭。

事实上，加价多少的确定是一个非常困难的决策，有很大的风险性。只有认真地研究和分析竞争态势及竞争对手的情况，才能做出科学的判断与决策。

二、投标报价的工作程序

投标报价工作可看作是从决定参加投标开始直到招标人代表正式认可或拒绝该报价为止的一个过程。工程报价的工作内容繁多，工作量大，而时间往往十分紧迫，因而必须遵照一定的工作程序，周密考虑，统筹安排，使估价工作有条不紊、紧张而有效地进行。其工作程序如图 10-1 所示。

三、参加投标的决定与机会选择

（一）对投标机会的评估

承包人取得招标信息后，应该作出是否参加投标的决策。参加投标的决策包括三方面的内容：

（1）是否参加投标？

（2）如果参加投标应制定什么策略？报价应该是多少？

（3）如果投标机会不止一个，在企业资源有限或时间较紧时，应优先考虑哪个项目？

每参加一个工程的投标都意味着承包人一定的人力和财力的消耗。决定参加工程投标，对承包人来说是一项重要的决策。承包人必须根据投标的费用、投标成功的可能性和完成工程的各种风险来权衡可能获得的利润及是否参加投标。

初步评估的问题主要包括：

（1）拟建工程的真正可能性如何？何时兴建？

（2）工程建在何处？

（3）本公司对该项目的施工是否熟悉？

（4）谁为该项目提供资金？

（5）有多少竞争者参加？

（6）这些竞争者都是谁？

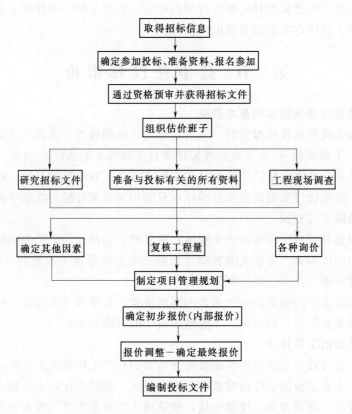

图 10-1 工程投标报价的工作程序

（7）本公司对招标人是否有良好的体验？

（8）工期有多长？在这个新的地区用于工程开工的财务开支是否合算？

（9）该工程所含风险能否得到充分补偿？

要作出决策，决策者的才能和经验非常重要，但光凭经验或直觉，很难保证作出科学的决策，运用某些决策工具能起到较好的辅助作用。

（二）投标报价前必须掌握的信息

投标具有较大的冒险性，有时，一流的投标人中标概率也只是 10％～20％，而且中标后要想实现利润也面临着种种风险因素。这就要求投标人必须获得尽量多的招标信息，并尽量详细地掌握与项目实施有关的信息，尽可能做到知己知彼，这样才能在竞争中最大限度地取得成功，中标后在实施项目中避免亏损，并从长远观点着眼，争取更多的盈利。随着市场竞争的日益激烈，如何对取得的信息进行分析，关系到投标人的生存和发展。信息竞争将成为投标人竞争的焦点。承包人在投标前必须掌握的信息包括以下几方面：

（1）招标人投资的可靠性。工程投资资金是否已到位，必要时应取得对招标人资金可靠性的调查；建设项目是否已经批准。

（2）招标人是否有与工程规模相适应的经济技术管理人员，有无工程管理的能力、合同管理经验和履约的状况如何。委托的监理公司的经验、能力和信誉。

（3）招标人是否有明显的授标倾向。

（4）投标项目的技术特点：

1）工程规模、类型是否适合投标人。

2）气候条件、水文地质和自然资源等条件是否符合投标人技术专长。

3）是否存在明显的技术难度。

4）工期是否过于紧迫。

（5）投标项目的经济特点：

1）工程款支付方式。

2）预付款的比例。

3）允许调价的因素、规费及税金信息。

4）金融和保险的有关情况。

（6）投标竞争形势分析：

1）根据投标项目的性质，预测投标竞争形势。

2）预计参与投标的竞争对手的优势和其投标的动向。

3）竞争对手的投标积极性。

（7）投标条件及迫切性：

1）可利用的资源和其他有利条件。

2）投标人当前的经营状况、财务状况。

（8）本企业对投标项目的优势：

1）是否需要较少的开办费用。

2）是否具有技术专长及价格优势。

3）类似工程承包经验及信誉。

4）资金、劳务、物资供应、管理等方面的优势。

5）项目的社会效益。

6）与招标人的关系是否良好。

7）投标资源是否充足。

8）是否有理想的合作伙伴联合投标，是否有良好的分包人。

（9）对分包人与材料设备供应商情况的判断：

1）分包人与材料设备供应商的报价。

2）分包人的经验和信誉。

3）分包人与材料设备供应商的财务状况。

（10）投标项目风险分析：

1）民情风俗、社会秩序、地方法规、政治局势。

2）社会经济发展形势及稳定性、物价趋势。

3）与工程实施有关的自然风险。

4）招标人的履约风险。

5）延误工期罚款的额度大小。

6）投标项目本身可能造成的风险。

对上述各项信息的分析，可协助估价人员进行估价及为投标决策者进行科学、合理的投标决策提供依据。

（三）影响投标成功的因素

在竞争性投标中，所有参与竞争的承包人都是经过审定合格的承包人，但工程只能授予报价最低或最合理的承包人。因此，只有非常有竞争力的报价才能投标成功。

影响投标成功的因素很多，可归纳为以下几个方面：标价估算的准确性；加价的水平和差异；市场条件；竞争程度；公司的实力与规模；招标人的因素。

1. 投标估算的准确性

在投标估算时，需要估价人员作出许多定量和定性的分析。这些分析可以依据已有记录的数据、经验、主要的市场条件和大量的其他因素。

如果所有参加投标的公司估价准确水平都很高的话，那么选择施工方案、采购材料、挑选分包人等技巧对于决定谁是最有能力从而也就是最经济的承包人将起着重要的作用。如果估价准确性低，会大大增加报价的风险。不切实际的盲目压价很可能得到的是亏损的合同。在当前的转轨时期有两种措施可帮助提高估价的准确性：一种方式是选择合适的工程报价计算机辅助软件来改进价格估算；另一种方式是引进高水平的估价人员或对公司内现有从事估价的人员进行培训。如果所有的公司都配备了称职的估价人员，则综合估价准确性就会提高。

2. 加价的水平与差异

报价数字是由直接成本和加价组合而成的。如前所述，加价是在估算成本中加上一笔用于公司管理费、风险费和利润的金额。产生加价差异的原因之一，是由于各个投标人对于各项费用的估价和计算方法互不相同。

另一个加价差异的原因是由于事实上加价是以估算的工程成本为依据的。这样，估算成本中的任何差异或误差就会在加价额度中反映出来。所以，许多公司都采用绝对数而不采用百分比来估算加价。

3. 市场条件

（1）从行业范围看，市场条件包括下列因素：①所有工程的订单总数；②每个产业部门的工程订单总数；③预期将来的订单数；④现行的及预期的政府政策与法规；⑤投入的价格水平及资金费用。

（2）从公司范围看，则还要包括下列评估：①当地的、全国的乃至国际的投标机会；②竞争者的活动能力；③在建工程的工程量。

目前还没有一种普遍接受的方法可以用来定量地确定市场条件对投标价格的影响。

4. 竞争程度

竞争程度作为决定性的因素，对一个承包人的投标成功与否显然是一个极为关键的因素。但对建筑产品的需求下降时，由于市场中潜在的投标商数量很多，因而竞争程度就会加剧。这只不过是对市场压力的一种反映。

现行的投标机制是相当简单的，它是在估价的准确性和招标人数之间或者相互影响的一种功能。许多投标商投一项合同，就把最大的获标机会给予了一家估价最低或较低的承包人。通过战胜众多投标人而获得的合同是不大可能有丰厚的盈利的，这在研究部门和一些承包人的资料中均有详细的记载。

5. 公司实力与规模

由于承包人的性质及其前期历史等原因，每一家公司在不同类型的工程和公司实力方面都具有自己独特的竞争能力。不同的竞争程度，造成了一些公司对某些产业部门的工程或者某些类型的工程各有专长或偏爱。从以前实施过的工程中得到的具体的经验使得这些公司在参加类似的工程投标时处于有利的地位。另外，这些公司的库房里可能就有该工程需要的各种专用施工设备。

公司的组织结构和管理风格也会影响公司的实力。具有高度现代化的总部管理程序并采用系统化和有条不紊的现场监控技术的公司，就能够在降低管理费的基础上进行经营，因而也就减少了分摊给每项工程的管理费回收额。

6. 招标人因素

根据国外承包人的经验数据表明，招标人对承包人经济效益的影响范围大致在10％～15％。因此，报价人员必须分析下述两种情况：

1）招标人资金来源和信誉情况。一般认为，如果项目是世界银行贷款或政府拨款以及一些有影响的金融组织贷款的，招标人资金来源比较可靠，风险较小，标价可适当降低；如果是私营企业或个人出资，应慎重分析其资金来源情况及资金是否及时可靠，并且最后的标价宜高一些。

2）招标人经验和信誉。了解他们是否有丰富的施工经验，项目管理水平如何，是否有刁难承包人的历史等。

（四）改进估价和提高竞争优势的策略

在国际市场上，人们一直对通过竞争性投标获得最低的工程商业价格的公平合理性给予肯定。这就使得竞争性投标持续处于获得工程承包权的主要手段。

承包人为了持续开展业务并获得适当的收益，其报价必须低于其他竞争者但又必须高到足以包含本公司施工成本、管理费和利润。要想把投标过程可变因素弄清楚，是一件很困难的工作。为了确保估价准确可靠，使投标报价有足够强的竞争力和较低的风险，承包人应采取如下行动：改进为估价人员提供数据的工作；监视竞争对手的工作状况；检查加价对成功率变化的敏感性；改进对风险的评估。

1. 改进数据提供工作

估价过程依赖于估价人员对许多因素的评估和设想。因此，估价人员的知识水平和判断力对于估价的准确性极为重要。凡是有助于估价人员作出决定的任何方法，对公司的投标成功都是有利的。

在传统上，标价估算是通过使用统一的预算定额和其他有关规定来完成的。这些定额和规定中除包含定额子目所需要的资源以及定额消耗量之外，还包括劳动力预算价格的计算、材料预算价格的计算、施工机械台班预算价格的计算、冬雨期施工补偿费用的计算等。在自主报价的情况下，这些定额和价格应采用投标人自己实际的数据进行计算。即应建立自己的企业定额和采用市场价格。

随着计算机的普及与发展，计算机辅助估价系统已经得到了普遍的应用，这些估价系统配置了结构完善的数据库，用来帮助估价人员工作。这些估价系统还能快速而精确地完成各种令人厌烦的运算。

计算机辅助估价系统的信息储存与检索功能能够极大地改善估价人员进行估价、提高制定决策的工作速度和效率。

关于估价准确性的提高，主要是由于计算机系统利用规定程序按照结构化方式组织各种数据。用量指标文件中含有不同类别的工人、施工设备以及材料的企业定额消耗量。支持消耗量指标文件的数据管理系统是专门用来给估价人员提供计算时需要的最新的准确消耗量数据。定额管理系统保证其所提供的"定额数据"对不同的估价人员和不同的合同都是一致的。这就使所用的数据具有更高的可靠性，并使承包人内部对定额数据中包括哪些因素和不包括哪些因素有更好的理解。在估价人员认为需要做一些修改时，该系统还能保证及时修改有关的信息，并保证不会使这些数据"丢失"、"漏掉"或"遗忘"。因此，有了这些定额数据管理系统，就大大地提高了所用定额数据的可靠性。

施工数据文件含有以单价为基础的各种组合数据，其中包括一般重复施工的分项工程所需要的各种资源及其利用率。用一组代码把这些组合数据记录下来，可使估价人员能够找到所需要的组合数据。在这些组合数据中，包含有关完成各个分项工程所需要的人工、设备和材料的配置，以及与其相关的产量等数据，一般都是取用本公司自己的估算数据。因此，这样精心组合起来的施工数据就具有较高的可靠性和一致性。

2. 监视竞争对手的工作状况

竞争对手的情况是影响承包人报价的重要的因素之一，根据一些资料可以预测对手的报价及报价策略。表 10-1 提供了一些经验数据供参考。

表 10-1　　　　　　　　　竞争对手可能的报价水平及报价策略

序　号	信　息　资　料	报价水平及策略
1	(1) 本年度有项目 (2) 本年度无项目	不急于投标，采用低标可能性较小。 急于承揽任务，采用低标甚至保本投标
2	(1) 年内项目已近尾声，但经济效益不好。 (2) 年内项目已近尾声，但经济效益较好，并拥有机具、模板、脚手架等剩余生产工具	其报价水平偏上，不想冒风险，以免"雪上加霜"。 往往采用低标或保本水平，在实施中求效益
3	(1) 实力较弱，规模较小 (2) 实力雄厚，规模较大	复杂工程一般不投标。 简单的小工程力求中标。 对大型复杂工程中标心切。 对小工程兴趣不大
4	进入本地区第一次投标	低价中标，树立信誉，以后求发展。 高价试标，摸清当地报价水平

所有的承包人都应监视其竞争对手的投标工作状况。这种监视活动包括收集各个竞争对手对于每一项本公司也曾参加过投标的工程报价，记录哪些公司拥有较多的合同，以及尽可能获取任何有用的价格等信息。

在许多竞争性投标中，所提交的报价是要公布的。任何投标人只要努力，一般都能够估计出每个竞争对手报价的有关数据。这样，投标人就可以把自己曾经报出的标价或基本估价同其他投标人的报价进行比较。这样搜集到的表示每个投标人估价变化程度的数据，只不过是当前市场发展趋势的一般规律，除此之外，就没有多大用处。投标人所做的比较，应该是将自己的估价或报价同获胜标价或平均标价进行比较。

（1）投标人的估价同获胜标价比较。如果将投标人的估价同获胜标价进行比较（获胜标价与本公司估价之比），就可以看出，该投标人估价中的加价应该降低多少才能接近获胜标价。由于各个估价均有差异，因此，只用一项合同的数据做比较是毫无用处的。通过对若干个合同进行比较，计算出这些比例，可以表明市场趋势。不过，这种趋势如果没有其他辅助信息资料，还不能作为行动的依据。

（2）投标人的估价同平均标价比较。在统计学家的术语中，"获胜标"是一个非稳定的典型统计量。如果认为竞投同一个合同的五家或六家报价都属于"可能获标"的分布范围，并把本公司的估价同最低标价进行比较时，则应采用差异最大的数据来作比较。另一个方法是把本公司的估价同所有这些报价的平均价进行比较。经计算得出的平均价是一个比较稳定的典型统计量。因此，用平均价来检验本公司的估价（平均价与本公司估价之比），可以更准确地表明本公司的估价是如何随着市场趋势而变动的。然而，总是报价最低者赢得投标。因此，就需要计算第二个典型统计量，即平均价和最低标价的平均差额。由于平均价与最低价之间的差额随投标商的数目而异，所以需要按不同数目的投标商，即按三家、四家、五家或六家投标商分别计算平均值。

（3）获胜标价与第二最低标价的差额。如果一家公司在竞争中赢标，则所计算的统计量就是获标公司的标价与第二最低标价之间的差额。这是另一个用来衡量承包人的相应竞争报价趋向的统计量，它同上述1）和2）中计算的典型统计量是同样适用的。

人们常说，一旦赢得一项合同，必须立即进行检查，找出错误所在。获胜标价与第二最低标价之间的差距很大，就表明确实存在重大错误。这正是需要提高估价的质量、可靠性、一致性与准确性的又一个理由。

3. 成功率对加价变化的敏感性

搜集到大部分参加投标竞争的有关数据之后，承包人就有可能注意到如果采取某些其他投标策略将会发生什么情况。

在加价与成功率之间显然存在着某种关系。加价增大就会降低成功率。有时会有这样的建议：增大加价金额并采取参加更多的合同投标的方法来抵偿成功率的减小。这种建议也许有其可靠的理论依据，但是，它只是在工程合同特别多的情况下才适用，而且也只是在已经知道成功率对加价变化的敏感性的条件下才适用。如果把一些承包人合同中的加价加以调整，再计算出新的可能获标的数目，就可以看出改变投标策略的效果。例如，如果把所有大额合同中的加价减少1％，还能多获几项合同？如果把所有小额合同中的加价增加2％，又会失掉几项合同？

采用这种方法处理报价数据可使承包人深入了解其投标工作同竞争对手的对比情况。

4. 改进对风险的评估

风险因素可按下列各项进行评估：资金风险、地区风险、合同风险、业务风险、施工风险、合营风险、招标人风险、竞争风险等。

必须对资金的来源与可靠性进行审慎的研究。对工程的所在地区，不仅从施工方面，而且从经济、政治、文化、风俗等各方面的考虑，也都有很多关系。凡是工程合同条款采用的是公认的标准合同，则风险就会明显少于采用发包人自行制订的合同格式的风险。承包人打算承担类型不同于以往承担过的业务，则风险程度就大。反之，如果承包人对于有关业务非常熟悉，则风险程度就显著降低。

即使是一项很简单的工程，也还会有施工风险。必须对工程的规定工期和可能获得的必要资源作出风险评估。如果期望同另一家公司组成合营公司，则必须对这家公司应付该工程的商务制约条件的经验和能力进行仔细审查。对于招标人过去的历史，诸如处理各项业务的公正性和付款记录等方面也必须进行调查。竞争激烈程度和竞争者的大致数目也都必须予以详细的考虑。

工程风险因素的补偿费用可以采取参加保险的方法；获取政府机构合法帮助的方法；或者简单地增大加价使之包含各项应急费用的方法加以解决。这三种方法往往是结合起来使用的。

第三节　工程估价方法

一、工程估价的概念

工程估价是指在施工总进度计划、主要施工方法和资源安排确定之后，承包人根据自身实际的消耗水平，结合工程询价结果，对完成招标工程所需要的各项费用进行分析计算，并提出承建该工程的初步报价。工程估价是正确地确定投标报价的基础。

二、工程估价的内容与原则

（一）估价的主要内容

（1）研究招标文件，熟悉施工图纸及招标人对报价的要求，进行现场调查。

（2）了解施工方案、施工进度计划、资源配备及现场平面布置情况。

（3）搜集确定计价依据，进行工程询价。

（4）计算或复核工程量。

（5）进行工程单价分析，计算建筑安装工程报价表。

（6）计算其他用费。

（7）报价汇总，计算工程投标的初步报价（内部报价）。

（二）估价的原则

工程估价最基本的原则是按实估算和合理补偿成本，不考虑其他因素，不涉及投标决策问题。

（三）工程估价的组成

工程估价是为投标报价服务的，其具体的费用组成应视工程内容及招标文件要求而定。一般以单位工程为单位进行。

（四）工程估价方法的分类

根据单位工程费确定方式不同，工程估价方法可分为单价法、实物量法及其他的一些快速估价方法。

（1）单价法，亦称单位估价法。采用这一方法编单位工程造价，要先求出各分项工程单位产品的价格，然后分别乘以各分项工程的工程量并汇总得到工程的报价。工程单价包括完成单位分项工程所需的人工费、材料费、机械使用费、管理费、利润和税金，有时还可能包括风险金。

（2）实物量法。指在计算单位工程造价时，先计算出单位工程需要的全部人工、材料和机械台班的实际用量，然后再分别乘以各种人工、材料、机械台班的预算价格，汇总后即为单位工程的直接费。管理费、利润、税金等可以此为基础按照一定的费率进行计算。

对于水利水电工程一般都用单位估价法。

（五）单位估价的编制方法

1. 定额估价法

定额估价法是通过借助消耗量定额来确定工程人、材、机的消耗量，进而对工程进行估价的方法。定额估价的关键是要建立能体现企业个别成本的可靠的企业定额标准。如果采用统一的定额计算，则应根据实际情况对工、料、机消耗量进行调整。应当注意的是即使采用企业定额也应根据具体情况对与实际不一致部分的定额消耗量进行调整。

表10-2为定额估价法编制工程单价的一个实例。

2. 作业估价法

作业估价法是先估算出总工作量、分项工程的作业时间和正常条件下劳动人员、施工机械的配备，然后计算出各项作业持续时间内的人工和机械费用。

定额估价法是以定额消耗标准为依据，并不考虑作业的持续时间，在有些工程中，机械用量较多，机械使用不均衡，使某些机械使用存在搁置现象，但由于其工艺特点，即使施工组织设计合理，也无法取消这种现象，这样就使按定额消耗标准估价与实际存在偏差。比如钻孔灌注桩一般钻孔时间比较长，在网络计划中是关键工序，而钢筋笼安装和水下混凝土灌注由于工艺要求必须在短时间内完成。这样就造成汽车式起重机和混凝土搅拌机存在搁置现象，但这段时间仍要计算租赁费。为保证估价的正确性和合理性，在这种情况下需采用作业估价法进行计算。

作业估价法应用相当普遍，尤其是在那些广泛使用网络计划方法编制施工作业计划的企业中。作业估价法计算的具体步骤为：①研究施工图纸和招标文件、技术规范以及当地水文、地质、气象等施工条件来计算工程量；②确定施工方法，选择施工机械；确定合理的施工人员组合及施工机械配套；③划分施工段，确定施工顺序和各工作之间的逻辑关系；④根据施工人员或班组生产率及施工机械生产率计算工作量；⑤根据工期要求，初步确定劳动力需要量和施工机械数量，计算各分项工程作业持续时间；⑥绘制工程进度网络图；根据工期要求和资源情况，进行网络调整和优化确定实施性网络计划图；⑦根据实施性网络计划确定劳动力、施工机械等资源配备；⑧根据网络计划，确定人工工日消耗量和机械台班消耗量，并计算人工费和施工机械使用费；⑨依据材料消耗定额计算出材料消耗量并求出材料费；⑩汇总求出直接费单价；⑪计算其他各项费用，汇总后得到工程单价。

表 10-2　　　　　　　　　　工 程 单 价 分 析 表

单价号		1001001			定额编号	7-71
项目名称		坝基砂砾石帷幕灌浆 0.5t/m			定额单位	100m
工作内容		钻孔、制浆、灌浆、封孔、检查孔钻孔及灌浆、孔位转移				
序号	资源编号	费用名称	单位	单价	单位用量	金额（元）
（一）		直接工程费				681589.17
1		直接费				622455.86
（1）		人工费				107400.00
	3001	工长	工时	60	134.0000	8040.00
	3002	高级工	工时	50	806.0000	40300.00
	3003	中级工	工时	40	671.0000	26840.00
	3004	初级工	工时	30	1074.0000	32220.00
	3005	合计	工时		2685.0000	
（2）		材料费				27000.16
	7	合金钻头	个	600	20.9000	12540.00
	126	铁砂钻头	个	300	20.9000	6270.00
	116	合金片	kg	0.5	0.5700	0.28
	125	铁砂	kg	2	0.6600	1.32
	78	水泥	t	200	24.4700	4894.00
	123	粘土	t	0	24.4700	0.00
	51	水	m³	1	840.0000	840.00
	999	其他材料费	%		10.0000	2454.56
（3）		机械费				497816.81
	4283	地质钻机 300 型	台时	388.85	532.0000	206868.20
	4268	灌浆泵 中压泥浆	台时	287.92	355.0000	102211.60
	4275	泥浆搅拌机	台时	240.56	355.0000	85398.80
	4269	灰浆搅拌机	台时	145.22	355.0000	51553.10
	4001	胶轮车	台时	210.12	200.0000	42024.00
	4800	其他机械费	%		2.0000	9761.11
（4）		其他费用 3.6%				22759.81
2		其他直接费 2.5%				15561.40
3		现场经费 7%				43571.91
（二）		间接费 7%				47711.24
（三）		利润 7%				51051.03
（四）		税金 7%				54624.60
（五）		工程单价				834976.04

投标人：（章）

投标人法人代表：

投标时间：

228

【例 10-1】 某工程从工程量清单中汇总得 C25 混凝土量共 6 万 m³，计划以 18 个月的平均速度进行作业。现确定用于浇筑混凝土的设备如表 10-3 所示。计算浇筑混凝土的直接费单价。

表 10-3　　　　　　　　　　　某工程现浇混凝土用设备表

机械类型	数　量	18 个月的租赁费（元/台）	利用率（%）	总　价（元）
混凝土搅拌机（20m³/h）	1	2470176	100	247016
混凝土输送车（6m³）	2	961680	100	1923360
塔式起重机（Q=30t）	1	2646948	30	794084
振动器	6	18120	100	108720
合　计				5296340

解：（1）计算机械费。根据表 10-3，浇筑每立方米混凝土的机械使用费为

$$5296340/60000 = 88.27（元 /m³）$$

（2）计算浇筑混凝土人工费。设浇筑混凝土应配备 10 人，人工工资单价 30 元，每天可完成 90 m³，养护每天 2 人，需养护 7d，则

$$人工费 = 30 \times (10+2\times 7)/90 = 8（元 /m³）$$

（3）计算混凝土的材料费。C25 混凝土配合比单价计算见表 10-4。

表 10-4　　　　　　　　　　某工程 C25 碎石混凝土的配合比单价计算

材　料	单　位	单　价	用　量	合　价
水泥砂浆	T	220	0.384	84.48
黄　砂	m³	30	0.346	10.38
碎石 20～40mm	m³	30	0.973	29.19
水	m³	2	0.18	0.36
合　计				124.41

（4）浇筑混凝土的直接费单价为

$$人工费 + 材料费 + 机械费 = 8+124.41+88.27 = 220.68（元 /m³）$$

3. 匡算估价法

对于某些分项工程的直接费单价的估算，估价师可以根据以往的实际经验或有关资料，直接估算出分项工程中人工、材料和机械台班的消耗量或费用，从而估算出分项工程的直接费单价。采用这种方法，估价师的实际经验直接决定了估价的正确程度。因此，往往适用于工程量不大、所占费用比例较小的那些分项工程项目。

（六）估价方法的选择

我们在前面介绍的每种估价方法都有其特点和适用范围。工程估价时，应根据招标人

的要求，各分部分项工程项目的特征及投标人的习惯确定具体的估价方法，或同时采用多种方法进行估价。

就单位工程而言，一般应计算其各分部分项工程的工程量，用单位估价法计算其工程造价。但对于小型的专业承包的项目，也可按实物量法先算出其人工、材料、机械台班的总用量后，直接计算工程造价。

如果把一个项目的各分项工程按费用大小顺序排列可以发现，往往较少比例（20%）的分项工程累计金额却包含了合同工程款的绝大部分（约80%）。因此，也可根据不同分项工程的重要程度及其具体特点，分别采用不同工料消耗量确定方法。对于重点项目应采用定额估价法或作业估价法等较为准确的估价方法，而对于合价较低的项目则可采用较为粗略的框算法或快速估价法。

第四节　投标决策与报价技巧

一、投标决策的含义

承包商通过投标取得项目，是市场经济条件下的必然。但是，作为承包商来说，并不是每标必投，这里有个投标决策的问题。所谓投标决策，包括三方面内容：其一，针对项目招标是投标还是不投标；其二，倘若去投标，是投什么性质的标；其三，投标中如何采用以长制短，以优胜劣的策略和技巧。投标决策的正确与否，关系到能否中标和中标后的效益，关系到施工企业的发展前景和职工的经济利益。因此，企业的决策班子必须充分认识到投标决策的重要意义，把这一工作摆在企业的重要议事日程上。

二、投标决策阶段的划分

投标决策可以分为两阶段进行。这两阶段就是投标决策的前期阶段和投标决策的后期阶段。

投标决策的前期阶段必须在购买投标人资格预审资料前后完成。决策的主要依据是招标广告，以及公司对招标工程、业主的情况的调研和了解的程度，如果是国际工程，还包括对工程所在国和工程所在地的调研和了解的程度。前期阶段必须对投标与否做出论证。通常情况下，应放弃的招标项目投标为：①本施工企业主管和兼营能力之外的项目；②工程规模、技术要求超过本施工企业技术等级的项目；③本施工企业生产任务饱满，而招标工程的盈利水平较低或风险较大的项目；④本施工企业技术等级、信誉、施工水平明显不如竞争对手的项目。

如果决定投标，即进入投标决策的后期阶段；它是指从申报资格预审至投标报价（封送投标书）前完成的决策研究阶段。主要研究倘若去投标，是投什么性质的标，以及在投标中采取的策略问题。

按性质分，投标有风险标和保险标；按效益分，投标有盈利标、保本标和亏损标。

（1）风险标。明知工程承包难度大、风险大，且技术、设备、资金上都有未解决的问题，但由于队伍窝工，或因为工程盈利丰厚，或为了开拓新技术领域而决定参加投标，同时设法解决存在的问题，即是风险标。投标后，如问题解决的好，可取得较好的经济效益，可锻炼出一支好的施工队伍，使企业更上一层楼；解决的不好，企业的信誉、效益就会受到损害，严重者可能导致企业亏损以至破产。因此，投风险标必须谨慎从事。

（2）保险标。对可以预见的情况从技术、设备、资金等重大问题都有了解决的对策之后再投标，谓之保险标。企业经济实力较弱，经不起失误的打击，则往往投保险标。当前，我国施工企业多数都愿意投保险标，特别是在国际工程承包市场上投保险标。

（3）盈利标。如果招标工程既是本企业的强项，又是竞争对手的弱项；或建设单位意图明确；或本企业任务饱满，利润丰厚，才考虑让企业超负荷运转时，此种情况下的投标，称投盈利标。

（4）保本标。当企业无后继工程，或已经出现部分窝工，必须争取中标。但招标的工程项目，本企业又无优势可言，竞争对手又多，此时，就是投保本标，至多投薄利标。

（5）亏损标。亏损标是一种非常手段，一般是在下列情况下采用，即：本企业已大量窝工，严重亏损，若中标后至少可以使部分人工、机械运转，减少亏损；或者为在对手林立的竞争中夺得头标，不惜血本压低标价；或是为了在本企业一统天下的地盘里，为挤跨企图插足的竞争对手；或为打入新市场，取得拓宽市场的立足点而压低标价。以上这些，虽然是不正常的，但在激烈的竞争中有时也这样做。

三、影响投标决策的主观因素

"知己知彼，百战不殆"。工程投标决策研究就是知己知彼的研究。这个"己"就是影响投标决策的主观因素，"彼"就是影响投标决策的客观因素。

投标或是弃标，首先取决于投标单位的实力。实力表现在如下几方面。

1. 技术方面的实力

（1）有精通本行业的估算师、建筑师、工程师、会计师和管理专家组成的组织机构。

（2）有工程项目设计、施工专业特长，能解决技术难度大和各类工程施工中的技术难题的能力。

（3）有国内外与招标项目同类型工程的施工经验。

（4）有一定技术实力的合作伙伴，如实力强的分包商、合营伙伴和代理人。

2. 经济方面的实力

（1）具有垫付资金的能力。如预付款是多少？在什么条件下拿到预付款？应注意国际上，有的业主要求"带资承包工程"、"实物支付工程"，根本没有预付款。所谓"带资承包工程"，是指工程由承包商筹资兴建，从建设中期或建成后某一时期开始，业主分批偿还承包商的投资及利息，但有时这种利率低于银行贷款利息。承包这种工程时，承包商需投入大部分工程项目建设投资，而不止是一般承包所需的少量流动资金。所谓"实物支付工程"，是指有的发包方用该国滞销的农产品、矿产品折价支付工程款，而承包商推销上述物资而谋求利润将存在一定难度。因此，遇上这种项目须要慎重对待。

（2）具有一定的固定资产和机具设备及其投入所需的资金。大型施工机械的投入，不可能一次摊销。因此，新增施工机械将会占用一定资金。另外，为完成项目必须要有一批周转材料，如模板、脚手架等，这也是占用资金的组成部分。

（3）具有一定的资金周转用来支付施工用款。因为，对已完成的工程量需要监理工程师确认后经过一定手续、一定的时间后才能将工程款拨入。

（4）承担国际工程尚须筹集承包工程所需外汇。

（5）具有支付各种担保的能力。承包国内工程需要担保，承包国际工程更需要担保，不仅担保的形式多种多样，而且费用也较高，诸如投标保函（或担保）、履约保函（或担保）、预付款保函（或担保），缺陷责任期保函（或担保）等。

（6）具有支付各种纳税和保险的能力。尤其在国际工程中，税种繁多，税率也高，诸如关税、进口调节税、营业税、印花税、所得税、建筑税、排污税以及临时进入机械押金等等。

（7）由于不可抗力带来的风险。即使是属于业主的风险，承包商也会有损失；如果不属于业主的风险，则承包商损失更大，要有财力承担不可抗力带来的风险。

（8）承担国际工程往往需要重金聘请有丰富经验或有较高地位的代理人，以及其他"佣金"，也需要承包商具有这方面的支付能力。

3. 管理方面的实力

建筑承包市场属于买方市场，承包工程的合同价格由作为买方的发包方起支配作用。承包商为打开承包工程的局面，应以低报价甚至低利润取胜。为此，承包商必须在成本控制上下功夫，向管理要效益。如缩短工期，进行定额管理，辅以奖罚办法，减少管理人员，工人一专多能，节约材料，采用先进的施工方法不断提高技术水平，特别是要有"重质量"、"重合同"的意识，并有相应的切实可行的措施。

4. 信誉方面的实力

承包商一定要有良好的信誉，这是投标中标的一条重要标准。要建立良好的信誉，就必须遵守法律和行政法规，或按国际惯例办事；同时认真履约，保证工程的施工安全、工期和质量。

四、决定投标或弃标的客观因素及情况

1. 业主和监理工程师的情况

业主的合法地位、支付能力、履约信誉；监理工程师处理问题的公正性、合理性等，也是投标决策的影响因素。

2. 竞争对手和竞争形势的分析

是否投标，应注意竞争对手的实力、优势及投标环境的优劣情况。另外，竞争对手的在建工程情况也十分重要。如果对手的在建工程即将完工，可能急于获得新承包项目心切，投标报价不会很高；如果对手在建工程规模大、时间长，如仍参加投标，则标价可能很高。从总的竞争形势来看，大型工程的承包公司技术水平高，善于管理大型复杂工程，其适应性强；可以承包大型工程；中小型工程由中小型工程公司或当地的工程公司承包可能性大。因为，当地中小型公司在当地有自己熟悉的材料、劳力供应渠道；管理人员相对比较少；有自己惯用的特殊施工方法等优势。

3. 法律、法规的情况

对于国内工程承包，自然适用本国的法律和法规。而且，其法制环境基本相同。因为，我国的法律，法规具有统一或基本统一的特点。如果是国际工程承包，则有一个法律适用问题。法律适用的原则有 5 条：

（1）强制适用工程所在地法律的原则。

（2）意思自治原则。

（3）最密切联系原则。

（4）适用国际惯例原则。

（5）国际法效力优于国内法效力的原则。

其中，所谓"最密切联系原则"是指把与投标或合同有最密切联系的因素作为客观标志，并以此作为确定准据法的依据。至于最密切联系因素，在国际上主要有投标或合同签订地法律、合同履行地法律、法人国籍所属国的法律、债务人住所地法律、标的物所在地法律、管理合同争议的法院或仲裁机构所在地的法律等。事实上，多数国家是以上述诸因素中的一种因素为主，结合其他因素进行综合判断。

如我国规定："工程承包合同，适用工程所在地法律。"

如很多国家规定，外国承包商或公司在本国承包工程，必须同当地的公司成立联营体才能承包该国的工程。因此，我们对合作伙伴需作必要的分析，具体来说是对合作者的信誉、资历、技术水平，资金、债权与债务等方面进行全面分析，然后再决定投标还是弃标。

又如外汇管制情况。外汇管制关系到承包公司能否将在当地所获外汇收益转移回国的问题。目前，各国管制法规不一，有的规定：可以自由兑换、汇出，基本上无任何管制；有的规定，则有一定限制，必须履行一定的审批手续；有的规定，外国公司不能将全部利润汇出，而是在缴纳所得税后其剩余部分的50%可兑换成自由外汇汇出，其余50%只能在当地用作扩大再生产或再投资。这是在该类国家承包工程必须注意的"亏汇"问题。

4. 风险问题

在国内承包工程，其风险相对要小一些，对国际承包工程则风险要大得多。

投标与否，要考虑的因素很多，需要投标人广泛、深入地调查研究，系统地积累资料，并作出全面的分析，才能使投标作出正确决策。决定投标与否，更重要的是它的效益。投标人应对承包工程的成本、利润进行预测和分析，以供投标决策之用。

五、报价技巧

报价技巧是指投标人在投标报价中采用的让招标人可以接受，中标后又能获得更多的利润的投标手段，也是一种投标艺术。当然，在投标报价时，投标人主要应该在先进合理的技术方案和较低的投标价格上下功夫，以争取中标。但是还有其他一些手段对中标及中标后的盈利有辅助性的作用，尤其在竞争激烈的情况下，灵活地运用这些手段，能在一定程度上提高报价的竞争力。

1. 不平衡报价法

不平衡报价法是指一个工程项目的投标报价，在总价基本确定后，如何调整内部各个项目的报价，以期既不提高总价，不影响中标，又能在结算时得到更理想的经济效益。

（1）能够早日结算的项目，如前期措施费、基础工程、土石方工程等可以报得较高，以利资金周转。后期工程项目等的报价可适当降低。

（2）经过工程量核算，预计今后工程量会增加的项目，单价适当提高，这样在最终结算时可多赚钱，而将来工程量有可能减少的项目单价降低，工程结算时损失不大。

但是，上述两种情况要统筹考虑，即对于清单工程量有错误的早期工程，如果工程量不可能完成而有可能降低的项目，则不能盲目抬高单价，要具体分析后再定。

（3）设计图纸不明确，估计修改后工程量要增加的，可以抬高单价，而工程内容说不清楚的，则可以降低一些单价。

（4）暂定项目又叫任意项目或选择项目，对这类项目要作具体分析。因这一类项目要开工后由发包人研究决定是否实施，由哪一家投标人实施。如果工程不分包，只由一家投标人施工，则其中肯定要施工的单价可高些，不一定要施工的则应该低些。如果工程分包，该暂定项目也可能由其他投标人施工时，则不宜报高价，以免抬高总报价。

（5）单价包干的合同中，招标人要求有些项目采用包干报价时，宜报高价。一则这类项目多半有风险，二则这类项目在完成后可全部按报价结算，即可以全部结算回来。其余单价项目则可适当降低。

（6）有时招标文件要求投标人对工程量大的项目报"清单项目报价分析表"，投标时可将单价分析表中的人工费及机械设备费报得较高，而材料费报得较低。这主要是为了在今后补充项目报价时，可以参考选用"清单项目报价分析表"中较高的人工费和机械费，而材料则往往采用市场价，因而可获得较高的收益。

（7）在议标时，投标人一般都要压低标价。这时应该首先压低那些工程量少的单价，这样即使压低了很多单价，总的标价也不会降低很多，而给发包人的感觉却是工程量清单上的单价大幅度下降，投标人很有让利的诚意。

（8）在其他项目费中要报工日单价和机械台班单价，可以高些，以便在日后招标人用工或使用机械时可多盈利。对于其他项目中的工程量要具体分析，是否报高价，高多少有一个限度，不然会抬高总报价。

2. 多方案报价法

有时招标文件中规定，可以提一个建议方案。如果发现有些招标文件工程范围不很明确，条款不清楚或很不公正，技术规范要求过于苛刻时，则要在充分估计风险的基础上，按多方案报价法处理。即是按原招标文件报一个价，然后再提出如果某条款作某些变动，报价可降低的额度。这样可以降低总造价，吸引招标人。

投标人这时应组织一批有经验的设计和施工工程师，对原招标文件的设计方案仔细研究，提出更合理的方案以吸引招标人，促成自己的方案中标。这种新的建议可以降低总造价或提前竣工。但要注意的是对原招标方案一定也要报价，以供招标人比较。

增加建议方案时，不要将方案写得太具体，保留方案的技术关键，防止招标人将此方案交给其他投标人，同时要强调的是，建议方案一定要比较成熟，或过去有这方面的实践经验。因为投标时间往往较短，如果仅为中标而匆忙提出一些没有把握的建议方案，可能引起很大不良后果。

3. 突然降价法

报价是一件保密的工作，但是对手往往会通过各种渠道、手段来刺探情报，因此，用此法可以在报价时迷惑竞争对手。即先按一般情况报价或表现出自己对该工程兴趣不大，到快要投标截止时才突然降价。采用这种方法时，一定要在准备投标报价的过程中考虑好降价的幅度，在临近投标截止日期前，根据信息情况分析判断，再做最后决策。采用突然降价法往往降低的是总价，而要把降低的部分分摊到各清单项内，可采用不平衡报价进行，以期取得更高的效益。

4.先亏后赢法

对于大型分期建设的工程,在第一期工程投标时,可以将部分间接费分摊到第二期工程中去,并减少利润以争取中标。这样在第二期工程投标时,凭借第一期工程的经验,临时设施以及创立的信誉,比较容易拿到第二期工程。如第二期工程遥遥无期时,则不可以这样考虑。

5.开标升级法

在投标报价时把工程中某些造价高的特殊工作从报价中减掉,使报价成为竞争对手无法相比的低价。利用这种"低价"来吸引招标人,从而取得与招标人进一步商谈的机会,再商谈过程中逐步提高价格。当招标人明白过来当初的"低价"实际上是个钓饵时,往往已经在时间上招标人处于谈判弱势,丧失了与其他投标人谈判的机会。利用这种方法时,要特别注意在最初的报价中说明某项工作的缺项,否则可能会弄巧成拙,真的以"低价"中标。

6.许诺优惠条件

投标报价附带优惠条件是行之有效的一种手段。招标人评标时,除了主要考虑报价和技术方案外,还要分析别的条件,如工期、支付条件等。所以在投标时主动提出提前竣工、低息贷款、赠给施工设备、免费转让新技术或某种技术专利、免费技术协作、代为培训人员等,均是吸引招标人、利于中标的辅助手段。

7.争取评标奖励

有时招标文件规定,对某些技术指标的评标,若投标人提供的指标优于规定指标值时,给予适当的评标奖励,有利于竞争中取胜。但要注意技术性能优于招标规定,将导致报价相应上涨,如果投标报价过高,即使获得评标奖励,也难以与报价上涨的部分相抵,这样评标奖励也就失去了意义。

8.无利润投标法

此方法有以下几种情况:

(1)对于分期建设的项目,先以低价获得首期项目,而后赢得机会创造第二期工程中的竞争优势,并在以后的实施中赚得利润。

(2)某些施工企业其投标的目的不在于从当前的工程上获利,而是着眼于长远的发展。如为了开辟市场、掌握某种有发展前途的工程施工技术等。

(3)在一定的时期内,施工单位没有在建的工程,如果再不得标,就难以维护生存。所以,在报价中可能只要一定的管理费用,以维持公司的日常运转,渡过暂时的难关后,再图发展。

9.预备标价法

工程招标的全过程也是施工企业互相竞争的过程,竞争对手们总是随时随地互相侦察对方的报价动态。而要做到报价绝对保密又很难,这就要求参加投标报价的人员能随机应变,当了解到第一报价对己不利时,可用预备的标价投标。如石塘水电站的招标,水电第十二工程局于开标前一天带着高中低三个报价到达杭州后,就千方百计通过各种渠道了解投标者到达的情况,及可能出现的对手情况。直到截止投标前10分钟,他们发现主要竞争对手已放弃投标,立即决定不用最低报价。同时又考虑到第二竞争对手的竞争力,决定放弃最高报价，选择了中标报价，结果成为最低标，为该局中标打下了基础。

第五节 工程报价分析

一、投标总价的计算

在每个单位工程的分部分项工程报价，措施项目报价及其他项目报价计算完成后，即可汇总计算单位工程费、单项工程费及工程项目总报价（即内部报价）。内部报价计算主要让投标人对标价心中有数，以便作出准确的报价决策。内部报价的确定为报价决策提供科学依据。

二、标价的评估及分析

（一）标价评估

内部报价计算完成后，还必须对标价进行评估分析，包括对标价计算的正确性与合理性进行审查，进行盈亏分析和风险分析，预测出按内部标价投标时可能获得利润的幅度，并据以提出可能的低标价和可能的高标价，供决策者选择。

标价评估的目的是使投标班子对标价心中有数，以便作出报价决策。由于市场经济条件下标价计算的非标准性，对高、低标价的评估不可能十分准确，但毕竟要比凭个人主观愿望而盲目压价或层层加码要科学。

标价的计算、评估、调整能够较好地体现投标人的投标与经营管理水平。

（二）标价的盈余分析

标价的盈余分析一般从以下几个方面进行：

（1）效率分析。实际上是对所采用的定额消耗量水平进行分析，包括人工工效、材料消耗、施工机械效率的分析，能否采取措施降低消耗量，达到降低成本的目的是分析的重点之一。为降低资源消耗，提高报价的竞争力，可由有经验的人员有针对性地对工程项目进行价值分析。由于占全部分项工程 10％～20％ 的一些主要分项工程，其成本约占全部分项工程的 60％～80％，因此应选择前 10％～20％ 的项目作为价值分析重点对象，以提高效率和减少分析的工作量。对工程项目来说，应从以下两个途径提高产品的价值：

1）功能不变，降低成本（如在不影响质量的前提下降低资源消耗）。

2）功能有所降低（但必须满足招标文件规定的质量要求），但能带来成本的大幅度下降（如选择替代材料）。

（2）价格分析。对劳动力、不同来源的材料设备价格、机械台班（时）价格三方面进行分析。主要分析大宗材料、永久设备、施工机械等的价格，价格分析涉及面很广，应从招标文件规定的物资供应渠道等多方面分析各种价格能否降低。上述价格降低主要取决于资源选择、供应方式、市场价格变动幅度与趋势、分包报价及税收等因素。

（3）费用分析。即对管理费、临时设施费等进行逐项分析，重新核实，找出有无潜力可以挖掘。

（4）其他方面。如保证金、保险费、贷款利息、维修费等方面均可复核，找出其有潜力可挖之处。

经过上述分析，最后得出总的估计盈余总额，但要考虑实际不可能百分之百的实现，尚需乘以一定的修正系数，一般取 0.5～0.7（估价准确时取小值；反之，取大值），据以测出可能的低标价，即：

$$低标价 = 基础标价 -（估计盈利 \times 修正指数） \tag{10-4}$$

（三）标价亏损分析

亏损分析是对因作价时考虑不周，可能少估或低估，以及施工中可能出现质量问题和施工延期等因素可能带来的损失进行预测。主要有以下几个方面：

（1）工资方面；

（2）材料、设备价格方面；

（3）质量问题；

（4）作价失误；

（5）招标人或监理工程师方面的问题；

（6）不熟悉当地法律、手续所发生的罚款等；

（7）自然条件方面；

（8）施工管理不善造成损失；

（9）管理费失控等。

以上亏损估计总额，同样也要乘以修正系数 0.5～0.7（估价准确时取小值，反之，取大值），并据此求出可能的高标价，即：高标价＝基础标价＋（估计亏损×修正系数）。

必须注意的是，在亏损分析中，要把有关的影响因素划分清楚，考虑时切勿重复或漏项，以免影响标价的高低。

（四）标价的风险分析

在工程承包过程中都存在一定的风险，标价风险分析就是要对影响标价的风险因素进行进一步的分析评价，对风险的危险程度和发生概率作出合理的估计，并研究避免或减少风险的有效对策与措施。有经验的承包人往往能把风险降低到最小程度，以争取获得最大的利润。表 10-5 列出了解决部分主要风险的对策，是国外一些承包人的经验总结。

表 10-5　　　　　　　　　　　　风　险　及　对　策

风　险　来　源	种　　类	风　险　对　策
1. 工期长、规模大、投资多、技术复杂等方面 2. 施工条件、现场地质、地理环境等方面	有形风险	1. 做好可行性研究，慎重选择项目 2. 规模较大的项目实行联合投标 3. 实施工程保险 4. 适当提高有关分项的单价 5. 签订公正合理、利于自己的合同 6. 减少固定资产投资
3. 当地社会政局、经济秩序等方面 4. 承包市场、金融市场等方面 5. 延期付款、实物兑换等结算条件方面 6. 承包人实力、经营状况等方面	有形风险或商业风险	1. 重视对世界政治经济形势的研究 2. 准确预测汇率的变动 3. 尽量争取硬通货结算的项目 4. 增列保值条款 5. 进行汇率保险 6. 储备货币实行多样化 7. 做好结算工作

对待风险，承包人不应"谈虎色变"，而应正确对待。风险不等于"危险"，风险也不一定会发生，风险大才会带来高报价、高额利润，风险小的项目利润也必然低。

（五）标价的敏感性分析

当构成标价的某些因素发生变化时，也会引起标价的变化，标价的敏感性分析就是计算分析某些因素的变化，测算标价变化的幅度，特别是这些变化对工程项目利润的影响。敏感性分析主要考虑延误工期、物价和工资上涨以及其他可变因素的影响，对各种价格构成因素的浮动幅度进行综合分析，从而为选定标书报价的浮动方向和浮动幅度提供一个科学的、符合客观实际的范围，并为盈亏分析提供量化依据，明确投标项目预期利润的受影响水平。

1. 延误工期的影响

由于承包人自身原因，如材料设备交货拖延、管理失误等造成工程中断、质量问题或导致返工等，所造成项目的工期延误，不但不能向招标人索赔，还可能因违约拖期而被罚款。而且由于工期延长，承包人可能会增大管理费用、劳务费、机械设备使用费以及资金成本。一般情况下，可以预测工期延长某一段时间，上述各项费用增大的数额及其总标价的比率。这种增大的开支部分需要用利润来弥补。因此，可以通过多次测算，得到工期最多拖延多久，可使利润全部丧失。

2. 物价和工资上涨的影响

通过调整标价计算中的材料设备和工资上涨系数，测算其对工程利润的影响。同时应对当地工程物资和工资的升降趋势和幅度进行切实调查，以便作出恰当判断。通过这一分析，可以得知投标利润对物价和工资上涨的承受能力。

3. 其他可变因素的影响

影响标价的可变因素很多，而有些是投标人所无法控制的，如贷款利率的变动，国家宏观政策及法规的变化等。通过分析这些可变因素的变化，可以了解投标项目预期利润的受影响水平。

（六）竞争性分析

投标人正面临的投标机会有各种不定因素，因而不能确切地知其竞争形势。但对过去的投标情况进行分析，则能提供很多有用的信息，有助于减少不肯定因素，作出最佳决策。而过去的投标情况，总是可以通过公开资料或相互交换情报的途径收集得到的。

进行竞争性分析，需要收集的信息数据有如下几种：①各项合同工程的性质和规模；②本公司估算的各项工程的直接成本；③每项合同工程的投标者数目；④竞争者（经常遇到的和其他竞争者）的报价分布情况，报高率各为多少；⑤最低报价分布情况，报高率各为多少。

根据以上信息，进行竞争性分析可包括如下几个方面内容：

（1）投标者数目与工程性质、规模和经济环境所造成的竞争形势有关经济繁荣，竞争形势就和缓，每项合同的竞争者就少；工程规模大，可能赢得利润高，吸引的竞争者也多。但工程规模越大，对承担工程的承包人资格（如履约保证金，取得信贷的能力）要求越高。因此，工程规模大到一定程度后，投标数目又会逐渐减少。另一方面，小规模工程又能吸引较小的承包人参加竞争。

例如，根据对100项规模在50万与1亿不等的工程项目投标情况统计表明，工程规模在 80 万元以下的小项目，平均有投标者 4.8 家；80 万～150 万元的有 7.1 家。这是因为规模过小，有些承包人对工程不感兴趣。而达到一定规模后，较小的承包人竞相参与竞争。规模在 100 万～500 万元者有 5.5 家；此后工程规模越大，竞争者越多；到超过 5000 万元以上，竞争者又逐渐减少。

对投标者数目与工程规模的关系进行分析，可以帮助投标人的决策人员在面临新的投标机会，且只知工程规模而不知道竞争者确切数目时，可以预测到近似的竞争者数目及可能的一部分具体竞争者。由此可以预见到竞争形势，从而对投标机会加以取舍，并以此作为确定报高率的重要参考。

（2）投标报价分布情况与中标机会。有经验的决策人，根据过去相当长一段时间内各投标工程项目的规模和投标者数目之间的关系进行分析，报高率和中标机会与可能得到的利润率是相关的。在面临新的投标机会时，如果竞争者不明，就可以采用典型竞争者竞争的投标策略。

如某企业两年内参加投标的项目投标数据表明，8％的投标报价在本企业估算的直接成本的 100％～105％之间，25％在 105％～110％之间，34％在 110％～115％之间，25％在 115％～120％之间，8％在 120％～125％之间。在这种"典型"的投标分布情况下，与一名"典型"竞争者竞争，若在报高率为 5％时，中标机会为 100％－8％＝92％，而报高率为 10％、15％、20％、25％时，中标机会分别为 67％（100％－8％－25％）、33％、8％、0。

报高率为 5％，中标机会为 92％，可能的利润为 $0.92 \times 0.05 = 0.046$，即 4.6％；报高率为 10％，中标机会为 67％，可能的利润率为 6.7％；报高率为 15％，中标机会为 20％，可能利润率为 3％；报高率为 20％，8％的中标机会，可能利润率为 1.6％。而报高率为 25％，其中标机会与利润率均为 0。从而可以看出，在这样的典型竞争条件下，最佳投标的报高率应在 10％左右。实际企业投标报价的情况远比此复杂得多，而且往往会有一部分投标报价在估算的直接成本以下，实际分析时需结合具体情况进行分析。

在与未明的对象竞争投标时，就可以用典型竞争者这一概念来大体预测可能获得的利润情况，对投标机会进行选择，确定最佳报高率。

（3）最低报价与次低报价间的差额。最低报价与次低报价两者间的差额说明最低报价还可以适当报高而仍能中标的限度。在某种情况下，它可以说明该项合同工程竞争激烈程度。但如果差额过大，特别是如果次低报价与更高报价间相差不远时，就有可能是因为最低报价的投标人估算上发生了错误。

经验表明，投标者的数目与差额平均百分比有关。一般情况，投标者增多，差额的百分比就会缩小。在平均差额百分比范围内，究竟还可以报高多少为好，可以用下例说明：如某项工程，其估算直接成本为 95 万元，在正常情况下最低报价为 100 万元，即可得 5 万元利润，如将报价提高 9％，增至 109 万元，如果中标，利润可增加到 14 万元，中标的可能性应该是报价为 100 万元时的 $5 \div 14 = 0.36$，即 36％，从而可能获得的利润机会为 $14 \times 0.36 = 5.04$（万元），高于原来的可能利润。将报价提高至 110 万元，中标率可能降到原来的 $5 \div 15 = 0.33$，即 33％，从而可能获得的利润机会为 $15 \times 0.33 = 4.95$（万元）。低于原来的利润，得不偿失。很明显，上例中的正常情况下，报价再提高 9％是合理的，高于此百分比则是不合理的。

第十一章 工程概预算的管理与动态控制

第一节 概预算的审查

一、审查的主要内容

(1) 审查概预算编制依据的合法性、时效性、编制适用范围。概预算文件必须符合国家的政策及有关法律、制度，坚持实事求是，遵守基本建设程序，不允许多要投资和硬留投资缺口。

(2) 概预算文件必须完整。设计文件内的项目不能遗漏、重复，设计外的项目不能列入。概算投资应包括工程项目从筹备到竣工投产的全部建设费用。

(3) 审查各项技术经济指标是否先进合理。可与同类工程的相应技术经济指标进行对比，分析高低的原因。

(4) 针对各项具体概预算表格审查。

二、审查的一般步骤

概预算的审查是一项复杂细致的工作，既要懂得设计、施工专业技术知识，又要懂得概预算知识，要深入现场调查，掌握第一手材料，使审批后的概预算更加确切。

(1) 做审查前的准备工作，掌握必要的资料。要熟悉图纸和说明书，弄清概预算的内容、编制依据和方法，收集有关的定额、指标和有关文件，为审查工作做好必要的准备。

(2) 进行对比分析，逐项核对。利用规定的定额、指标以及同类工程的技术经济指标进行对比，找出差距的原因。根据设计文件所列的项目、规模、尺寸等，与概预算书计算采用的项目、数据核对，根据概预算书引用的定额、标准与原定额、标准核对，找出差别或错漏。

(3) 调查研究。对于在审查中遇到问题，包括随着设计、施工技术的发展所遇到的新问题，一定要深入实际调查研究，弄清建筑的内外部条件，了解设计是否经济合理、概预算所采用的定额、指标是否符合现场实际等。

三、审查方法

由于工程的规模大小、繁简程度不同，设计施工单位情况也不同，所编工程概预算的繁简和质量水平也就有所不同。因此，参加审核概预算的人员应采用多种多样的审核方法，例如全面审核法、重点审核法、经验审核法、分解对比审核法以及用统筹法原理审核等，以便多快好省地完成审核任务。对大中型建设项目和结构比较复杂的建设项目，要采用全面审查的方法；对于一般性的建设项目，要区分不同情况，采用重要审查法和一般审查方法相结合的方法。下面以施工图预算的审查说明这些方法。

(1) 全面审核法。全面审核法是指按照全部施工图的要求，结合有关预算定额分项工程中的工程细目，逐一进行审核的方法。其具体计算方法和审核过程与编制预算时的计算方法和编制过程基本相同。从工程量计算、单价套用，直到计算各项费用，求出预算造价。全面审核法的优点就是全面、细致，所审核过的工程预算质量较高，差错较少，但工作量太大。

作为建设单位，对于一些工程量较小、工艺比较简单的工程，特别是由集体所有制建设队伍承包的工程，由于编制工程预算的技术力量较弱，并且有时缺少必要的资料，工程预算差错率较大，应该尽量采用全面审核法，逐一地进行审核。

（2）重点审核法。抓住工程预算中的重点进行审核的方法，称为重点审核法。

选择工程量或造价较高的项目进行重点审核。如水利水电枢纽工程中的大坝、溢洪道、厂房、泄洪洞、机电设备及金属结构设备等。

重点审核法进行审核的主要内容：

1）审核基础单价计算的正确性。其人工工资标准是否正确、是否与本地区的工资标准相符合、各数据引用是否准确、计算是否合理等，以及材料的来源、各材料预算价格的计算、施工单位或建设单位直接向厂家采购材料的手续费、运输工具的合理性等需要逐项进行审核。

2）审查工程单价是否正确。单价包括的内容是否重复、遗漏，引用定额是否正确，以及补充单价等应进行重点审核。在工程预算中，由于定额缺项，施工企业根据有关规定编制补充单价是经常发生的，审核预算人员应把补充单价作为重点，主要审核补充单价的编制依据和方法是否符合规定，材料用量预算价格组成是否齐全、准确，人工工日或机械台班计算是否合理等。

3）审查工程量准确性。审批时应抓住重点，例如，对工程量较大的挡水工程、厂房工程，主要安装工程要逐项核对，其他分项工程可作一般性的审查。要注意各工程的构件配件名称、规格、数量和单位是否与设计和施工的规定相符合。

4）各项费用标准。应根据有关规定查对，对采用费率计算的，例如直接费、间接费、计划利润、税金等应对计算基础费率标准进行逐一审查，防止错算和漏算。审查各项其他费用，尤其要注意土地征用费、移民安置费、库区淹没赔偿费等，是否符合国家和地方的有关规定，要进行实地调查。

重点审核法审核工程预算时，应灵活掌握审核范围。如发现问题较大较多，应扩大审查范围；反之，如没有发现问题，或者发现的差错很小，应考虑适当缩小审核的范围。此外，如果建设单位工程预算的审核力量相对来说较强，或时间比较充裕，则审核的范围可宽一些；反之，则应适当缩小。

采用重点审查法有时也可以抽查的方式进行。一个工程建设项目，可抽查几个主要单位工程，进行比较详细的重点审查，其他的就进行比较简单的审查。

重点审查的优点是对工程造价有影响的项目能得到有效的审查，使预算中可能存在的主要问题得以纠正。但未经审查的次要项目中可能存在的错误得不到纠正。

（3）分解对比审核法。一些单位工程，如果其用途、建筑结构和建筑标准都一样，在一个地区范围内，其预算单价也应基本相同，特别是采用标准设计工程更是如此。把一个单位工程，按直接费与间接费进行分解，然后再把直接费按工种工程和分部工程进行分解，分别与审定的标准预算进行对比分析的方法，称为分解对比审核法。

分解对比法的步骤：①全面审核某种建筑的定型标准施工图或复用施工图的工程预算，审核后作为审核其他类似工程预算的对比标准；②把上述已审定的定型标准施工图的工程预算分解为直接费和间接费（包括所有应取费用）两部分，再把直接费分解为各工种工程和分部工程预算，分别计算出它们的预算单价；③把拟审的同类型工程预算造价，先与上述审定的工程预算造价进行对比。如果出入不大，就可以认为本工程预算问题不大，不再审核；如果出入较大，譬如超过已审定的标准设计施工图预算造价的 1% 或少于 3%（根据本地区要求），再按分部分项工程进行分解，边分解边对比，哪里出入较大，就进一步审核哪一部分工程项目的预算价格。

分解对比审核的方法：①经过分解对比，如发现应取费用相差较大，应考虑承包企业的所有制及其取费项目和取费标准是否符合规定；材料调价所占的比重如何。如与作为对比标准的工程预算中的材料调价相差较大，则应进一步审核《材料调价统计表》，将表中的各种调价材料的用量、单位差价及其调整数等，逐项进行对比。如果发现某项出入较大（调价材料的单价差价应与规定的完全一致，数量应与审定的标准施工图预算基本一致），则需进一步查找该项目所差的原因。②经过分解对比，发现某一分部工程预算价格的差异较大时，就应进一步对比各项工程或工程细目。对比时，应首先检查所列工程细目多少是否一致，预算合价是否一致。对比发现相差较大者，再进一步查看所套用的预算单价，最后审核该项目工程细目的工程量。

对比审查法的优点是简单易行，速度快，适用于规模较小、结构简单的一般小工程，特别适合于一个采用标准施工图和复用施工图的工程。

（4）用统筹法原理审核工程量。任何工作都有自己的规律，编制与审核工程概预算也不例外。这个规律应该基本上反映编、审工程预算的特点，并能满足准确、及时地编审工程预算的需要。统筹法是一种先进的数学方法，运用统筹法原理可以方便地计算出主要工程量，据以核实工程预算中的工程量，从而加快审核工程预算的速度。

统筹法原理的最大特点，就是不完全按照预算定额中的分项工程顺序计算工程量，而是按下述顺序统筹计算出有关的工程量。

1）凡是有减与被减关系的工程细目，先计算应减工程量，后计算该分项工程工程量。

2）先计算可以作其他数据基数的数据，一个数据可以多次使用的，应连续使用，连续计算。例如，土建工程中外墙外边线（外包线）是一个基数，可以依据它计算出多项工程量，就要先计算它。

使用统筹法原理审核工程量，应遵守本地区预算定额中的工程量计算规则，必要时应编制本地区的计算项目和计算程序，以免产生差错。

第二节　施工过程中的造价管理

水利水电工程施工是将建设项目的规划、设计方案转为工程实体的过程。这个阶段是工程造价形成的主要过程，即是资金大量投入的阶段。因此，水利水电工程从施工准备到工程竣工，对建设资金的控制管理，在全过程造价管理中占有很重要的地位，直接影响到工程项目的效益。在实施阶段的工程造价管理的主要任务则是在保证实现工程项目总目标的前提下将实际工程造价控制在预测值之内及科学地使用建设资金。

　　无论是水利项目或者是水电项目，无论是以社会效益为主的公益性项目还是以经济效益为主的产业类项目，该阶段的工程造价管理，都可分为两个层次：第一个层次是投资主体与建设管理单位之间对投资的管理；第二个层次是建设管理单位与承包方之间对合同价的管理。

一、投资主体与建设管理单位之间对投资的管理

　　1996 年，国家计委就在《关于实行建设项目法人责任制的暂行规定》中明确规定：国有单位经营性基本建设大中型项目在建设阶段必须组建项目法人。2001 年 3 月，水利部又以（2001）74 号文颁发了《关于贯彻落实（国务院批转国家计委、财政部、水利部、建设部关于加强公益性水利工程建设管理若干意见的通知）的实施意见》，同样规定了项目主管部门应在可行性研究报告批复后，施工准备工程开工前完成项目法人组建。一般新建项目应按建管一体的原则组建，新组建的项目法人是该项目建设的责任主体，对项目建设的工程质量、工程进度、资金管理和生产安全负总责，并对项目主管部门负责。因此水利水电建设项目，都要实行项目法人责任制。只是由于项目性质和出资人的不同，两类项目的法人治理结构有所不同，其投资控制和管理的原则、方法应是大同小异的。下面我们按产业类实行项目法人责任制的一般建设项目来论述，第一个层次的投资管理主要应注意以下几个方面：

　　（1）投资主体首先要按现代企业制度精心组建高效、务实的项目法人。这是搞好项目建设的基础，也是合理控制工程造价的基础。

　　（2）项目法人必须有科学合理的法人治理结构。目前多数有限责任公司一般都成立董事会和监事会，但董事会成员多数是由投资方人员兼任，不拿报酬，也没有太多精力投入，难以尽责尽力。监事会也形同虚设，不能真正起到监督作用。因此投资方可以考虑设一部分带薪董事或聘几个独立董事来照料董事会日常工作和维护投资方权益，监事可能更加需要有带薪的和独立的。

　　（3）作为决策层的董事会与主持日常工作的经理层应责权明确，划分合理。基于水电建设项目一般地处偏僻山区，建设工期较长，受自然界的制约和外界影响较大，在工程建设过程中风险因素较多，很多事情往往需要当机立断迅速采取相应的对策，因此董事会必须赋予经理层足够的权力，特别是处置工地现场生产、经营方面事务的权力。当然，这并不影响重大问题要由董事会决策及经理层必须定期或不定期向董事会报告工作。

　　（4）董事会要督促经理层建立完善的规章制度，强调重在执行，只有这样才能实现科学化管理。内部要建立有效的激励与约束机制，奖罚分明。一方面要鼓励所有职工遵纪守法，清正廉洁，勤俭节约，克己奉公为企业做贡献；另一方面也要进行经济奖励使老实人不吃亏。要从制度上保证项目法人内部有一个良好的运行机制，营造一个良好的经营管理环境，才能使控制工程造价落到实处。

　　（5）采用静态控制动态管理的方法。由现代企业制度组建的项目法人与独立的建设单位有明显不同，因此项目法人与其建设管理单位之间不存在相互结算或概算投资包干的问题，只是监督、考核和奖惩。项目法人或董事会对建设管理单位在投资方面的控制可以采用静态控制动态管理的方法。

静态控制动态管理方法讲得完整一些，应该是静态控制、动态管理、总量不变、合理调整 16 个字。

1）静态控制，系指经设计单位以某一年价格水平计算的全部工程的静态投资经审查批准以后，即作为建设项目控制静态投资的目标，不允许突破。水利水电工程的静态投资一般包括枢纽工程、水库淹没处理补偿费等，其中枢纽工程部分一般又包括施工辅助工程、建筑工程、环境保护工程、机电设备及安装工程、金属结构设备及安装工程；水库淹没处理补偿费部分一般包括农村移民补偿费、集镇迁建补偿费、城镇迁建补偿费、专业项目复建补偿费、环境保护工程费、库底清理费；独立费用和基本预备费等。静态投资是工程实施阶段投资控制的核心部分。

2）动态管理，指在工程建设过程中，对动态部分投资进行控制和管理。动态投资包括静态总投资、物价涨跌和各种费用标准变化需增减的投资；工程建设中贷款需在建设期内支付的利息；以及工程利用外资时发生的汇率损益等。动态投资也是构成建设项目总造价的一个组成部分，因此对其控制和管理当然也是实施阶段投资控制的重要内容。这里必须承认动态部分投资主要受宏观经济的影响，其风险不是项目法人所能控制的，因此按一般惯例，动态的风险应主要由投资方承担。通常对项目发生的建设期贷款利息和汇率净损益以及由于费用标准变化而增减的投资是按实际财务支出数进行调整。而对于价格的调整却比较复杂、涉及面非常广，因此宜采用公式法进行调整。

3）总量不变、合理调整。指在建设过程中在保证静态投资控制在概算总额之内的前提下，允许项目法人有充分的权力进行一级及一级以下的工程项目之间的合理调整。因为概算终究仅仅是可行性研究（或初步设计）阶段预测的工程造价，由于受到设计深度和客观条件限制，能达到静态投资总量预测比较接近实际，但不可能做到概算中的每一项工程费用均与实际情况相吻合。出现有的项目投资可能有余、有的项目投资可能不够、有的价格可能偏高、有的价格可能偏低、有的项目可能取消、有的项目需要增列等情况是正常的、难以避免的现象，这就要求结合工程实际情况作必要的合理调整。

对建设项目实行"静态控制，动态管理"的方法，是适应从计划经济体制逐步向社会主义市场经济体制过渡的一种创新，是目前一种较好的管理办法。调价的原则（调价公式中所有的调价因子、权重以及其采用的价格水平年的基准价格及其价格的采集地点或单位等），要体现公平、公正、透明的原则，最大限度的避免人为因素的影响和减少繁复的计算及价格调整、审定工作，可以让项目执行层将更多的精力集中到项目的计划进度的协调、工程质量监控、工程投资的筹集控制与管理上，也有利于出资人或主管部门的宏观管理。

二、建设管理执行单位与各承包方之间对工程造价的管理

这个层次的工程造价控制和管理是项目实施阶段中的重点。

1. 编制业主预算

作为投资方或者项目法人，为了项目实施阶段的工程造价控制和管理，可以根据工程建设的需要，分标段编制业主内控预算或称为执行概算。所谓业主预算，就是设计概算审批以后，为了满足业主对工程造价控制和管理的要求，按总量控制、合理调整的原则，编制的一种供企业内部使用的预算，是在保持总量不变的前提下进行项目之间的合理调整。并在实施过程中跟踪工程进展和工程造价的各种变化趋势，采取应对措施，以化解和减轻各种风险影响，最终达到控制造价的目的。一般情况下，为便于对比和管理，业主内部预算的价格水平宜与设计概算的人、材、机等基础价格水平保持一致。

2. 全面实行招标承包制与监理制

工程招标投标制度，是业主在建筑市场上择优购买活动的总称。招标投标既然是建筑市场上建筑产品的交易方式，因此它必然会成为建筑经济和投资经济的微观运行活动在建筑市场上的交汇。经济学角度看，工程招标投标作为一种交易方式具有两大功能：一是解决业主和承包商之间信息不对称问题，即通过招标投标的方式使业主和承包商获得对方的信息；二是能够解决资源优化配置问题，即为业主和承包商相互选择创造条件，使业主和承包商获得双赢。这些功能使得招标投标制度在经济学上具有特殊意义，对市场竞争形成建筑产品价格有重要作用。总之，采取招标投标这一经济手段，通过投标竞争来择选定承包商，不仅有利于确保工程质量和缩短工期，更有利于降低工程造价，是造价控制的一个重要手段。

我国《招标投标法》明确规定，全部使用国有资金投资或国有资金投资占控股或者主导地位的，应当公开进行招标。水利部和国家电力公司为认真贯彻国务院关于 2001 整顿和规范市场经济秩序工作的精神，分别发出水建管（2001）248 号文《关于进一步整顿和规范建筑市场秩序的若干意见》和国电电源（2001）154 号文《关于进一步规范水电、火电建设项目招投标工作的通知》，重申水利和水电工程建设项目必须依法招标投标。国内外的实践证明，凡是严格按公平、公开、公正原则规范进行招投标的工程项目，不仅质量和工期更有保证，并且还可能降低采购成本。为了保障出资人的权益，必须依法全面实行招标采购，包括施工、设备、材料、设计、咨询、监理等的招标。

在实行工程招标承包制的同时必须全面实行工程监理制。工程建设监理是指监理单位可受项目业主（法人）的委托和授权，依据国家批准的工程项目建设文件、有关工程建设的法律、法规和采购合同，对工程建设实施的监督管理。

在水利水电工程中不仅仅是要在形式上全面实行工程监理制，而且要随着市场经济发育和规范，在培育专业监理市场、提高监理队伍素质和职业道德、充分发挥监理的作用方面大大提高一步。

3. 合同管理中的造价控制

在工程项目的全过程造价管理中，合同具有独特的地位。

（1）合同确定了工程实施和工程管理的主要目标，是合同双方在工程中进行各种经济活动的依据。

（2）合同一经签订，工程建设各方的关系都转化为一定的经济关系，合同是调节这种经济关系的主要手段。

（3）合同是工程过程中双方的最高行为准则。

（4）业主通过合同分解和委托项目任务，实施对项目的控制。

（5）合同是工程过程中双方解决争执的依据。

在工程实施阶段业主的合同管理工作，应当是围绕进度控制、质量控制、投资控制三个方面进行的。这三个方面的关系应当是：进度控制是中心，质量控制是根本，投资控制是关键，合同是三项控制的依据。合同管理中的投资控制，无疑是实施阶段工程造价控制的重要组成部分。在工程项目的规模和建设内容确定后，业主将负责组织招标投标，选择材料设备供应单位、施工承包单位、建设监理单位等；通过一系列的合同，与设计、施工、监理等各方建立起明确的合同关系。由于水利水电工程建设的特点，特别是工程实施阶段，业主与各方签订的合同不仅数量多，而且合同的性质和涉及的内容也有所不同。按建设项目实行项目法人责任制、工程监理制、招标承包制的模式，下面分别就项目法人、承包人、监理单位对施工合同的管理内容作简略介绍。

（1）项目法人的合同管理。工程开工前，依法向工程所在地的县级以上人民政府建设行政主管部门申请领取建筑工程施工许可证以及办理有关施工区征地和移民搬迁的手续；签订并落实工程施工所需要的场地、邮电通信、交通和物资运输、施工用电源、水源等合同；选定委托的监理单位及监理内容；签订勘察设计合同和年度供图计划；统筹运作资金并按合同规定适时办理支付手续以及工程所有其他各项款项；负责组织设计、施工、监理等单位人员按国家规定进行工程各阶段验收及完工验收工作，签发缺陷责任证书并按合同规定办理完工结算。

（2）监理单位的合同管理。监理单位与项目法人之间是委托与被委托的关系；与被监理单位是监理与被监理的关系。监理单位应按照"公正、独立、自主"的原则，开展工程建设监理工作，公平地维护项目法人和被监理单位的合法权益。

（3）承包方的合同管理。承包方作为施工合同的实施者，总的任务是按合同规定建成工程项目，并获得自己应该得到的合法利益。

第三节　竣工结算与竣工决算

工程竣工后，要及时组织验收工作，尽快交付投产，这是基本建设程序的重要内容。施工企业要按照双方签订的工程合同，编制竣工结算书，向建设单位并通过建设银行结算工程价款。建设单位应组织编写竣工决算报告，以便正确地核定新增固定资产价值，使工程尽早正常地投产运行。竣工结算与竣工决算是不同的概念。最明显的特征是：办理竣工结算是建设单位与施工企业之间的事，办理竣工决算是建设单位与业主（或主管部门）之间的事。竣工结算是编制竣工决算的基础。

一、竣工结算

工程竣工结算是指施工企业按照合同规定的内容全部完成所承包的工程，经验收质量合格，并符合合同要求之后，施工单位向发包单位结算工程价款的过程，通常通过编制竣工结算书来办理。

单位工程或工程项目竣工验收后，施工单位应及时整理交工技术资料，绘制主要工程竣工图，编制竣工结算书，经建设单位审查确认后，由建设银行办理工程价款拨付。因此，竣工结算是施工单位确定工程建筑安装施工产值和实物工程完成情况的依据，是建设单位落实投资额，拟付工程价款的依据，是施工单位确定工程的最终收入、进行经济核算及考核工程成本的依据。

1. 竣工结算资料

竣工结算资料包括：①工程竣工报告及工程竣工验收单；②施工单位与建设单位签订的工程合同或双方协议书；③施工图纸、设计变更通知书、现场变更签证及现场记录；④预算定额、材料价格，基础单价及其他费用标准；⑤施工图预算、施工预算；⑥其他有关资料。

2. 竣工结算书的编制

竣工结算书的编制内容、项目划分与施工图预算基本相同。其编制步骤为：

（1）以单位工程为基础，根据现场施工情况，对施工图预算的主要内容逐项检查和核对，尤其应注意以下三方面的核对：①施工图预算所列工程量与实际完成工程量不符合时应作调整，其中包括设计修改和增漏项而需要增减的工程量，应根据设计修改通知单进行调整；现场工程的更改，例如基础开挖后遇到古墓，施工方法发生某些变更等，应根据现场记录按合同规定调整；施工图预算发生的某些错误，应作调整。②材料预算价格与实际价格不符时应作调整。其中包括：因材料供应或其他原因，发生材料短缺时，需以大代小，以优代劣，这部分代用材料应根据工程材料代用通知单计算材料代用价差进行调整。材料价格发生较大变动而与预算价格不符时，应根据当地规定，对允许调整的进行调整。③间接费和其他费用，应根据工程量的变化作相应的调整。由于管理不善或其他原因，造成窝工、浪费等所发生的费用，应根据有关规定，由承担责任的一方负担，一般不由工程费开支。

（2）对单位工程增减预算查对核实后，按单位工程归口。

（3）对各单位工程结算分别按单项工程进行汇总，编出单项工程综合结算书。

（4）将各单项工程综合结算书汇编成整个建设项目的竣工结算书。

（5）编写竣工结算说明，其中包括编制依据、编制范围及其他情况。

工程竣工结算书编好之后，送业主（或主管部门）、建设单位等审查批准，并与建设单位办理工程价款的结算。

二、竣工决算

竣工决算是指在竣工验收交付使用阶段，由建设单位编制的建设项目从筹建到竣工投产或使用全过程实际支出费用的经济文件。是综合反映竣工项目建设成果和财务情况的总结性文件，也是办理交付使用的依据。基本建设项目完建后，在竣工验收前，应该及时办理竣工决算，大中型项目必须在六个月内，小型项目必须在三个月内编制完毕上报。

竣工决算应包括项目从筹建到竣工验收投产的全部实际支出费，即建筑工程费、设备及安装工程费和其他费用，它是考核竣工项目概预算与基建计划执行情况以及分析投资效益的依据，是总结基建工作财务管理的依据，也是办理移交新增固定资产和流动资产价值的依据，对于总结基本建设经验，降低建设成本，提高投资效益具有重要的价值。竣工决算报告依据《水利工程基本建设项目竣工财务决算报告编制规程》（SL19—2001）编制，对于大中型水力发电工程依据电力系统的规定执行。

1. 做好编制竣工决算前的工作

（1）做好竣工验收的准备工作。竣工验收是对竣工项目的全面考核，在竣工验收前，要准备整理好技术经济资料，分类立卷以便验收时交付使用。单项工程已按设计要求建成时，可以实行单项验收；整个项目建成并符合验收标准时，可按整个建设项目组织全面验收准备工作。

（2）要认真做好各项账务、物资及债权债务的清理工作，做到工完场清、工完账清。要核实从开工到竣工整个拨、贷款总额，核实各项收支，核实盘点各种设备、材料、机具，做好现场剩余材料的回收工作，核实各种债权债务，及时办理各项清偿工作。

（3）要正确编制年度财务决算。只有在做好上述工作的基础上，才能进行整个项目的竣工决算编制工作。

2. 竣工决算编制的内容

决算一般由竣工决算报告的封面及目录、工程的平面示意图及主体工程照片、竣工决算报告说明书、工程决算报表等四部分内容组成。其中说明书与决算表格是决算的核心内容。

（1）报告说明书。竣工决算报告说明书是总括反映竣工工程建设成果，全面考核分析工程投资与造价的书面文件，是竣工决算报告的重要组成部分，其主要内容包括：

1）工程概况。包括工程一般情况、建设工程、设计效益、主体建筑物特征及主要设备的特性、工程质量等，以及项目法人责任制、招投标制、建设监理制和合同管理制的实施情况。

2）概预算与工程计划执行情况。包括概预算批复及调整情况，概预算执行情况，工程计划执行情况，主要实物工程量完成、变动情况及原因。

3）投资来源：包括投资主体、投资性质及投资构成分析。

4）基建收入、基建结余资金的形成和分配等情况。

5）移民及土地征用专项处理等情况。

6）财务管理方面的情况。

7）项目效益及主要技术经济指标的分析计算。

8）交付使用财产情况。

9）存在的主要问题及处理意见。

10）需要说明的其他问题。

11）编制说明。

（2）决算报表。按现行规定，竣工决算共9个报表。

1）水利基本建设竣工项目概况表。反映竣工项目的主要特性，建设过程和建设成果等基本情况。

2）水利基本建设项目竣工决算表及未完工程明细表。前者反映竣工项目的综合财务情况。后者反映未完尾工工程的明细项目、工程量和单价。

3）水利基本建设项目年度财务决算表。反映竣工项目历年投资来源、基建支出、结余资金等情况。

4）水利基本建设项目投资分析表。以单项工程、单位工程和费用项目的实际支出与相应的概（预）算费用相比较，用来反映竣工项目建设投资状况。

5）水利基本建设项目成本表。反映竣工项目建设成本结构以及形成过程情况。

6）水利基本建设项目预计未完工程及费用表。反映预计纳入竣工决算的未完工程及竣工验收等费用的明细情况。

7）水利基本建设竣工项目待核销基建支出表。反映竣工项目发生的待核销基建支出明细情况。

8）水利基本建设竣工项目转出投资表。反映竣工项目发生的转出投资明细情况。

9）水利基本建设竣工项目交付使用资产表。反映竣工项目向不同资产接收单位交付使用资产情况，资产应包括固定资产（建筑物、房屋、设备及其他）、流动资产、无形资产及递延资产等。

另外，承包人对施工完毕并已竣工结算的单项（或单位）工程也应进行施工单位的竣工决算。主要目的是通过决算考核该工程的经营成果，核算分析其预算成本（收入），实际成本（支出）和成本降低额；对主要材料和人工、机械的实际用量与预算用量进行对比分析。通过对比，一方面考核施工的经济效益，作为承包任务完成情况的考核依据，更主要的是通过各项数据分析，找出施工的经验和不足，以进一步提高企业的技术和管理水平。

第四节　水利水电工程项目后评价

一、概述

1. 工程项目后评价的概念

工程项目的后评价，就是对已建成工程项目进行回顾性评价。是建设项目的最后阶段，也是固定资产投资管理的一项重要内容。其目的是总结经验，吸取教训，以提高项目的决策水平和投资效益。项目后评价是在项目已经建成，通过竣工验收，并经过一段时间的生产运行后进行，以便对项目全过程进行总结和评价。为了保证后评价工作的"客观、公正、科学"。

2. 水利项目后评价的类型

项目后评价从内容大体上可以分为两种类型：一类是全过程评价即从项目的立项决策、勘测设计等前期工作开始，到项目建成投产运行若干年以后的全过程进行评价，包括过程评价，经济效益评价，影响评价，持续性评价等；另一类是阶段性评价或专项评价，可分为勘测设计和立项决策评价，施工监理评价，生产经营评价，经济后评价，管理后评价，防洪后评价，灌溉后评价，发电后评价，资金筹措使用和还贷情况后评价等。我国目前推行的后评价主要是全过程后评价，在某些特定条件下，也可进行阶段性或专项后评价。

3. 进行水利项目后评价的特殊要求

水利工程是国民经济的基础产业，对社会和环境的影响十分巨大，其内容也十分复杂，包含防洪、治涝、灌溉、发电、水土保持、航运等。水利工程的类型、功能、规模不同，后评价的目的和侧重点也就不同，因而比较复杂，与其他建设项目相比，有以下几个特殊要求。

（1）首先应进行投资分摊。由于水利工程建设目标及功能不同，财务收益和社会效益就不一样，有的防洪、治涝、水土保持、河道治理、堤防等水利工程是社会公益性项目，其本身财务收益很少，甚至没有收入，主要是社会效益；有的水利项目如水力发电和城镇供水等，既有财务收益又有社会效益；还有一些水利项目是多目标综合利用水利枢纽，多目标的各项功能所产生的财务收益和社会效益均不同。因此，在后评价时，首先需要进行投资分摊计算。

（2）要十分注意费用和效益对应期的选定。由于水利项目的使用期较长，一般都在30～50年之间，而进行后评价时，工程的运行期往往还只有一二十年或者更短。因此，在进行后评价时，大都存在投资和效益的计算期不对应的问题，即效益的计算期偏短，后期效益尚未发挥出来，导致后评价的国民经济效益和财务评价效益都过分偏低的虚假现象。对此，有两种解决办法，一种是把尚未发生年份的年效益、年运行费和年流动资金，均按后评价开始年份的年值或按发展趋势延长至计算期末；另一种则是后评价开始年份列入回收的固定资产余值和回收的流动资金，作为效益回收，这两种办法都可以采用，在后评价时应选定其中的一种进行计算，以确保费用和效益相对应。

（3）对固定资产价值进行重估。由于水利工程建设工期较长，一般均要5～10年，甚至10年以上，目前已投入运行的水利工程都在十多年以前修建的，十多年前与十多年后，由于物价变动，原来的投资或固定资产原值已不能反映其真实价值。因此，在后评价时应对其固定资产价值进行重新评估。

（4）正确选择基准年、基准点及价格水平年。由于资金的价值随时间而变，相同的资金，在不同的年份其价值不同，由于水利工程施工期较长，这个问题比其他建设项目更为突出。因此，在后评价中，需要选择一个标准年份，作为计算的基础，这个标准年份就叫作基准年。基准年可以选择在工程开工年份、工程竣工年份或者开始进行后评价的年份，为了避免所计算的现值太大，一般以选在工程开工年份为宜。由于基准年长达一年，因此，还有一个基准点问题，因为所有复利公式都是采用年初作为折算的基准点，因此，后评价时必须选择年初作为折算的基准点，不能选用年末或年中为基准点，这在后评价时必须注意。

二、水利项目后评价的内容及步骤

1. 固定资产价值重估

资产评估方法主要有以下几种。

（1）收益现值法。这是将评估对象剩余使用寿命期间每年（或每月）的预期收益用适当的折现率折现，累加得出评估基准日的现值，以此作为估算资产的价值。

（2）重置成本法。这是指现时条件下被评估资产全新状态的重置成本减去该资产的实体性贬值、功能性贬值和经济性贬值后，得出资产价值的方法。实体性贬值是由于使用磨损和自然损耗造成的贬值，可用折旧率方法进行计算。功能性贬值是指由于技术相对落后造成的贬值。经济性贬值是指由于外部经济环境变化引起的贬值。

（3）现行市价法。该法是通过市场调查，选一个或几个与评估对象相同或类似的资产作为比较对象，分析比较对象的成交价格和交易条件，进行对比调整，估算出资产价值。

（4）清算价格法。该法适用于依照中华人民共和国企业破产法的规定，经人民法院宣告破产的企业的资产评估方法，评估时应当根据企业清算时期资产可变现的价值，评定重估价值。

上述各种方法中，以重置成本法比较适合水利工程固定资产价值重估。即按照竣工报告中的工程量（水泥、木材、钢材、石方等）和劳动工日，按照现行的价格进行调整计算，再加上淹没占地、移民搬迁费用及水保和环保费用。

淹没占地和移民搬迁费用也要采用重估数字，可根据现时价格和实际情况，并参考附近新修水利工程竣工费用进行估算。

2. 社会经济评价

在完成固定资产值重估后，即可进行社会经济评价。社会经济评价又称国民经济评价。对综合利用水利工程除计算工程总体的经济效果外，还应计算各组成部门的经济效果，因此，应该进行投资和年运行费分摊计算。在分摊前，应把重估投资和重估年运行费换算为影子投资和影子年运行费，效益也应按影子价格进行调整，并应注意所有费用和效益均应采用相同的价格水平年。

3. 财务评价

财务评价和国民经济评价相同，也应对投资、年运行费和财务效益均采用历年实际支出数字列表计算，但应考虑物价指数进行调整，调整计算时，要注意采用与国民经济评价相同的价格水平年。

4. 工程评价

工程评价应在收集规划设计、竣工验收、试验研究、工程监理和历年运行管理总结报告等有关资料的基础上进行。首先要列出工程特性表，弄清工程特征和内容，包括工程立项、决策和方案选定的来龙去脉，施工监理和验收过程，工程设计目标实现程度，优缺点和存在的问题，以及决算投资是否超过概算等。特别应对水工建筑物运行工况和监测数据进行分析，从中研究是否有异常问题，是否稳定安全，并对泄水、引水建筑物的过水能力、流态、抗冲等方面的安全系数进行复核，从中发现问题，提出对策和措施。因此，很多水利项目工程评价的重点是安全和质量问题。

5. 环境评价

水利项目的环境评价应根据工程项目的具体情况，有重点地确定评价范围和评价内容。对具有水库的水利工程，其环境影响评价范围一般包括库区、库区周围及水库影响的下游河段，但以库区及库区周围为重点。对跨流域调水工程、分（滞）洪工程、排灌工程等，也应根据工程特性确定评价范围。

环境影响评价应采用有无项目对比法，并结合国家和地方颁发的有关环境质量标准进行评价。对主要不利影响，应提出改善措施，最后应对评价结果提出结论和建议。

6. 经营管理评价

评价内容主要有工程管理、用水管理、调度管理、经营管理和组织管理。工程管理主要是对该工程的维修养护、保持良好运行状态进行评价。用水管理是对工程建成后历年工农业供水状况进行分析评议，考查是否满足了有关方面的用水要求，如何进一步改进、提高供水效益。调度管理是对历年的防汛、兴利（供水、发电）调度方面进行综合评价，是否按调度规程或调度图进行操作，是否达到了预期的防洪兴利效益。经营管理主要是对管理单位的水、电费计价标准、收取情况和开展综合经营状况进行评价，并核查财务收支情况是否达到了良性循环，如何改进。组织管理是对管理单位的组织机构、人员编制、职工精神文明建设等方面进行评价，如有机构臃肿、人浮于事或领导不力等状况，应提出改进意见。

7. 社会评价

社会评价包括社会经济、文教卫生、人民生活、就业效果、分配效果、群众参与和满意程度等内容。主要是调查研究项目对地区经济发展、提高人民生活水平、促进文教卫生事业发展、增加就业等方面的影响和群众满意程度，以及项目带来的负效果等，并作出评价。在调研中要走群众路线，在广泛收集各种资料的基础上，充分听取各阶层各方面群众的意见。重点应复核本工程对社会环境、社会经济的影响以及社会相互适应性分析，从中发现问题，提出对策和结论性建议。

8. 移民评价

大型水库工程项目，往往有大量移民搬迁，大量的专用设施改建，遗留问题很多，是评价工作的重点。移民评价应进行大量调研工作，包括移民区分布，移民数量，淹没、浸没耕地及林木、果园、牧场面积，城镇情况，交通、邮电、厂矿、水利工程设施，移民经费使用和补偿情况，移民安置区情况，移民生产、生活情况，移民生活水平前后对比，移民群众的意见和遗留问题等。特别要摸清生活水平下降、生活困难移民的具体情况，研究提出帮助这部分移民如何提高经济收入，早日脱贫走向小康生活的措施和建议。

移民安置不当、移民生活困难往往会引起社会动荡，会影响社会稳定的大局，因此对移民评价必须给予足够的重视。

9. 结论和建议

在上述各部分评价的基础上，对项目进行总结评价，提出结论和建议。

三、水利项目后评价的方法

水利项目后评价的方法很多，按使用方法的属性划分，可分为定性方法和定量方法；按使用方法的内容划分，可分为调查收资法，市场预测法和分析研究法，通称"三法"。这三种方法中既含有定性方法也含有定量方法，经常采用的有调查收资法和分析研究法。

1. 调查收资法

调查收集资料是水利工程后评价过程中非常重要的环节，是决定后评价工作质量和成果可信度的关键，调查收集资料的方法很多，主要有利用现有资料法，参与观察法，专题调查会法，问卷调查法，访谈法，抽样调查法等，应视水利工程的具体情况，后评价的具体要求和资料收集的难易程度来选用适宜方法。在条件许可时，往往采用多种方法对同一调查内容相互验证，以提高调查成果的可信度和准确性。调查收集资料，重点是利用以下现有资料。

(1) 前期工作成果。包括规划，项目建议书，项目评估，立项批文，可行研究报告，初步设计，招标设计等资料。

(2) 项目实施阶段工作成果。包括施工图，开工报告，招投标文件，合同，监理报告，审计报告，竣工验收及竣工决算等。

(3) 项目运行管理成果。包括历年运行管理情况，水库调度情况，财务收支情况，以及各种建筑物观测资料。

（4）工程项目有关的技术、经济、社会及环境方面的资料。

（5）工程所在地区社会发展及经济建设情况。

2. 分析研究法

水利工程后评价的基本原理是比较法，亦称对比法。就是对工程投入运行后的实际效果与决策时期的目标和目的进行对比分析，从中找出差距，分析原因，提出改进措施和意见，进而总结经验教训，提高对项目前期工作的再认识。后评价分析研究方法有定量分析法、定性分析法、逻辑框架法、有无工程对比分析法和综合评价法等。常用的为有无工程对比法和综合评价法。

（1）有无工程对比法。有无工程对比法是指有工程情况与无工程情况的对比分析，通过有无工程对比分析，可以确定工程引起的经济技术、社会及环境变化，即经济效益、社会效益和环境效益的总体情况，从而判断该工程的经济技术、社会、环境影响情况。后评价有无工程对比分析中的无工程情况，是指经过调查确定的基线情况，即工程开工时的社会、经济、环境状况。对于基线的有关经济、技术、人文方面的统计数据，可以依据工程开工年或前一年的历史统计资料，采用一般的科学预测方法，预测这些数据在整个计算期内可能的变化。有工程情况，是指工程运行后实际产生的各种经济、技术、社会、环境变化情况，有工程情况减去无工程情况，即可得出工程引起的实际效益和影响。

（2）综合评价法。对单项有关经济、社会、环境效益和影响进行定量与定性分析评价后，还需进行综合评价，求得工程的综合效益，从而确定工程的经济、技术、社会、环境总体效益的实现程度和对工程所在地的经济技术、社会及环境影响程度，从而得出后评价结论。综合评价的方法很多，常用的有成功度评价和对比分析综合评价法。

所谓成功度评价就是依靠后评价专家，综合后评价各项指标的评价结果，对项目的成功度作出定性的结论。项目成功度可分为完全成功、成功、部分成功、不成功、失败五个等级。所谓对比分析综合评价法就是将后评价的各项定量与定性分析指标列入"水利工程后评价综合表"中，然后对表中所列指标逐一进行分析，阐明每项指标的分析评价结果及其对工程的经济、技术、社会、环境效益的影响程度，排除那些影响小的指标，重点分析影响大的指标，最后分析归纳，找出影响工程总体效益的关键所在，提出工程后评价的结论。

项目后评价的内容广泛，是一门新兴的综合性学科，因此，其评价方法也是多种多样的，前面介绍的一些方法，可以结合项目的实际情况分别采用。

在水利建设项目后评价中采用合适的方法，完成有关内容评价后，便汇总成报告。报告完成后，一般由项目管理部门，聘请中介咨询公司的有关专家进行评审，然后报水行政主管部门或计委综合部门审批，后评价即告一段落。

第十二章　水利水电工程概预算与报价计算机辅助系统

第一节　工程概预算计算机辅助系统

一、工程概预算计算机辅助系统的概念

工程概预算计算机辅助系统是将计算机技术运用到工程概预算编制与管理工作中的软件系统，是通过对概预算所需要的各种数据进行存贮、加工、分析、处理和维护，从而实现快速准确地编制工程概预算的计算机管理信息系统。

随着工程造价管理改革的不断深入，需要分析和计算的数据越来越多，应用现代信息技术辅助概预算与投标报价编制，已成为水利水电工程造价管理中重要和不可缺少的组成部分。现在，如果没有计算机辅助系统很难想象如何才能编制水利水电工程概预算与投标报价。

二、应用计算机进行工程造价管理的优势

1. 计算速度快，易于编制与修改

计算机运算可节省工程概预算编制时间，提高工程概预算的编审效率，并可及时动态调整，适应市场的变化，改变概预算跟不上施工需要的局面。实践表明，电算化比手算可提高工效几倍甚至十几倍。

另外，投标报价的计算是一个非常复杂的工作，而且一个工程的报价并不是只作一次简单的计算就能够完成的。利用计算机对工程估价与报价数据进行分析、计算和核查，并以很快的速度更改参数和重新计算总造价，对投标人来说极为重要。

2. 计算结果准确

计算机运算的准确性，可大大提高编审工程概预算的质量。

工程概预算涉及到各种经济数据，量大且面广，既用到材料预算价格、定额中的工料机消耗，又牵涉到各种取费文件、工程量计算规则等。人工方式进行编制和审核，发生差错的机会多，准确性难以保证，而概预算软件的准确性一般是通过验证的，而用计算机程序进行处理，只要输入的原始数据准确无误，其他工作由计算机自动完成，从而保证了计算过程和计算结果的准确性。

3. 生成数据齐全，打印结果标准规范

计算机应用程序形成输出结果完整、齐全，为技术经济分析提供了重要数据。

计算机可以根据用户不同层次、不同程度的需要给出相应的帮助，提醒用户不要错项、漏项和缺项，保证项目的完整性。

计算机应用程序形成的工程概预算文件是按照一定格式制作的，不仅统一而且规范。商用软件或专门定制的软件包是按一定规范或专门要求制作的，其输出结果清晰、美观、标准。

4. 能记录和保存数据，便于修改和对历史数据进行统计分析

计算机可以快速方便地存取历史数据，通过对历史数据的处理分析可形成各种有价值的技术经济数据，为投标前和合同实施过程提供重要的依据。

工程估价的性质决定了需要存储和使用大量的估价用数据，这些数据包括各种定额消耗量数据、材料价格数据、施工机械设备数据、分包商的数据、企业管理数据等，所有这些数据都必须按照一定的格式保存起来，并能在需要时及时地提取与刷新。

5. 便于概预算数据的呈报与远程传送

作为估价的结果按照一定的格式输出报表也是不可缺少的。另外由于概预算要牵涉到业主、招标代理、监理工程师、承包人等各个责任主体，运用现代信息技术，在各单位间高效能地传递概预算信息也非常重要。采用市面上销售的某些打印传真一体机，通过电话线就可实现计算机之间报表的远程传送，利用互联网更能方便地进行数据通信。并且网上招标与投标，网上报表传递等系统已在各地出现，是行业发展的方向。

因此，现代计算机信息技术不仅可大幅度地提高工程概预算的工作效率，而且可使工程概预算的结果更加准确、迅速和可靠。

三、工程概预算对计算机辅助系统的要求

计算机辅助系统若要满足工程概预算的要求，就必须具备下面全部或其中大部分功能：

（1）用各种不同的方法计算工程量表中的分项工程价格。

（2）用计算出来的分项工程价格对工程量表中全部有关项目进行价格计算。

（3）增加和累加工程量表和分项工程的价格。

（4）提供各种综合报表和工程项目清单。

（5）存贮各种资源及其需要使用的施工方法等信息的能力。

（6）存贮正在研究中的合同所需要的劳动力和施工设备的综合价格表。

（7）存贮各种材料价格和分包商价格，以及其他与合同有关的数据。

（8）存贮工程概预算中每个分项工程价格的详尽组成部分，并在必要时对这些数据进行修正、校核和重新处理的能力。

（9）帮助概预算人员与公司内外各单位交换信息。

（10）提高概预算人员的技能，增加他们对施工过程的了解。

（11）减少价格估算中可能出现的错误。

（12）快速分解工程量表的各个分项工程，并提出其详细组成部分。

（13）提出工程所需资源范围详细情况的综合报表。

（14）通过对全部概预算组成部分进行金额加减来实现总标价的快速调整。

（15）编制出可以报送业主的全部划定价格的工程量表。

（16）存贮与管理各种企业定额数据。

第二节　不同类型的工程估价与报价软件系统

目前，辅助估价人员进行估价与报价的计算机软件系统有三种：商用估价与报价软

件；为企业定制开发的估价与报价系统和运用 Excel 等功能强大的办公软件；由估价人员自己设计的软件辅助系统。

一、商用估价软件

商用估价软件在我国已非常普及，仅以前的预算编制软件就有数千种，专用于工程量清单计价的应用软件发展也非常迅速。

采用商品软件的好处是价格一般比较便宜，容易买到，买后马上就可使用，并且其功能及稳定性大多已经过验证。但也不可避免地存在一些缺点，如：

（1）可买的商品软件不一定完全满足用户的要求；

（2）用户不能根据需要对软件作出改动，开发商一般也不会为满足用户的特殊需求而修改软件，用户只能期望系统再次升级时，把自己需要的功能写进去；

（3）商用软件很难与企业其他的管理软件实现数据的交换与共享；

（4）一旦供应商停止营业或服务，系统的使用便很难有保障。

尽管如此，多数企业还会选择用合理的价格购买一套功能良好的商用估价与报价软件。软件的选择应考虑是否满足公司近期及长远的需要，使用是否方便，服务是否可靠等。对于支持估价与报价的软件仅具有"套定额"、"取费"等简单的功能是不够的，更主要的是看软件能否根据实际灵活准确地进行工程估价，协助用户做好报价的分析与调整。

二、定制开发的估价与报价软件

由于可购买的商用软件不一定能较好地满足自身的要求，有一定实力的企业也可选择自己组织人员或委托有开发经验的软件开发公司专门设计开发一个新的、适合本企业使用的估价与报价系统。这种做法的优点是：

（1）由于专门为本公司估价与报价人员开发，系统能包括他们所需要的各种功能。

（2）估价与报价人员有机会参与系统的开发，软件的质量能够保证，并符合本公司的习惯。

（3）可在一个总体设计下与企业其他的管理信息系统一起开发，实现数据共享。不过专门定制开发也有一些缺点，如：

1）系统研发与维护的费用比现成商用软件要高得多。

2）系统的研发需要一定的周期，可能需要很长的时间才能投入使用。

3）如果需求不明确，得不到公司相关部门的大力支持，开发的软件可能很不实用，或者根本就不能使用。

专门进行的估价与报价系统的开发应在对用户需求充分了解的情况下进行，开发的过程一般分为四个阶段：系统分析、系统设计、系统实施与系统评价。由于应用软件是一种知识密集的"逻辑产品"规模大、复杂程度高，在投入使用之前，各个开发过程又处于一种非可视状态，既看不见也摸不着，因此，较之其他物理产品而言，软件的开发和管理更难以控制和把握。因此工程估价与报价系统的开发一定要按照一种科学的开发过程，采用一系列正确的方法和技术；分阶段、按步骤、由抽象到具体逐步完成。这样才有利于达到系统的目标和要求。否则，急于求成，盲目建设，必将付出惨痛的代价，甚至以失败而告终，浪费大量的人力、物力与财力。

应当指出的是，再好的工程估价与报价计算机软件，不管是商用软件还是定制开发的软件，也只能辅助而不能代替估价人员进行工程的估价与报价。在这一过程中起决定作用的还是人的知识、经验与判断。软件能够提供的只是一个分析计算平台，高水平的估价人员加上功能完善的计算机辅助软件，才能实现准确快速的工程估价和编制出有竞争力的工程报价。

三、利用 Excel 电子表格

利用微软推出 Microsoft Excel 通用电子表格软件，也能实现工程概预算的计算与分析。Excel 的功能非常强大，它不仅能够对大量数据进行快速的计算和处理，而且还能按照所需要的形式对这些数据进行组织，如分类、筛选、排序、统计等，其方便的数据库管理功能则能存贮、查询与调用大量的材料及定额数据，为预算与报价编制人员带来了极大的方便。

Excel 文档称为工作簿，工作簿由多个（默认 3 个）工作表组成，工作表又是由若干个行和列组成的网格。行和列分别有行号和列标，行号位于行的左侧，从上到下依次为 1、2、3、4、…；列标位于列的上方，从左到右依次为 A、B、C、D、…。某行和某列的相交处就是单元格，相应的行号和列标构成单元格的地址。例如第三行第三列单元格的地址就表示为 C3。工作表最多可容纳 65536 行×256 列数据。

有不少专业化施工企业，由于需要计算的项目数量少，通过熟练地运用 Excel 便可实现工程概预算灵活快速的计算，其做法是先把常发生的数据保存起来，需要时打开这些项目，经简单的修改和重新计算，就可完成报价编制，这些企业往往不需要购买专门的预算与报价编制管理软件。

第三节 造价工程师 2005—水利水电工程概预算与报价编制系统

一、系统简介

"造价工程师 2005—水利水电工程概预算与报价编制系统"是由山东省泰安市新探索工程软件有限责任公司最新推出的用于水利水电工程预算与报价编制与管理的应用软件。该系统突破了过去单一的计价模式，结合国际通行做法开发而成，系统注重对工程真实成本的估算和分析，除能按照标准要求灵活地编制水利水电概预算外，还可采用单价法报价、工程量清单计价、工程师预算等多种计价方式编制水利水电工程投标报价，是一个较为实用的工程造价管理平台。

二、系统的主要功能

1. 概预算项目的管理

系统以单项工程为对象创建工程，并可对项目进行最多四级的项目组成划分，以便层层分析与汇总，为工程管理提供方便。

用户可从系统设定的多个项目组成模板中调用项目组成，也可直接编辑工程的项目组成，并把有代表性的项目组成存为模板，在以后新建工程时调用。

2. 进行工程估价与编制工程报价

能够按照工程量清单计价与传统的工料单价法多种方式编制工程预算与报价。在清单计价方式下工程估价与报价编制的主要功能为：

（1）确定每一个清单项目的工程内容组成及应选择的定额编号或资源编号，按总用量或清单单位用量输入用量，并按实对工程所需资源进行选配和调整。

（2）分析工程所需人工、材料、机械及其用量并确定每种资源的预算价格。

（3）确定单价分析程序及各项费率，可对清单条目进行分类，对不同类型的条目采用不同的费率。用户可编辑与保存多个取费程序模板并将其中一个设为默认。

（4）用户可选择工料单价法、综合单价法、主材计入或不计入综合单价，配比材料"展开"或"不展开"等，生成符合不同要求的报价表格。

（5）估价结果分析。用户可根据分部分项的重要程度，逐项分析其单价的组成及合理程度，找出概预算组成中的问题。

（6）报价调整。允许报价决策人员与估价人员在对初步报价审核之后，通过局部或全面的对消耗量、价格、费率等的增减，实现对工程报价的调整。可根据情况进行一次或多次调整，直至得出合理报价。

（7）报表输出。用户可对打印报表进行自主灵活的设置，并可将设置存为模板，在需要时调出。同一表格可设置多个格式，并指定一种格式为默认。可用打印机直接打印预算或报价表格，也可将表格输出到 Excel。

3. 施工进度计划与现金流计划的编制

工程概预算与施工进度安排密切相关，施工的资源计划与现金流曲线也要以施工计划安排为基础编制。系统提供的施工网络图编制子系统能够方便地根据工作信息表按最早时间自动编排施工网络图、横道图。并在资源计划编制完成后打印各种资源（加人工）的需要量计划。

系统能够根据进度安排和工程估价的结果，自动计算各种资源（人工、材料、机械）的每天、每周、每月的需用量计划和工程总的现金流曲线。

4.（企业）定额及材料价格管理

能够方便地对企业定额、各种统一定额及人材机编码与价格进行全面的维护与管理。包括：定额条目及相应内容（包括人材机消耗量、自动换算设置等）的增删、修改与查询；配比材料及配比组成的管理；人材机等资源编码、市场价格及不同年度价格的管理；不同地区，不同年度单位估价表的计算等。

三、系统的主要特点

（1）定额无关性及抽屉式定额管理。系统提供了一个科学、统一的定额库结构体系实现了定额与软件的分离，使系统不依赖于任何具体定额而存在。在工程计价与定额管理中，可随时切换定额。在编制某一工程的预算与报价时，可方便地切换并调用各种定额。

（2）多专业综合。在创建工程时用户可选择不同的概预算专业（建筑安装、水利、公路），编制不同专业的概预算这里的"专业"是指编制方法类似的所有工程。

（3）"模板"的使用与个性化设置。允许用户随时修改并保存大量的个性化设置，且可存为"模板"，所谓"模板"是指一组固定结构的数据。所有新建工程均能自动调用这些"模板"而不需每次都进行设置，极大地简化了用户的操作，同时也使计算机操作水平相对较低的用户不至于在系统全面、复杂的功能面前束手无策。

（4）灵活的定额与资源调用。能以多种方式查询选择定额子目，可方便地对定额子目做任意的换算和修改；可灵活地建立"综合项"（即父项），在"综合项"下可输入多个定额条目（即子项），并能随时"展开"和"折叠"组成综合项的各个子项；可直接调用资源及配比作为子项。

（5）建立和使用企业定额。允许用户建立企业定额并在工程估价中与社会定额共同使用。企业定额条目可以新建，也可在社会定额的基础上修改而成。

（6）开放性与广泛适用性。灵活的项目划分，为资源及概预算的分析及动态管理提供了条件；量价分离及灵活的设置，满足了不同编制方法的要求，使工程预算与报价的编制能够准确地响应招标文件的要求。

（7）直观、方便、所见即所得式的取费程序编辑功能。计算式中的所有计算参数均以汉字表示，把所有代号、编码都隐藏在用户界面以外，再通过系统特有的"公式"编辑器，使取费程序的编辑变得非常直观、容易，高度智能化的语法检查功能，更能准确地定位取费程序中的语法及词法错误，保证了编辑后取费程序的可执行性。

（8）结合施工实际的各项调整及高深度的造价分析。能根据工程的具体情况对影响工程概预算的诸多因素进行设置，如机械选型，机械的二次分析，工料机的多级分析；ABC分类管理等；允许用户对重点子目、重点材料进行重点分析、重点管理，做到工程估价与报价分析的有的放矢。

（9）实现了与计划编制软件的连接。可以读取网络计划管理软件的数据（也可直接输入各分项的时间安排）编制工程资源需要量计划及绘制工程现金流曲线，为造价分析与合同管理提供了依据。

四、系统的应用

（一）系统界面

系统主窗体如图12-1所示。主窗体由工程管理、工程编辑、基础价格、成果分析四个页面组成。

（二）工程管理

包括创建、打开工程，工程拷贝，工程考出、考入与批量删除等。

用户可选择打开原有工程或创建新的工程，系统以单项工程为单位建立工程，新建工程必须输入一个工程编号，并填写"工程信息表"。在工程信息中用户必须选择预算类型及定额系数。预算类型包括投资估算、初设概算、施工图预算、工程标底、投标报价、工程结算，不同的预算编制类型打印时表格的名称不同，如利用预算定额编制概估算还可将定额乘一个扩大系数，所有定额的工料消耗量均会乘以该系数，编制报价时，也可根据情况设置该系数用于调整标价（扩大或降低），定额系数可用手工修改。如定额系数设置为1.05，则所有工料机消耗量及工程总造价均会扩大5%。

（三）项目输入与编辑

"工程编辑"页面组成见图12-1。屏幕上方为系统主菜单和快捷按钮，页面左上部为工程项目组成编辑区，右上部为主输入区，左下部为定额条目与资源切换选择区，右下部为定额换算与辅助信息显示区，通过"显示设置"功能可灵活地改变窗口的组成和显示内容。系统提供了强大的输入与编辑功能。

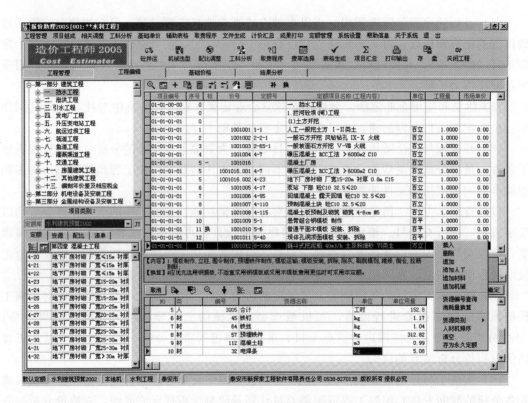

图 12-1 项目输入窗口

（1）项目组成编辑。用户可根据需要对所建项目进行最多四级的项目划分（最高一级即单位工程），以便逐级汇总，为统计分析和施工管理提供依据。

可把编辑后的项目组成存为不同的项目组成模板，并把其中之一存为默认（新建工程会自动调用该模板而不需每次进行编辑），用户可根据需要调用不同的项目组成。

（2）定额条目与工程量输入。一般条目，用户可直接在定额编号栏内输入相应定额编号并回车，也可从左下侧定额及资源列表中选择。除输入定额条目外，也可输入人工、材料、机械、配比材料等资源项或建立定额库中没有的补充条目。用户可通过窗口中间的下拉菜单切换不同的定额库。

用户可建立包含多个定额条目的"综合项"，并能随意地展开和折叠。具体方法是：用户在空白条目上点击鼠标右键选择"建立综合项"，然后依次输入综合项名称、单位、工程量，然后在工程量位置回车，此后输入的所有定额条目均属于此综合项，直到用户点击综合项条目前的减号标记关闭综合项的输入。用户可在编辑其他条目后，通过再次点击综合项前的加号标记展开综合项查看子项。

（3）定额资源的换算。若实际的资源单位用量与定额不一致时，可直接从窗口右下方的列表中进行资源的追加、删除、更换及用量调整（直接修改或用量乘系数）。所有这些操作都应通过右击菜单（见图12-1）来实现。

（4）混凝土搅拌运输项的确定。按照水利水电工程概（预）算编制办法，应单独分析混凝土搅拌运输项的直接费单价，并在工程单价分析时直接使用这些单价。点击快捷按钮栏的"砼拌运",系统弹出定额中的搅拌运输项目及所对应的全部定额条目,用户可根据实际进行选择。

（5）施工机械选型。点击快捷按钮栏的"机械选型",系统弹出窗口显示本工程所用的全部机械,系统已完成了每一机械资源项与相应的机械台（班）时定额的对接,但用户可根据实际机械选用情况更换这一连接,您既可以从选择默认的机械台（班）时定额种选择机械型号,也可从其他（如企业自己的）机械台（班）时定额中选择机械及其型号。

（四）工料机分析

点击快捷按钮栏的"工料分析",系统首先弹出工料分析设置窗口。对于工料机分析可进行以下设置:选择工料分析的深度（即分析到那一级）,以确定分级汇总的层次;进行机械的二次分析;调用人材机的参考价;再次分析时保存已输入的工料机价格等。点击"开始分析"按钮,系统会根据设置分析出工程的人工、材料与机械台时（班）的总用量。

（五）基础预算价格输入与计算

用户可直接输入工程所需全部人工、材料的预算价格,也可输入预算价格计算的基础数据自动计算材料的预算价格（包括砂石料单价计算、水电风单价计算）。在人工与材料单价确定后,配比材料单价、机械台班单价与搅拌运输项单价均可自动算出。

（六）单价分析程序与费率确定

点击快捷按钮栏的"取费程序",系统弹出单价分析程序编辑窗口,如图12-2所示。每个单位工程可设置一个独立的单价计算程序（也可多个单位工程共用一个）。新建工程系统首先调用默认设置。点击"调用模板"按钮,可选择不同的单价计算程序。在单价计算程序不同的位置右击菜单可调用各种编辑功能。包括插入或删除一行、编辑序号、选择或输入费用名称,用公式编辑器编辑计算式,取费或输入费率。

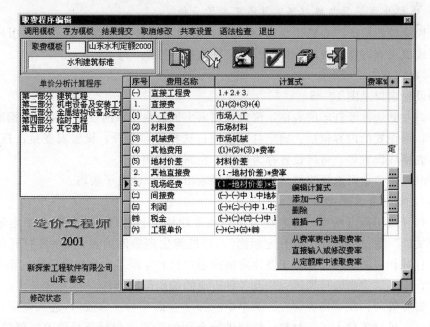

图12-2 取费程序编制辑及公式编辑窗口

取费计算式编辑完成后，点击"语法检查"按钮（不点击在保存时也会自动执行）检查取费程序"词法"及"句法"的正确性，取费程序有误，系统会自动定位到出问题的第一行提示用户修改，只有通过语法检查的取费程序才能保存。点击"存为模板"按钮可把当前的取费程序保存到模板库供以后选用。

点击快捷按钮栏的"费率选择"，系统弹出费率选择与输入窗口，见图12-3。可根据实际情况确定不同类型项目的各种费率。

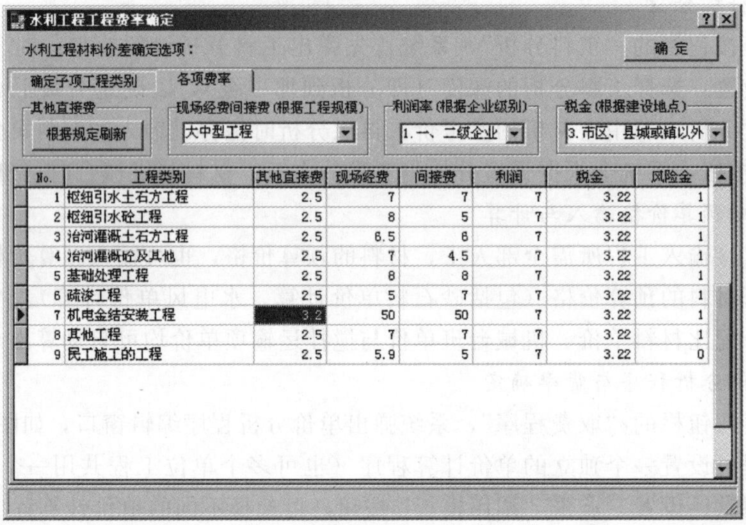

图 12-3 费率的选择与确定

（七）表格生成计算与概（预）算成果查询分析

点击快捷按钮栏的"表格生成"，系统会计算生成各种概预算表格数据。用户可从结果分析页或成果查询窗口查询分析工程概预算数据，见图12-4。

（八）打印输出

打印设置窗口见图12-5。

从窗口左侧选择要打印的表格，窗口右侧调出该表格默认的设置。用户根据需要进行打印设置，可设置的内容包括：确定打印选项；选择打印字段；设置宏变量；打印字体、行间距、表格线设置等。可将设置存为模板，在需要时调用。

需要时，用户也可选择将概（预）算成果输出到 Excel 电子表格。

（九）定额与资源管理

（1）打开或切换定额库。本系统可进行企业定额、各种统一定额等多个定额库的管理。从"文件"菜单中选择"打开定额库"，系统弹出定额库列表。点击要打开的定额库名称即可打开相应的定额库，对于新建定额库还应打开定额基本信息窗口输入定额名称及定额简称，定义、定额编号编码方法及各种资源的编码范围等。

（2）资源管理。在"资源管理"菜单中选择"查询"与"修改"，进入资源查询与修改管理窗口，可对各种人工、材料、机械进行全面的管理，包括条目的追加删除与修改、定额取定价、市场参考价输入等。通过右击菜单还可调用适用定额列表、统一编码设置、

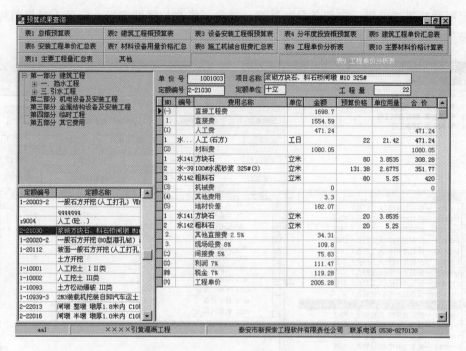

图 12-4 概预算数据查看分析窗口

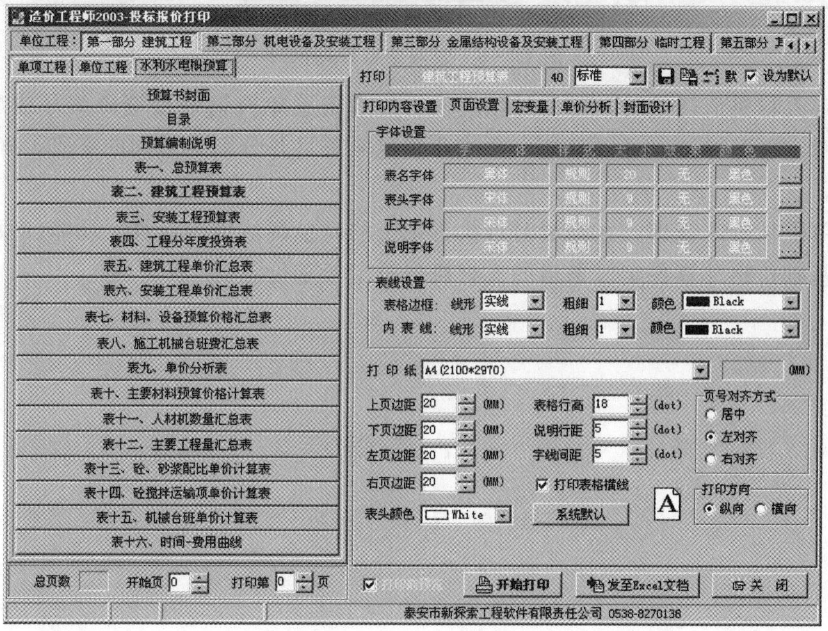

图 12-5 打印设置窗口

材料年度价格输入等辅助功能。

资源管理部分还包括材料配比管理及机械库管理功能。

（3）定额条目管理。定额条目管理是定额管理的主要功能，如图 12-6 所示。用户可进行定额章节组成编辑、定额条目的补充、删除、修改与属性编辑，定额人材机消耗量输入等操作。

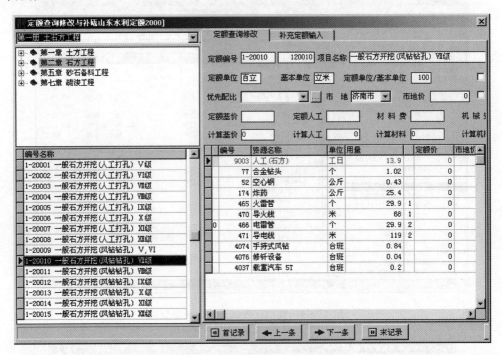

图 12-6　定额条目管理窗口

在确定人材机消耗量时，可通过相应栏目的右击菜单查询确定资源编号或配比编号。点击"参考定额"按钮，可以其他一个或几个定额条目并分别乘不同的字段，确定人材机消耗数量。

（4）单位估价表管理。在需要时可执行系统的"单位估价表计算"功能。系统能够根据取定的基础价格计算各定额条目的人材机费及定额基价。

附录 水利基本建设工程项目划分[*]

第一部分 建 筑 工 程

Ⅰ	枢 纽 工 程			
序号	一级项目	二级项目	三级项目	技术经济指标
一 1	挡水工程	混凝土坝（闸）工程		
			土方开挖	元/m³
			石方开挖	元/m³
			土石方回填	元/m³
			模板	元/m²
			混凝土	元/m³
			防渗墙	元/m²
			灌浆孔	元/m
			灌浆	
			排水孔	元/m
			砌石	元/m³
			钢筋	元/t
			锚杆	元/根
			锚索	元/束
			启闭机室	元/m²
			温控措施	
			细部结构工程	元/m³
2		土（石）坝工程		
			土方开挖	元/m³
			石方开挖	元/m³
			土料填筑	元/m³
			砂砾料填筑	元/m³
			斜（心）墙土料填筑	元/m³
			反滤料、过渡料填筑	元/m³
			坝体（坝趾）堆石	元/m³
			土工膜	元/m²
			沥青混凝土	元/m³
			模板	元/m²
			混凝土	元/m³
			砌石	元/m³
			铺盖填筑	元/m³
			防渗墙	元/m²
			灌浆孔	元/m
			灌浆	

---

[*] 本表摘自水利部《水利工程设计概（估）算编制规定》（2002）。

Ⅰ	枢　纽　工　程			
序号	一级项目	二级项目	三级项目	技术经济指标
			排水孔	元/m
			钢筋	元/t
			锚索（杆）	元/束（根）
			面（趾）板止水	元/m
			细部结构工程	元/m³
二	泄洪工程			
1		溢洪道工程		
			土方开挖	元/m³
			石方开挖	元/m³
			土石方回填	元/m³
			模板	元/m²
			混凝土	元/m³
			灌浆孔	元/m
			灌浆	
			排水孔	元/m
			砌石	元/m³
			钢筋	元/t
			锚索（杆）	元/束（根）
			温控措施	
			细部结构工程	元/m³
2		泄洪洞工程		
			土方开挖	元/m³
			石方开挖	元/m³
			模板	元/m²
			混凝土	元/m³
			灌浆孔	元/m
			灌浆	
			排水孔	元/m
			钢筋	元/t
			锚索（杆）	元/束（根）
			细部结构工程	元/m³
3		冲砂洞（孔）工程		
			土方开挖	元/m³
			石方开挖	元/m³
			模板	元/m²
			混凝土	元/m³
			灌浆孔	元/m
			灌浆	
			排水孔	元/m
			钢筋	元/t
			锚索（杆）	元/束（根）
			细部结构工程	元/m³
4		放空洞工程		

Ⅰ	枢 纽 工 程			
序号	一级项目	二级项目	三级项目	技术经济指标
三	引水工程			
1		引水明渠工程		
			土方开挖	元/m³
			石方开挖	元/m³
			模板	元/m²
			混凝土	元/m³
			钢筋	元/t
			锚索（杆）	元/束（根）
			细部结构工程	元/m³
2		进（取）水口工程		
			土方开挖	元/m³
			石方开挖	元/m³
			模板	元/m²
			混凝土	元/m³
			钢筋	元/t
			锚索（杆）	元/束（根）
			细部结构工程	元/m³
3		引水隧洞工程		
			土方开挖	元/m³
			石方开挖	元/m³
			模板	元/m²
			混凝土	元/m³
			灌浆孔	元/m
			灌浆	
			钢筋	元/t
			锚索（杆）	元/束（根）
			细部结构工程	元/m³
4		调压井工程		
			土方开挖	元/m³
			石方开挖	元/m³
			模板	元/m²
			混凝土	元/m³
			喷浆	元/m²
			灌浆孔	元/m
			灌浆	
			钢筋	元/t
			锚索（杆）	元/束（根）
			细部结构工程	元/m³
5		高压管道工程		
			土方开挖	元/m³
			石方开挖	元/m³
			模板	元/m²
			混凝土	元/m³
			灌浆孔	元/m
			灌浆	

Ⅰ		枢 纽 工 程		
序号	一级项目	二级项目	三级项目	技术经济指标
			钢筋	元/t
			锚索（杆）	元/束（根）
			细部结构工程	元/m³
四	发电厂工程			
1		地面厂房工程		
			土方开挖	元/m³
			石方开挖	元/m³
			模板	元/m²
			混凝土	元/m³
			砖墙	元/m³
			砌石	元/m³
			灌浆孔	元/m
			灌浆	
			钢筋	元/t
			锚索（杆）	元/束（根）
			温控措施	
			厂房装修	元/m²
			细部结构工程	元/m³
2		地下厂房工程		
			石方开挖	元/m³
			模板	元/m²
			混凝土	元/m³
			喷浆	元/m²
			灌浆孔	元/m
			灌浆	
			排水孔	元/m
			钢筋	元/t
			锚索（杆）	元/束（根）
			温控措施	
			厂房装修	元/m²
			细部结构工程	元/m³
3		交通洞工程		
			土方开挖	元/m³
			石方开挖	元/m³
			模板	元/m²
			混凝土	元/m³
			灌浆孔	元/m
			灌浆	
			钢筋	元/t
			锚索（杆）	元/束（根）
			细部结构工程	元/m³
4		出线洞（井）工程		
5		通风洞（井）工程		
6		尾水洞工程		
7		尾水调压井工程		

Ⅰ	枢 纽 工 程			
序号	一级项目	二级项目	三级项目	技术经济指标
8		尾水渠工程		
			土方开挖	元/m³
			石方开挖	元/m³
			模板	元/m²
			混凝土	元/m³
			砌石	元/m³
			钢筋	元/t
			细部结构工程	元/m³
五.	升压变电站工程			
1		变电站工程		
			土方开挖	元/m³
			石方开挖	元/m³
			模板	元/m²
			混凝土	元/m³
			砌石	元/m³
			构架	元/m³（t）
			钢筋	元/t
			细部结构工程	元/m³
2		开关站工程		
			土方开挖	元/m³
			石方开挖	元/m³
			模板	元/m²
			混凝土	元/m³
			砌石	元/m³
			构架	元/m³（t）
			钢筋	元/t
			细部结构工程	元/m³
六	航运工程			
1		上游引航道工程		
			土方开挖	元/m³
			石方开挖	元/m³
			模板	元/m²
			混凝土	元/m³
			砌石	元/m³
			钢筋	元/t
			锚索（杆）	元/束（根）
			细部结构工程	元/m³
2		船闸（升船机）工程		
			土方开挖	元/m³
			石方开挖	元/m³
			模板	元/m²
			混凝土	元/m³
			灌浆孔	元/m
			灌浆	

Ⅰ		枢 纽 工 程		
序号	一级项目	二级项目	三级项目	技术经济指标
			防渗墙	元/m²
			钢筋	元/t
			锚索（杆）	元/束（根）
			控制室	元/m²
			温控措施	
			细部结构工程	元/m³
3		下游引航道工程		
			土方开挖	元/m³
			石方开挖	元/m³
			模板	元/m²
			混凝土	元/m³
			砌石	元/m³
			钢筋	元/t
			锚索（杆）	元/束（根）
			细部结构工程	元/m³
七	鱼道工程			
八	交通工程			
1		公路工程		
			土方开挖	元/m³
			石方开挖	元/m³
			土石方回填	元/m³
			砌石	元/m³
			路面	
2		铁路工程		元/km
3		桥梁工程		元/延米
4		码头工程		
九	房屋建筑工程			
		辅助生产厂房		元/m²
		仓库		元/m²
		办公室		元/m²
		生活及文化福利建筑		
		室外工程		
十	其他建筑工程			
		内外部观测工程		
		动力线路工程（厂坝区）		元/km
		照明线路工程		元/km
		通信线路工程		元/km
		厂坝区及生活区供水、供热、排水等公用设施		
		厂坝区环境建设工程		
		水情自动测报系统工程		
		其他		

Ⅱ	引 水 工 程 及 河 道 工 程			
序号	一级项目	二级项目	三级项目	技术经济指标
一	渠（管）道工程（堤防工程、疏浚工程）			
1		××～××段干渠（管）工程（××～××段堤防工程、××～××段疏浚工程）		
			土方开挖（挖泥船挖土、砂）	元/m³
			石方开挖	元/m³
			土石方回填	元/m³
			土工膜	元/m²
			模板	元/m²
			混凝土	元/m³
			输水管道	元/m
			砌石	元/m³
			抛石	元/m³
			钢筋	元/t
			细部结构工程	元/m³
2		××～××段支渠（管）工程		
二	建筑物工程			
1		泵站工程（扬水站、排灌站）		
			土方开挖	元/m³
			石方开挖	元/m³
			土石方回填	元/m³
			模板	元/m²
			混凝土	元/m³
			砌石	元/m³
			钢筋	元/t
			锚杆	元/根
			厂房建筑	元/m²
			细部结构工程	元/m³
2		水闸工程		
			土方开挖	元/m³
			石方开挖	元/m³
			土石方回填	元/m³
			模板	元/m²
			混凝土	元/m³
			防渗墙	元/m²
			灌浆孔	元/m
			灌浆	
			砌石	元/m³
			钢筋	元/t
			启闭机室	元/m²
			细部结构工程	元/m³

Ⅱ		引 水 工 程 及 河 道 工 程		
序号	一级项目	二级项目	三级项目	技术经济指标
3		隧洞工程		
			土方开挖	元/m³
			石方开挖	元/m³
			模板	元/m²
			混凝土	元/m³
			灌浆孔	元/m
			灌浆	
			钢筋	元/t
			锚索（杆）	元/束（根）
			细部结构工程	元/m³
4		渡槽工程		
			土方开挖	元/m³
			石方开挖	元/m³
			土石方回填	元/m³
			模板	元/m²
			混凝土	元/m³
			砌石	元/m³
			钢筋	元/t
			细部结构工程	元/m³
5		倒虹吸工程		
			土方开挖	元/m³
			石方开挖	元/m³
			土石方回填	元/m³
			模板	元/m²
			混凝土	元/m³
			砌石	元/m³
			钢筋	元/t
			细部结构工程	元/m³
6		小水电站工程		
			土方开挖	元/m³
			石方开挖	元/m³
			土石方回填	元/m³
			模板	元/m²
			混凝土	元/m³
			砌石	元/m³
			钢筋	元/t
			锚筋	元/t
			厂房建筑	元/m²
			细部结构工程	元/m³
7		调蓄水库工程		
8		其他建筑物工程		
三	交通工程			
1		公路工程		
			土方开挖	元/m³
			石方开挖	元/m³

Ⅱ	引 水 工 程 及 河 道 工 程			
序号	一级项目	二级项目	三级项目	技术经济指标
			土石方回填	元/m³
			砌石	元/m³
			路面	
2		铁路工程		元/km
3		桥梁工程		元/延米
4		码头工程		
四	房屋建筑工程			
		辅助生产厂房		元/m²
		仓库		元/m²
		办公室		元/m²
		生活及文化福利建筑		
		室外工程		
五	供电设施工程			
六	其他建筑工程			
		内外部观测工程		
		照明线路工程		元/km
		通信线路工程		元/km
		厂坝（闸、泵站）区及生活区供水、供热、排水等公用设施		
		厂坝（闸、泵站）区环境建设工程		
		水情自动测报系统工程		
		其他		

第二部分　机电设备及安装工程

Ⅰ	枢 纽 工 程			
序号	一级项目	二级项目	三级项目	技术经济指标
一	发电设备及安装工程			
1		水轮机设备及安装工程		
			水轮机	元/台
			调速器	元/台
			油压装置	元/台
			自动化元件	元/台
			透平油	元/t
2		发电机设备及安装工程		
			发电机	元/台
			励磁装置	元/台套
3		主阀设备及安装工程		
			蝴蝶阀（球阀、锥形阀）	元/台
			油压装置	元/台

枢 纽 工 程			
序号	一级项目	二级项目	三级项目	技术经济指标

Ⅰ

序号	一级项目	二级项目	三级项目	技术经济指标
4		起重设备及安装工程		
			桥式起重机	元/台
			转子吊具	元/具
			平衡梁	元/付
			轨道	元/双 10m
			滑触线	元/三相 10m
5		水力机械辅助设备及安装工程		
			油系统	
			压气系统	
			水系统	
			水力量测系统	
			管路(管子、附件、阀门)	
6		电气设备及安装工程		
			发电电压装置	
			控制保护系统	
			直流系统	
			厂用电系统	
			电工试验	
			35kV 及以下动力电缆	
			控制和保护电缆	
			母线	
			电缆架	
			其他	
二	升压变电设备及安装工程			
1		主变压器设备及安装工程		
			变压器	元/台
			轨道	元/双 10m
2		高压电气设备及安装工程		
			高压断路器	
			电流互感器	
			电压互感器	
			隔离开关	
			［SF₆ 全封闭组合电器 (GIS)］	
			(高频阻波器)	
			(高压避雷器)	
			110kV 及以上高压电缆	

Ⅰ	枢 纽 工 程			
序号	一级项目	二级项目	三级项目	技术经济指标
3		一次拉线及其他安装工程		
三	公用设备及安装工程			
1		通信设备及安装工程		
			卫星通信	
			光缆通信	
			微波通信	
			载波通信	
			生产调度通信	
			行政管理通信	
2		通风采暖设备及安装工程		
			通风机	
			空调机	
			管路系统	
3		机修设备及安装工程		
			车床	
			刨床	
			钻床	
4		计算机监控系统		
5		管理自动化系统		
6		全厂接地及保护网		
7		电梯设备及安装工程		
			大坝电梯	
			厂房电梯	
8		坝区馈电设备及安装工程		
			变压器	
			配电装置	
9		厂坝区供水、排水、供热设备及安装工程		
10		水文、泥沙监测设备及安装工程		
11		水情自动测报系统设备及安装工程		
12		外部观测设备及安装工程		
13		消防设备		
14		交通设备		

Ⅱ	引水工程及河道工程			
序号	一级项目	二级项目	三级项目	技术经济指标
一	泵站设备及安装工程			
1		水泵设备及安装工程		
2		电动机设备及安装工程		
3		主阀设备及安装工程		
4		超重设备及安装工程		
			桥式起重机	元/台
			平衡梁	元/付
			轨道	元/双 10m
			滑触线	元/三相 10m
5		水力机械辅助设备及安装工程		
			油系统	
			压气系统	
			水系统	
			水力量测系统	
			管路（管子、附件、阀门）	
6		电气设备及安装工程		
			控制保护系统	
			盘柜	
			电缆	
			母线	
二	小水电站设备及安装工程			
三	供变电工程			
		变电站设备及安装		
四	公用设备及安装工程			
1		通信设备及安装工程		
			卫星通信	
			光缆通信	
			微波通信	
			载波通信	
			生产调度通信	
			行政管理通信	
2		通风采暖设备及安装工程		
			通风机	
			空调机	
			管路系统	
3		机修设备及安装工程		
			车床	
			刨床	
			钻床	
4		计算机监控系统		
5		管理自动化系统		
6		全厂接地及保护网		
7		坝（闸、泵站）区馈电设备及安装工程		

Ⅱ	引水工程及河道工程			
序号	一级项目	二级项目	三级项目	技术经济指标
			变压器	
			配电装置	
8		厂坝（闸、泵站）区供水、排水、供热设备及安装工程		
9		水文、泥沙监测设备及安装工程		
10		水情自动测报系统设备及安装工程		
11		外部观测设备及安装工程		
12		消防设备		
13		交通设备		

第三部分　金属结构设备及安装工程

Ⅰ	枢　纽　工　程			
序号	一级项目	二级项目	三级项目	技术经济指标
一	挡水工程			
1		闸门设备及安装工程		
			平板门	元/t
			弧形门	元/t
			埋件	元/t
			闸门防腐	
2		启闭设备及安装工程		
			卷扬式启闭机	元/台
			门式启闭机	元/台
			油压启闭机	元/台
			轨道	元/双 10m
3		拦污设备及安装工程		
			拦污栅	元/t
			清污机	元/t（台）
二	泄洪工程			
1		闸门设备及安装工程		
2		启闭设备及安装工程		
3		拦污设备及安装工程		
三	引水工程			
1		闸门设备及安装工程		
2		启闭设备及安装工程		
3		拦污设备及安装工程		
4		钢管制作及安装工程		
四	发电厂工程			
1		闸门设备及安装工程		
2		启闭设备及安装工程		
五	航运工程			
1		闸门设备及安装工程		
2		启闭设备及安装工程		
3		升船机设备及安装工程		
六	鱼道工程			

Ⅱ		引水工程及河道工程		
序号	一级项目	二级项目	三级项目	技术经济指标
一	泵站工程			
1		闸门设备及安装工程		
2		启闭设备及安装工程		
3		拦污设备及安装工程		
二	水闸工程			
1		闸门设备及安装工程		
2		启闭设备及安装工程		
3		拦污设备及安装工程		
三	小水电站工程			
1		闸门设备及安装工程		
2		启闭设备及安装工程		
3		拦污设备及安装工程		
4		钢管制作及安装工程		
四	调蓄水库工程			
五	其他建筑物工程			

第四部分 施 工 临 时 工 程

序号	一级项目	二级项目	三级项目	技术经济指标
一	导流工程			
1		导流明渠工程		
			土方开挖	元/m³
			石方开挖	元/m³
			模板	元/m²
			混凝土	元/m³
			钢筋	元/t
			锚杆	元/根
2		导流洞工程		
			土方开挖	元/m³
			石方开挖	元/m³
			模板	元/m²
			混凝土	元/m³
			灌浆	
			钢筋	元/t
			锚杆（索）	元/根（束）
3		土石围堰工程		
			土方开挖	元/m³
			石方开挖	元/m³
			堰体填筑	元/m³
			砌石	元/m³
			防渗	元/m³（m²）
			堰体拆除	元/m³
			截流	
			其他	

序号	一级项目	二级项目	三级项目	技术经济指标
4		混凝土围堰工程		
			土方开挖	元/m³
			石方开挖	元/m³
			模板	元/m²
			混凝土	元/m³
			防渗	元/m³（m²）
			堰体拆除	元/m³
			其他	
5		蓄水期下游断流补偿设施工程		
6		金属结构设备及安装工程		
二	施工交通工程			
1		公路工程		元/km
2		铁路工程		元/km
3		桥梁工程		元/延米
4		施工支洞工程		
5		码头工程		
6		转运站工程		
三	施工供电工程			
1		220kV 供电线路		元/km
2		110kV 供电线路		元/km
3		35kV 供电线路		元/km
4		10kV 供电线路（引水及河道）		元/km
5		变配电设施（场内除外）		元/座
四	房屋建筑工程			
1		施工仓库		
2		办公、生活及文化福利建筑		
五	其他施工临时工程			

注　凡永久与临时相结合的项目列入相应永久工程项目内。

第五部分　独　立　费　用

序号	一级项目	二级项目	三级项目	技术经济指标
一	建设管理费			
1		项目建设管理费		
			建设单位开办费	
			建设单位经常费	
2		工程建设监理费		
3		联合试运转费		
二	生产准备费			
1		生产及管理单位提前进厂费		
2		生产职工培训费		

序号	一级项目	二级项目	三级项目	技术经济指标
3		管理用具购置费		
4		备品备件购置费		
5		工器具及生产家具购置费		
三	科研勘测设计费			
1		工程科学研究试验费		
2		工程勘测设计费		
四	建设及施工场地征用费			
五	其他			
1		定额编制管理费		
2		工程质量监督费		
3		工程保险费		
4		其他税费		

参 考 文 献

1 方国华，朱成立等．新编水利水电工程概预算．郑州：黄河水利出版社，2003
2 中国水利学会水利工程造价管理专业委员会编．水利工程造价．北京：中国计划出版社，2002
3 中国水利学会工程造价管理专业委员会．水利水电工程造价管理．北京：中国科学技术出版社，1998
4 徐学东编著．建筑工程估价与报价．北京：中国计划出版社，2004
5 郝杰忠主编．建筑工程施工项目招投标与合同管理．北京：机械工业出版社，2000
6 杨培岭主编．现代水利水电工程项目管理理论与实务．北京：中国水利水电出版社，1999
7 全国建筑业企业项目经理培训教材编写委员会．施工项目管理概论．北京：中国建筑工业出版社，2001
8 严玲，尹贻林．工程造价导论．天津：天津大学出版社，2004
9 杨九声，赵孝盛．国际招标投标指南．北京：中国财政经济出版社，1990
10 陈全会，谭兴华，王修贵．水利水电工程定额与造价．北京：中国水利水电出版社，2003
11 李守义，马斌，寇效忠．工程造价．西安：陕西科学技术出版社，2001
12 周直，崔新媛．公路工程造价原理与编制．北京：人民交通出版社，2002
13 A. A. Kwakye, Understanding Tendering & Estimating. U. K. ：Gower Publishing Limited, 1988
14 ［英］A. N. 鲍德温，R. 麦卡弗，S. A. 奥泰法．国际工程编标报价．北京：水利电力出版社，1994
15 沈祥华．建筑工程概预算．武汉：武汉工业大学出版社，1999
16 中华人民共和国水利部．水利建筑工程预算定额（上、下册）．郑州：黄河水利出版社，2002
17 中华人民共和国水利部．水利建筑工程概算定额（上、下册）．郑州：黄河水利出版社，2002
18 中华人民共和国水利部．水利水电设备安装工程预算定额．郑州：黄河水利出版社，2002
19 中华人民共和国水利部．水利工程施工机械台时费定额．郑州：黄河水利出版社，2002
20 中华人民共和国水利部．水利工程设计概（估）算编制规定．郑州：黄河水利出版社，2002